长蛸生物学

郑小东 薄其康 汪金海 许 然 等 著

科学出版社
北京

内 容 简 介

本书以中国海洋大学贝类遗传育种研究团队近十几年来的主要研究进展为基础，详细阐述了长蛸分类地位和地理分布、外部形态与内部构造、生态习性与捕食特性、应激与免疫、丛集球虫病与防控、摄食与营养，系统分析了长蛸细胞遗传学特征、群体遗传与系统发生，全面论述了长蛸繁殖生物学、人工苗种繁育，以及长蛸养成和越冬、增殖放流和资源保护，为实现长蛸"人工育苗-生态养护-资源评估"的有机统一奠定了理论基础。

本书适合高等院校、科研院所从事贝类学与贝类增养殖学的科研人员、教师、研究生，以及相关专业本科生和从事水产动物繁育与增养殖的工程技术人员参考、使用。

图书在版编目（CIP）数据

长蛸生物学 / 郑小东等著. —北京：科学出版社，2023.8
ISBN 978-7-03-076074-6

Ⅰ. ①长… Ⅱ. ①郑… Ⅲ. ①章鱼目－生物学 Ⅳ. ①Q959.216

中国国家版本馆 CIP 数据核字（2023）第 134785 号

责任编辑：罗　静　韩学哲　刘　晶 / 责任校对：郑金红
责任印制：吴兆东 / 封面设计：无极书装

科学出版社 出版
北京东黄城根北街 16 号
邮政编码：100717
http://www.sciencep.com
固安县铭成印刷有限公司印刷
科学出版社发行　各地新华书店经销
*

2023 年 8 月第 一 版　开本：720×1000　1/16
2024 年 1 月第二次印刷　印张：15 1/2
字数：310 000
定价：228.00 元
（如有印装质量问题，我社负责调换）

《长蛸生物学》著者名单

主要著者：郑小东　薄其康　汪金海　许　然

参与著者（按姓氏笔画排序）：

王丽华　王晓东　任　静　刘　畅

刘兆胜　李嘉华　宋旻鹏　张晓英

陈智威　钱耀森　徐晓莹　高晓蕾

唐　艳

序

  长蛸为章鱼科（又称蛸科）软体动物，是我国重要的渔业资源。明·李时珍《本草纲目》曰："章鱼生南海。形如乌贼而大，八足，身上有肉……石距亦其类，身小而足长，入盐烧食极美。"其中身小而足长的"石距"与长蛸形态相吻合。唐·刘恂《岭表录异》卷下："石距亦章举之类……两足如常，曝干后，似射踏子。故南中呼为'射踏子'也。"这里的"射踏子"为长蛸干制品。此外，长蛸还有众多别名，如马蛸、长腿蛸、大蛸（山东），石拒、帝拒（浙江），长爪章、水鬼（广东），长腕蛸等。

  《长蛸生物学》一书针对长蛸基础研究薄弱，育苗、增养殖以及种质资源保护与修复技术不成熟等关键性科学问题，系统阐述了基础生物学和增养殖技术，重点论述了长蛸的分类与生态习性，遗传多样性与系统发生，捕食、交配、穴居等行为学特征，人工苗种繁育、增养殖以及种质资源修复等技术，是我国长蛸相关研究的首部专著。

  该书内容翔实，论述清晰，具有理论联系实践的特点，是郑小东教授及其团队十多年来原创性成果的凝集。它的出版必将丰富以长蛸为代表的章鱼生物学研究，对提升我国章鱼增养殖技术和种质资源养护水平、推动蓝色粮仓建设具有重要的参考价值和借鉴意义。

2023 年 8 月 17 日于青岛

前　言

长蛸，隶属于软体动物门头足纲八腕目章鱼科（又名蛸科），俗称马蛸、长腿蛸、长爪章等，在我国南北沿海均有分布，是重要的经济种类。积极做好蛸类种质资源保护，建立相应的养殖技术和模式，培育适合海洋牧场大水面增养殖、深水网箱养殖、工厂化养殖和海水池塘养殖等养殖模式的水产新品种，为向江河湖海要食物提供技术支撑和良种保障。2008年以来，本团队以长蛸群体遗传多样性为开端，相继开展了基础生物学、繁殖生物学、养殖生物学等方面研究，取得了诸多可喜成果。《长蛸生物学》一书是对这些成果的归纳与总结，旨在构建长蛸生物学理论体系，为以长蛸为代表的蛸类绿色生态养殖、种质资源养护、生物资源的生态型修复及育种工作提供技术支撑和实践案例。

本书共分11章，分别是：绪论、生态习性与捕食特性、应激与免疫、细胞遗传学、群体遗传与系统发生、繁殖生物学、摄食与营养、人工苗种繁育、养成与越冬、丛集球虫病与防控、增殖放流与资源保护。全书通过对长蛸分类鉴定、形态学特征、生态与捕食行为、胁迫与免疫应激、交配模式、精卵发生、胚胎发育、染色体核型与带型、遗传多样性、系统发生等基础研究进行了总结，全面构建了长蛸繁育生物学和遗传学的科学理论体系，奠定了规模化种质保育和资源养护基础；通过对长蛸全生活史养殖过程中的亲体暂养促熟、孵化与幼体培育、营养与饵料投喂、补偿生长、养成与越冬、病害与防控等关键技术进行了总结，解决长蛸增养殖中存在的扩繁技术不成熟和产业化滞后等问题；针对资源的无序开发和资源衰退等问题，总结并构建了原种保育、放流与修复评估关键技术，为种质养护提供技术保障，最终实现"人工育苗-生态养护-资源评估"的有机统一。

本书的研究内容得到了国家自然科学基金（31172058，31672257，32170536）、海洋公益性行业科研专项经费项目（200805069）、中央高校基本科研业务费专项（201822022）等资助。高强、程汝滨、钱耀森、左仔荣、代丽娜、刘兆胜、刘畅、高晓蕾、薄其康、马媛媛、张晓英、邢德、许然、汪金海、唐艳、姜典航、宋旻鹏、陈智威、南泽、任静、郑建、李嘉华、王丽华等硕士、博士研究生在中国海洋大学贝类遗传育种研究室和马山集团有限公司、连云港赣榆佳信水产开发有限公司、日照海辰水产有限公司等企业开展了系列实验和示范推广工作。卢重成教授、刘永胜研究员给予了实验指导并对书稿提出了宝贵意见和建议。在本书撰写出版过程中，中国海洋大学教材建设基金、马山集团有限公司提供了经费支持。在此，一并表示诚挚感谢！

经过四年多的不懈努力，《长蛸生物学》一书终于完稿付印。在欣慰之余，全体著者仍怀着惶恐的心情等待此书与读者见面，深感知识与能力有限，书中疏漏和错误在所难免，衷心期待读者的批评、指正和建议。

著　者

2023 年 7 月 10 日

目 录

第一章 绪论 ······1
第一节 长蛸分类地位与分布 ······1
第二节 长蛸外部形态 ······4
第三节 长蛸内部构造 ······6
参考文献 ······12

第二章 长蛸生态习性与捕食特性 ······15
第一节 长蛸生态习性 ······15
第二节 长蛸筑穴行为 ······23
第三节 长蛸捕食特性 ······27
参考文献 ······36

第三章 长蛸应激与免疫 ······38
第一节 头足类动物免疫概况 ······38
第二节 长蛸对氨氮胁迫的应激响应 ······39
第三节 饥饿胁迫对长蛸生长的影响 ······45
参考文献 ······58

第四章 长蛸细胞遗传学 ······63
第一节 长蛸染色体核型及带型 ······63
第二节 常见蛸类染色体进化距离与亲缘关系 ······69
第三节 长蛸基因组大小 ······72
参考文献 ······76

第五章 长蛸群体遗传与系统发生 ······78
第一节 群体形态学差异分析 ······78
第二节 群体同工酶分析 ······85
第三节 群体微卫星分析 ······88
第四节 群体条形码分析 ······92
第五节 长蛸系统发生学分析 ······96
参考文献 ······111

第六章 长蛸繁殖生物学 ······113
第一节 长蛸生殖细胞特征 ······113

第二节　长蛸的交配模式···125
　　第三节　长蛸的胚胎发育···129
　　参考文献···134

第七章　长蛸摄食与营养···137
　　第一节　长蛸的摄食···138
　　第二节　长蛸的营养评价···144
　　参考文献···148

第八章　长蛸人工苗种繁育···151
　　第一节　长蛸亲体采集与暂养······································152
　　第二节　长蛸交配、产卵与幼体孵化···························155
　　第三节　长蛸幼体培育与生长······································165
　　参考文献···172

第九章　长蛸养成与越冬···175
　　第一节　长蛸养成··176
　　第二节　长蛸亲体越冬保育···179
　　参考文献···181

第十章　长蛸丛集球虫病与防控··182
　　第一节　长蛸主要病原性感染概况······························182
　　第二节　长蛸丛集球虫病··183
　　参考文献···189

第十一章　长蛸增殖放流与资源保护································191
　　第一节　头足类繁育与增殖放流··································191
　　第二节　长蛸放流与种质资源保护······························195
　　参考文献···197

附录一　长蛸···200
附录二　长蛸采捕、暂养及运输技术规范··························209
附录三　长蛸人工繁育技术规范···216
附录四　长蛸养成和越冬技术规范·····································222
附录五　水生生物增殖放流技术规范·································228
学习性研究与思考题··236
后记···238

第一章 绪　　论

第一节　长蛸分类地位与分布

一、蛸科动物分类概况

蛸科（Octopodidae）隶属软体动物门（Mollusca）头足纲（Cephalopoda）八腕目（Octopoda）。蛸科是头足纲中最大的科（物种数占头足纲近1/2），也是八腕目中唯一营底栖生活的科，物种多样性极为丰富，具有有效种名296种（Sauer et al., 2021）从北极到南极、从潮间带到500m深海都有代表性物种（Jereb et al., 2013；Allcock et al., 2015），涵盖了我国所有经济蛸类，如长蛸（*Octopus minor*）、中华蛸（*O. sinensis*）、短蛸（*Amphioctopus fangsiao*）、中国小孔蛸（*Cistopus chinensis*）等。我国利用蛸类资源的历史悠久，在分类、形态解剖、系统发育等基础研究方面做了大量工作（董正之，1978，1988a；李复雪，1983；吴常文和吕永林，1995；徐凤山，2008；陈新军等，2009；Cheng et al., 2012, 2013；Dai et al., 2012；Zheng et al., 2012；Lü et al., 2013），但物种鉴定错误多，存在严重的同物异名或异物同名现象，且中国南海物种分类鉴定问题尤其突出（Norman and Lu, 2000）。此外，蛸科种属关系混乱、系统演化关系不明等问题亟待解决。

近20年来，国际上蛸科动物分类系统发展迅速，分类体系进一步完善（Norman and Sweeney, 1997；Norman and Lu, 1997）。Norman和Hochberg（2005）指出蛸科命名物种（nominal species）有374种，其中有效种（valid species）186种，其余的180多种尚未科学描述（undescribed species）。董正之（1988b）在《中国动物志　软体动物门　头足纲》中记录了中国蛸科3属15种；Lu等（2012）记录了蛸科22种，最新整理的数据显示中国海域头足类记录的有效现存种达154种，其中蛸科10属36种（郑小东等，2023）。

除蛸属个别物种外，迄今蛸科大部分类群的研究仍处于半空白状态，大量未明物种有待研究。由于蛸类身体柔软，形态特征受生境影响变化极为多样，如体色、体表斑纹、眼棘突等，经固定处理（多采用福尔马林、乙醇或异戊醇等）后，这些重要的形态学特征变得不明显，甚至消失。缺乏稳定的量化特征是目前蛸科经典分类的最大难点，因此蛸科动物是国际动物分类学和系统学中研究困难最大的类群之一，代表性的疑难种、属（类）有长腿蛸群（图1-1）。

齿舌和颚片作为蛸类仅有的坚硬结构，形态稳定性强，可以为分类学提供更有效的数据。Smale等（1993）根据角质颚表面刻痕的不同辨别了11种分布在南非海域的蛸，并认为角质颚表面形态特征可用作种的鉴定。Ogden等（1998）测量了蛸科的角质颚，结合分子电泳结果综合分析了角质颚在鉴定亲缘关系及分类上的重要性，最终认为角质颚形态特征分析是蛸类属级分类鉴定的有力工具。Lu等（2002）通过分析75种1596个澳大利亚南部头足类样品的颚片来进行头足类物种的鉴定，以期提供一种对澳大利亚南部长须鲸食性研究的方法。Xavier（2007）指出，现阶段利用颚片来进行头足类物种鉴定仍存在一定困难，未来需要更多样品的采集，加强颚片研究者与头足类分类学家的联系，以及更新有关颚片分类指导手册。

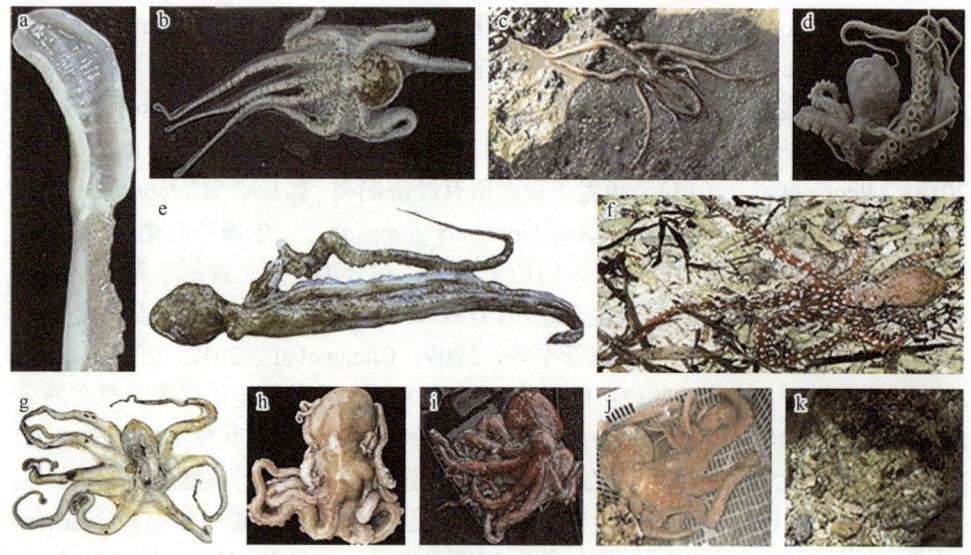

图 1-1 采集的部分长腿蛸群物种

a. 长蛸茎化腕；b. 蓝蛸；c. 长蛸；d. 南海蛸（中国科学院海洋研究所提供）；e. 丽蛸；f. 红蛸（台湾台中自然博物馆提供）；g~k. 未定种

　　DNA 条形码为研究物种遗传与进化规律提供了独特的海量数据，在物种快速鉴定、新种和隐存种发现等方面有着显著的优势（Schindel and Miller，2005），也为蛸类分类学和系统学研究注入了新鲜血液（Allock et al.，2010，2011）并取得了较好成效（Carlini et al.，2001；Strugnell et al.，2005，2009，2013；Zheng et al.，2012；郑小东等，2015），如对物种的再描述等（Allock et al.，2006）。尽管有学者认为 DNA 条形码技术将会取代传统分类学（Ebach and Holdrege，2005），但主流观点则认为此技术只是作为一种新性状来构建物种分类系统（Hebert and Gregory，2005），以全新视角弥补传统分类学的不足（Hcj，2002），实现物种遗传序列信息与形态分类特征的有机结合（Vogler and Monaghan，2007；Hajibabaei et al.，2007），对物种的精准鉴定和分类地位的确立依赖于对蛸科各属系统发育方面的深入研究（Boyle and Rodhouse，2005）。此外，物种生态学数据也将成为物种鉴定的重要参考（Young et al.，1998）。因此，将形态分类学、DNA 条形码技术和生态学资料有机结合，进行整合分类，将成为进行蛸科动物研究的新途径。

二、分类地位

（一）命名

传统的形态学特征，如体长、腕长、胴长、腕间膜长、吸盘数等测量指标，由于具有操作简单、数据易获取等优点，在描述其物种地理性变异、分类及系统发生等方面被广泛使用。特别是在20世纪，蛸科分类学研究几乎完全停留在以外部形态和内部结构，结合体表及行为方式等为依据的形态学研究上。对于长蛸的形态学描述，Sasaki（1920）首次较为全面地描述了 *Polypus macropus* var. *minor* 这一新种，也就是现在所称的"长蛸"。后来，Sasaki（1929）再次对该物种进行了描述，并发现了该物种中存在三个亚种：*Polypus variabilis* sp. nov. *minor*、*Polypus variabilis* sp. nov. *pardalis* 和 *Polypus variabilis* sp. nov. *typicus*，即现在的：*Octopus minor minor*、*Octopus minor typicus* 和 *Octopus minor pardalis*。

长蛸命名中的同物异名还有：*Polypus variabilis* var. *typicus*（Sasaki，1929）；*Polypus macropus*（Wülker，1910）；*Octopus macropus*（Ortmann，1888；张玺和相里矩，1936）；*Octopus variabilis*（张玺等，1955；董正之，1988b）。现如今，长蛸的模式标本采自日本的骏河湾（Suruga Bay）（34°40′45″N、138°18′30″E）（Sasaki，1929）。采用传统方法对蛸类进行鉴定、分类难度大，且异物同名、同物异名现象严重，许多同物异名一直沿用至今。

（二）分类学特征

Sasaki（1920）描述长蛸身体细长呈梭形，表面具细微的疣状颗粒，身体两侧无横脊，腹部无纵行沟，外套膜开口很大；头部几乎与身体等宽，鳃片数15~17个；漏斗小且细长，漏斗器呈双"V"型；各腕长短不一，腕式为1＞2＞3＞4，最长的一对腕约为胴长6~7倍；腕间膜不发达，腕间膜长度随腕长变化而变化；吸盘清晰且稀疏，在腕上交替排列；雄性右侧第三腕基部茎化，明显短于左侧第三腕，茎化腕明显，腕端部特化为匙形舌叶，具有较密集的横向沟槽，长度约占腕长的1/7；茎化腕有21~24对吸盘，这是迄今为止长蛸区别于其他蛸最直观、明显的特征。

Norman 和 Hochberg 于2005年提出将长蛸从蛸属（*Octopus*）移到丽蛸属（*Callistoctopus*）的建议。Takumiya 等（2005）通过部分线粒体基因（16S rDNA、12S rDNA 和 CO I）对日本海域的15种蛸科动物进行聚类分析，结合形态学特征，证实了长蛸与其他长腕型蛸类聚为一支，验证了长蛸属于丽蛸属这一说法的可能性。Kaneko 等（2011）采用线粒体 CO I 和 CO Ⅲ序列研究了日本及相邻沿海蛸科7属34种，建议将长蛸归于丽蛸属。Cheng 等（2012，2013）报道了长蛸线粒体全序列，阐述其进化地位接近丽蛸属。Ho 等（未发表结果）采集了台湾东北、西部以及西南海域 3 个长蛸种群，根据形态和线粒体 CO I 序列比对后发现台湾东北群是长蛸，另外 2 个群的分子拓扑结构显示存在种间差异。我们采集了辽宁、山东、江苏、浙江、福建、台湾宜兰沿海等 10 个长蛸地理群体样品，采用形态学多元分析和微卫星 DNA 标记技术，结果显示总遗传分化系数（Fst）较高，群体间 Fst 达显著水平，宜兰群体已达亚种水平（Gao et al.，2016）。可见，长蛸群体的确存在隐存种/新种。

就形态结构而言，长蛸茎化腕舌叶结构比丽蛸属的丽蛸和红蛸发达，其表皮内不具磷光组织（图 1-1），彼此漏斗器也存在差别，因此仅仅依据线粒体序列将长蛸归属丽蛸属（Kaneko et al.，2011）依据不够充分。除采集和分析了我国沿海长蛸群体的遗传分化水平，我们同时还开展了韩国木浦、群山群体以及我国黄渤海群体的形态差异比较和微卫星标记群体遗传分析（霍莉莉等，2020；Nan et al.，2022）。结果显示长蛸群体间存在遗传分化，但尚不能达到种间差异。就长蛸归"属"问题，尚需进一步研究。

三、地理分布

长蛸属于近岸底栖生活种类，平时用腕爬行，有时借腕间膜伸缩来游泳，能有力地握持他物、用头下部的漏斗喷水作快速退游，广泛分布于我国南北沿海、朝鲜半岛海域和日本沿海海域，通常生活在沿岸至大陆架水深 0～200m 的泥底、砂底、岩礁海域及藻场中，有短距离越冬洄游习性。长蛸肉质鲜美，可食率达 95%以上，其加工品及生鲜制品在国内外有广阔的市场，是我国北方重要的出口蛸类。

第二节 长蛸外部形态

头足类多为两侧对称，由头部、足部和胴体部组成。足特化，形成 8 只、10 只或数十只腕，除鹦鹉螺外，腕上均具吸盘；足的一部分特化为漏斗，位于头、胴体部之间的腹面。多数种类的软骨组织发达，包围脑、颈、腕等区。除鹦鹉螺具外壳、旋壳乌贼的贝壳少部分裸露外，大部分种类的贝壳包埋于外套膜中，成为内壳；蛸类的内壳仅余痕迹，耳乌贼的内壳完全退化；口球中具角质颚和齿舌，由厚实的肌肉包裹。除鹦鹉螺外，头足类大多具有墨囊，深海种类的墨囊退化或全部缺失。大多数种类的循环系统已接近"闭管式"；神经系统集中化，有的已形成复杂的脑；雌雄异体，在口膜附近或输卵管内完成受精，产端黄卵，行盘状分裂，直接发生，不经幼虫阶段。

一、外部形态分类术语

腕：由足部特化而成，通常呈放射状排列在头的前方、口的周围。蛸具有 8 只腕，左右对称，自背面向腹面分为左右对称 4 对。背面正中央的 2 只为第 1 对腕，称为"背腕"。与背腕相邻的为第 2 对腕，接下来的为第 3 对腕，两对腕又称"侧腕"，其中第 2 对为"背侧腕"，第 3 对为"腹侧腕"。腹面的 1 对为第 4 对腕，又称"腹腕"（图 1-2）。在分类学上常用 1、2、3、4 代表 4 对腕，并以其排列顺序表示各腕长度的差异，称为腕式，如 1＞2＞3＞4，即表示腕以第 1 对最长，第 2 对次之，第 3 对又次之，第 4 对最短。

茎化腕：蛸类雄性个体有 1 只腕茎化形成茎化腕，也称生殖腕或交接腕。茎化特征分为 4 种：①腕长度缩短，与其对称的另一只腕长度不同；②腕一侧的膜加厚，有褶皱，形成一个直通茎化腕顶端的输精沟；③腕的末端特别发达，为匙状舌叶；④腕上吸盘的大小和数量不对称。

吸盘：在腕的内面生有吸盘。蛸类的吸盘构造简单，是一个杯状肌肉质的盘，无角质环和柄。成熟的雄性个体，往往有特化的大型吸盘。

腕间膜：腕间由头部皮肤伸展形成的膜。用大写字母 A、B、C、D、E 表示腕间膜弧三角的深度，即由口到膜弧的垂直距离。

漏斗：由足部特化而来的运动器官，蛸类的漏斗形成一个完整的管子，主要由水管、闭锁器、附着器和漏斗下掣肌等部分组成。

眼：蛸类主要感觉器官，通常较大，位于头部两侧。

骨针：蛸类内壳退化或完全消失，仅仅留有痕迹。

胴体部：蛸类的外套膜一般呈袋状，称为"胴体部"。胴体部肌肉特别发达，所有的内脏器官都被包在其中。

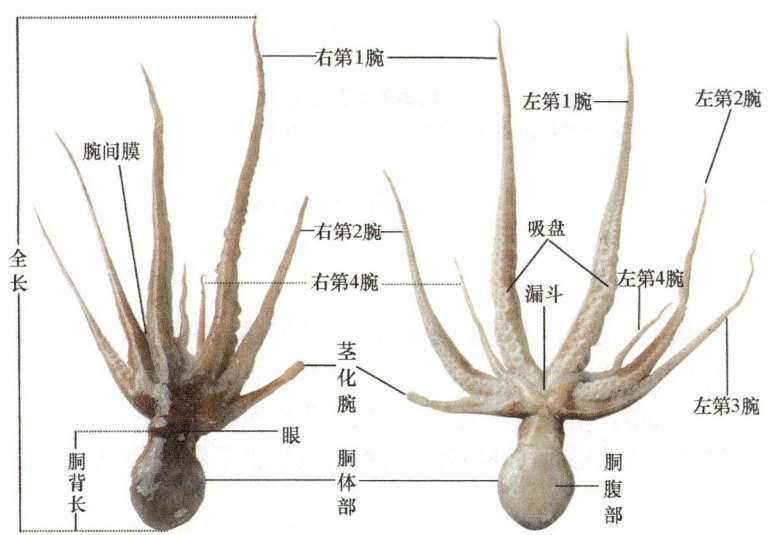

图 1-2　蛸类形态分类术语示意（以长蛸为例）

二、外部形态特征

长蛸胴体呈长卵形,胴长约为胴宽的 2 倍;体表光滑,具极细的色素色斑,环境改变或受到刺激时,体色会发生变化;不具肉鳍,内壳退化,仅在背部两侧残留两个骨针;长蛸各腕长度不等,第 1 对腕最长也最粗,其腕径约为其他腕径的 2 倍,雄性个体更为明显,一般同一时期的雄性个体第 1 对腕较雌性的更为粗壮;长蛸的腕式为 1>2>3>4,腕吸盘为两行,基部为一行;第 1 对腕腕长约为胴长的 6~7 倍;雄性右侧第 3 腕茎化,甚短,约为左侧对应腕长度的 1/2,远端具舌叶,匙形,大而明显,约为全腕长度的 1/6(图 1-3)。

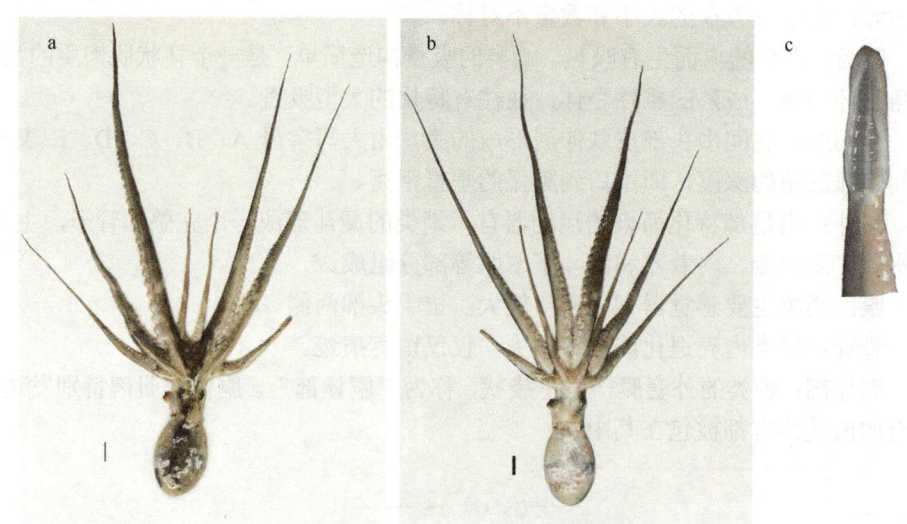

图 1-3　长蛸外部形态特征
a. 雄性背面观;b. 雄性腹面观;c. 茎化腕。标尺=2cm

第三节　长蛸内部构造

一、肌肉组织

长蛸的肌肉组织发达,由两层纵肌和位于其间的横肌构成,通过横肌纤维和纵肌纤维的收缩与扩张,完成游泳、爬行、捕食、咀嚼等基础活动。长蛸的外套膜不发达,肌壁较薄,不具鳍,但是其腕肌和吸盘肌特别发达。除了具有柔鱼、枪鱿、乌贼等共有的放射肌和环肌外,长蛸的吸盘肌还具有括约肌、环形肌。

二、消化系统

长蛸的消化系统主要包括口、唾液腺、食道、嗉囊、胃、盲囊、消化腺、肠、肛门等(图 1-4)。长蛸的口由口膜包围,口内具有肌肉质口球,其顶部为角质的上、下颚片覆盖,上颚片喙部和覆盖部均甚短,顶端较尖锐,侧壁弯曲(图 1-5a, d）；下颚喙也短，顶端钝，翼狭窄（图 1-5b，e）。颚片后方为带状齿舌，颚片和齿舌均位于口球肌内。

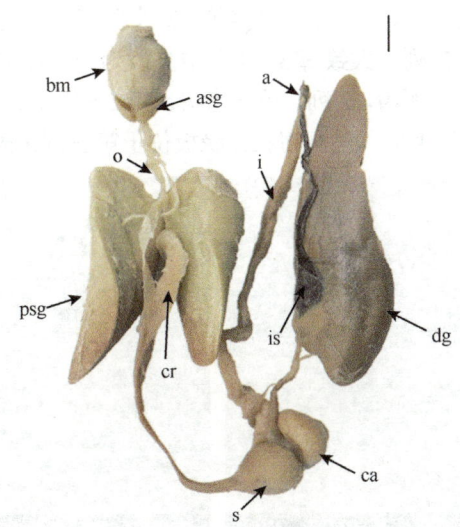

图 1-4　长蛸消化系统

bm，口球肌；o，食道；asg，前唾液腺；psg，后唾液腺；cr，嗉囊；s，胃；ca，盲囊；dg，消化腺；i，肠；is，墨囊；a，肛门。标尺=5mm

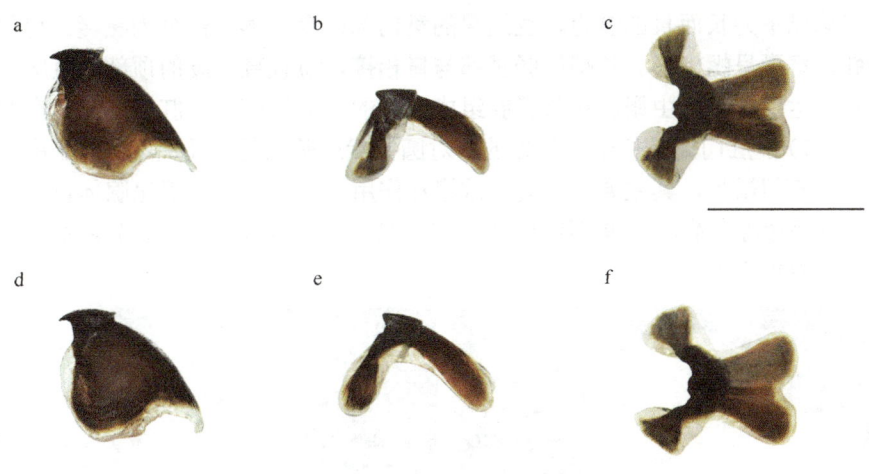

图 1-5　长蛸雄（a～c）、雌（d～f）个体颚片

a、d. 上颚片侧视图；b、e. 下颚片侧视图；c、f. 下颚片俯视图。标尺=1cm

长蛸的齿舌由 7 列纵向的齿组成：中央齿 1 列，两侧向外依次为第一侧齿、第二侧齿（也称内缘齿）和第三侧齿（也称外缘齿），即齿式为 3·1·3。图 1-6 中两种齿舌来自不同地理群体，中央齿侧齿尖的排列略有不同。图 1-6a 中，中央齿 1 列，左右不对称，具有 4～5 个齿尖，相邻中央齿侧齿尖位置高低不同，中央齿尖两侧的

2 个侧齿尖位置在相邻中央齿间成升降趋势,呈一定规律性排列,大致每 3~4 个中央齿为一循环单元。图 1-6b 中,中央齿 1 列,呈左右对称,具有 5 个齿尖,相邻中央齿侧齿尖位置高低不同,中央齿尖两侧的 2 个侧齿尖位置在相邻中央齿间成升降趋势,呈一定规律性排列,大致每 3~4 个中央齿为一循环单元。两图中齿式相同,紧靠中央齿两侧是第一侧齿,2 列,单一齿尖;第二侧齿,2 列,单一齿尖,马鞍形;第三侧齿,2 列,单一齿尖,呈弯刀状;缘板位于第三侧齿外侧,近长方形。

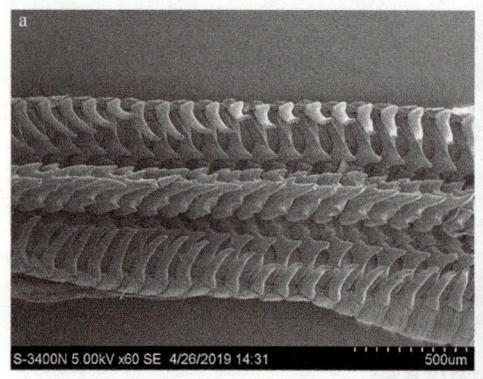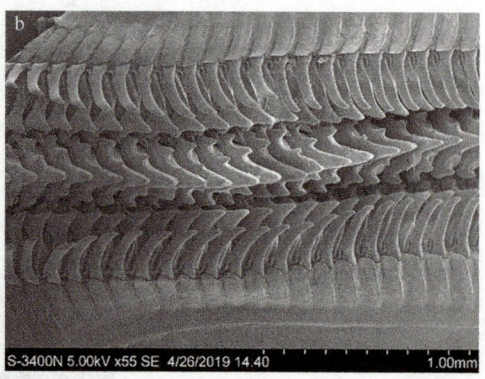

图 1-6　长蛸齿舌电镜
a. 采自天津;b. 采自威海

口球以下为长而直的食道,直达胃的贲门部;食道膨大部分为嗉囊。胃与盲囊相邻,盲囊呈螺旋形。长蛸的肠基部与胃相接,短且直,肠的顶部为直肠,其近旁有发达的墨囊,由墨腺和墨囊腔组成。肠的末端为肛门,肛门两侧具有肛门瓣(图 1-7)。肛门瓣是位于肛门处的一对圆锥状或桨状的肉质突起。长蛸的墨囊开口位于肛门瓣外,其主要行墨囊释放墨汁作用。长蛸的主要消化腺体包括前唾液腺、后唾液腺、消化腺等(图 1-4),特别是后唾液腺很发达,有分泌淀粉酶和蛋白酶的双重功能。

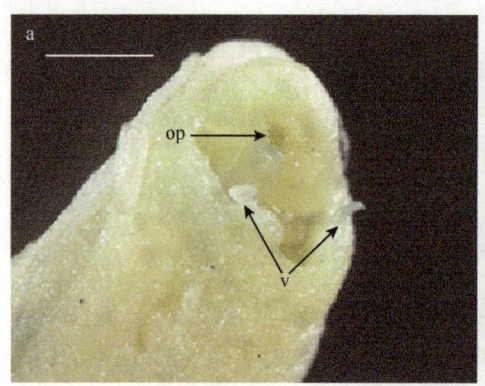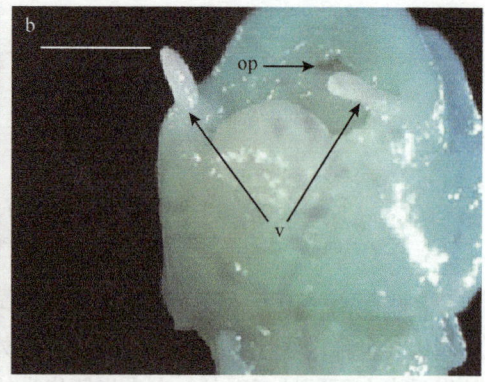

图 1-7　肛门瓣形态特征
a. 甲基蓝染色前;b. 甲基蓝染色后。op,墨囊开口;v,肛门瓣。标尺=1mm

三、排泄系统

长蛸的排泄系统为肾囊（薄膜囊状物），具有左、右两个肾囊，各自独立，与胴体腔联系。肾囊和循环系统关系密切：静脉腺质附属物伸入体腔和肾囊，主要在此海绵状的腺质部行排泄功能，排泄物主要从肾孔排出，经上皮细胞排泄到海水中。排泄物主要是氨，以及少量嘌呤和尿素等。

四、循环系统

长蛸内脏囊的中央部具有一个心室，其两边各有一个心耳。鳃的基部具有两个鳃心（图1-8），具有促进血液流动的功能。长蛸的循环系统为闭管式循环系统，由动脉分支而成的微血管伸入到肌肉组织，血液自动脉由微血管至静脉，再由鳃进行气体交换后返回心室，再由心室到达主大动脉和后大动脉，开始循环。血液中富含血蓝蛋白，静脉血在脱氧时无色。

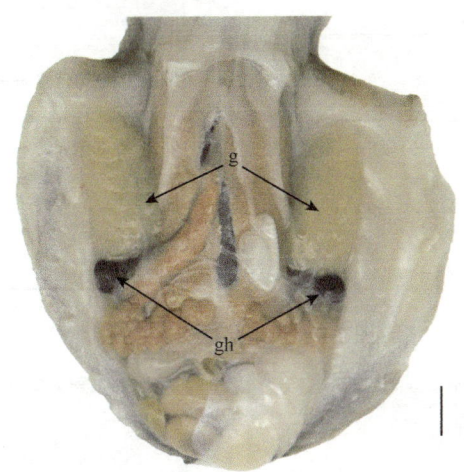

图1-8 长蛸循环与呼吸系统示意图
gh，鳃心；g，鳃。标尺=1cm

五、呼吸系统

长蛸的呼吸系统完全由位于内脏囊两侧的羽状鳃组成，每侧鳃由9~10个鳃片构成，分别位于轴肌和腹肌的中轴两侧，每个鳃叶又由许多鳃丝组成（图1-8）；水由鳃腔内流出，通过鳃丝与外界进行气体交换。鳃内具有出鳃血管和入鳃血管，鳃和外套膜通过中轴的腹肌与薄膜相连。长蛸的鳃叶较柔鱼、枪乌贼和乌贼更为复杂，其鳃轴腔十分发达，将鳃叶分为左、右两列，外侧鳃叶与内侧鳃叶成对交互排列，致使鳃叶和鳃丝的皱褶显著增加，其间的裂缝也明显变大，鳃丝内的微血管呈网状分布，从而大大增加了气体交换的面积。

六、生殖系统

（一）雌性生殖系统

长蛸雌性生殖系统由生殖孔、输卵管、输卵管腺和卵巢组成（图1-9）。生殖孔位于肛门下方两侧，受精个体在近生殖孔的远端输卵管表面会出现凹凸不平的现象，可以观察到内部白色的精团，用力挤压精团会被挤出（图1-10），经海水稀释后在光镜下可以观察到运动的精子。输卵管中没有发现精荚的包膜结构。长蛸的怀卵量一般在160粒左右。较小的个体一般怀卵量较少，产卵量也少，所以在进行人工繁育时应挑选性腺饱满且胴体健壮的雌性个体。

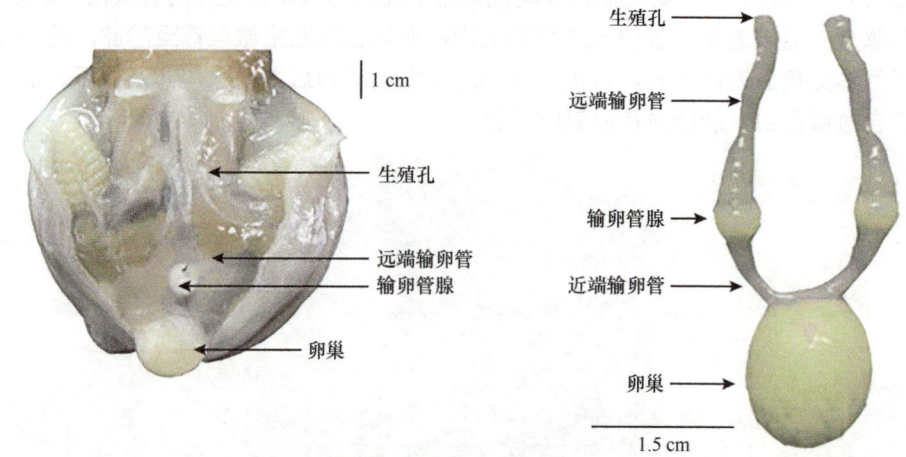

图1-9　长蛸雌性生殖系统

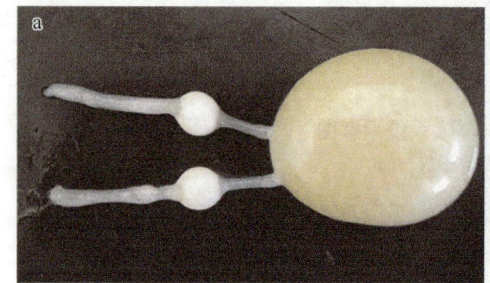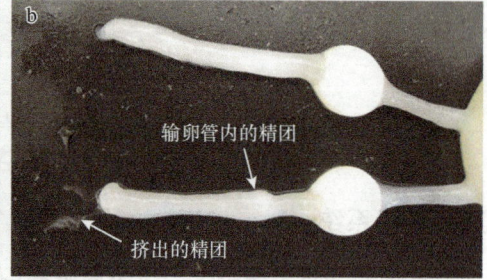

图1-10　长蛸受精后的输卵管
a. 受精输卵管和成熟卵巢；b. 受精输卵管中的精团

（二）雄性生殖系统

成熟雄性长蛸个体可以观察到成熟的精荚。雄性个体的生殖系统外包裹有一层结缔组织，剥开结缔组织后，雄性生殖系统各组分便暴露出来，其中端器、精荚囊、黏液腺体、精荚腺体、输精管及精巢共同构成了长蛸的生殖系统（图1-11）。

长蛸雄性个体生殖孔的精荚很难被挤出。精荚囊是精荚储存和成熟的场所，成熟个体通常储存 3~5 个精荚，长度为 5.2~5.7cm，精荚头部具有鞭毛，全长可达 15cm。

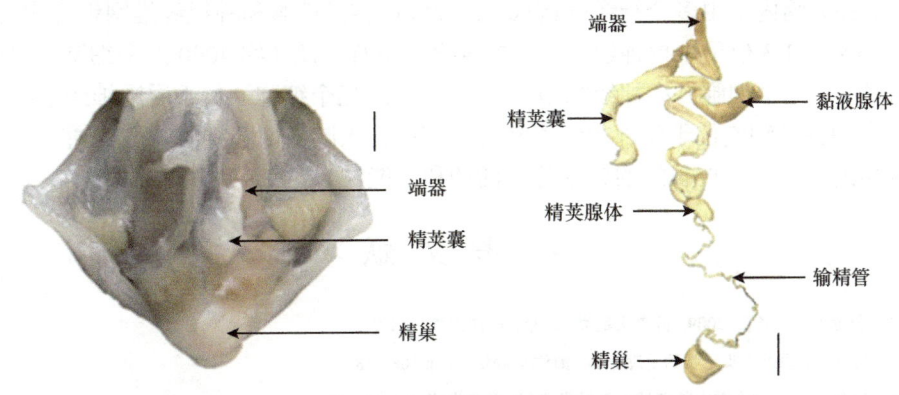

图 1-11　长蛸雄性生殖系统
标尺=1cm

七、神经系统

长蛸的神经系统由中枢神经系统和周围神经系统组成，是无脊椎动物进化的顶峰。周围神经系统包括腕部神经索和身体各部的神经节，中枢神经系统是高度集中的中央大脑。长蛸的脑具有体积大、内部结构精密、神经组织高度集中的特点，较其他无脊椎动物发达。脑主要分为三部分：由软骨囊包裹的食道上神经团、食道下神经团，以及位于食道上、下神经团两侧的视叶区（图 1-12）。长蛸大脑位于两眼之间，整体呈乳白色，由中央大脑和视叶两部分组成。食道穿过中央大脑，将其分为食道上神经团和食道下神经团。软骨匣围绕在中央大脑外周，起到保护作用。视叶位于中央大脑两侧，通过视神经束与中央大脑相连接。根据

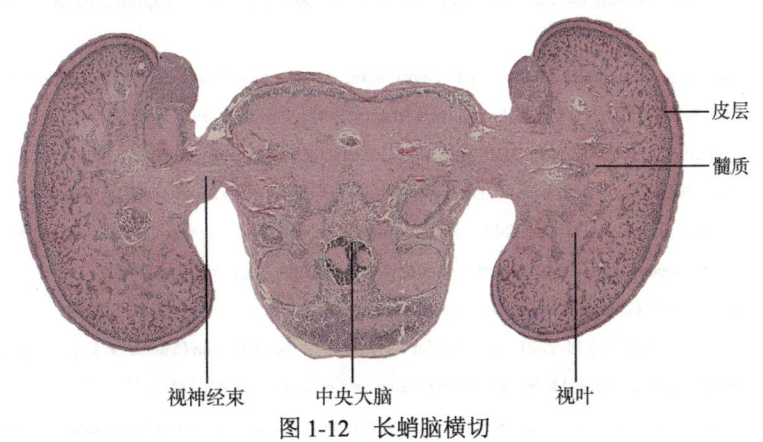

图 1-12　长蛸脑横切

结构不同，可将视叶分为外部皮层和内部髓质两个区域。视叶内不同类型的神经元细胞可以通过视神经束发出视觉运动信号或接收来自中央大脑各区域的信息输入。中央大脑内部由多个神经叶构成，神经叶由神经细胞和神经纤维网组合构成。神经细胞的1/3位于中枢神经系统，即食道上下神经团（约4000万个细胞）和视叶（约1.3亿个细胞）；神经细胞的2/3（约3.5亿个细胞）位于周围神经系统，多数周围神经细胞位于腕部神经索和神经节中。大脑内部各神经叶之间通过神经纤维传递信息，调控长蛸的各项行为活动和功能。

参 考 文 献

陈新军, 刘必林, 王尧耕. 2009. 世界头足类. 北京: 海洋出版社: 1-91.

董正之. 1978. 中国近海头足类的地理分布. 海洋与湖沼, 9(1): 108-118.

董正之. 1988a. 太平洋赤道中部海域的头足类稚仔. 热带海洋, 7(3): 80-83.

董正之. 1988b. 中国动物志 软体动物门 头足纲. 北京. 科学出版社.

霍莉莉, 南泽, 侯纯强, 等. 2021. 黄渤海长蛸群体的形态多样性研究. 中国海洋大学学报, 51(S1): 146-153.

李复雪. 1983. 台湾海峡头足类区系的研究. 台湾海峡, 2(1): 103-109.

吴常文, 吕永林. 1995. 浙江北部沿海长蛸 Octopus variabilis 生态分布初步研究. 浙江水产学院学报, 14(2): 148-150.

徐凤山. 2008. 头足纲. 中国海洋生物种类名录. 北京: 科学出版社: 598-605.

张玺, 齐钟彦, 李洁民. 1955. 中国北部海产经济软体动物. 北京. 科学出版社.

张玺, 相里矩. 1936. 胶州湾及其附近海产食用软体动物之研究. 北平研究动物学研究所中文报告汇刊, 16: 46-75.

郑小东, 马媛媛, 程汝滨. 2015. 线粒体 DNA 标记在头足纲动物分子系统学中的应用. 水产学报, 39(2): 294-303.

郑小东, 吕玉晗, 卢重成. 2023. 中国海域头足类物种多样性. 中国海洋大学学报(自然科学版), 53(9): 1-18.

Allcock A L, Barratt I, Eleaume M, et al. 2011. Cryptic speciation and the circumpolarity debate: a case study on endemic Southern Ocean octopuses using the CO I barcode of life. Deep Sea Research Part II: Topical Studies in Oceanography, 58(1-2): 242-249.

Allcock A L, Lindgren A, Strugnell J M. 2015. The contribution of molecular data to our understanding of cephalopod evolution and systematics: a review. Journal of Natural History, 49(21-24): 1373-1421.

Allcock A L, Strugnell J M, Johnson M P. 2010. How useful are the recommended counts and indices in the systematics of the Octopodidae (Mollusca: Cephalopoda). Biological Journal of the Linnean Society, 95(1): 205-218.

Allcock A, Strugnell J, Ruggiero H, et al. 2006. Redescription of the deep-sea octopod Benthoctopus normani and a description of a new species from the Northeast Atlantic. Marine Biology Research, 2: 372-387.

Boyle P, Rodhouse P. 2005. Cephalopods: Ecology and Fisheries. Oxford: Blackwell Publishers: 72-74.

Carlini D B, Young R E, Vecchione M. 2001. A molecular phylogeny of the Octopoda (Mollusca: Cephalopoda) evaluated in light of morphological evidence. Molecular Phylogenetics and Evolution, 21(3): 388-397.

Cheng R, Zheng X, Lin X, et al. 2012. Determination of the complete mitochondrial DNA sequence of Octopus minor. Molecular Biology Reports, 39(4): 3461-3470.

Cheng R, Zheng X, Ma Y, et al. 2013. The complete mitochondrial genomes of two octopods *Cistopus chinensis* and *Cistopus taiwanicus*: Revealing the phylogenetic position of the genus *Cistopus* within the Order Octopoda. PLoS One, 8(12): e84216.

Dai L, Zheng X, Kong L, et al. 2012. DNA barcoding analysis of Coleoidea (Mollusca: Cephalopoda) from Chinese waters. Molecular Ecology Resources, 12(3): 437-447.

Ebach M C, Holdrege C. 2005. DNA barcoding is no substitute for taxonomy. Nature, 434(7034): 697.

Hajibabaei M, Singer G A, Hebert P D, et al. 2007. DNA barcoding: how it complements taxonomy, molecular phylogenetics and population genetics. Trends in Genetics: TIG, 23(4): 167-172.

Hcj G. 2002. Towards taxonomy's "glorious revolution". Nature, 420(6915): 461.

Hebert P D, Gregory T R. 2005. The promise of DNA barcoding for taxonomy. Systematic Biology, 54(5): 852-859.

Jereb P, Roper C F E, Norman M D, et al. 2013. Cephalopods of the world: An annotated illustrated catalogue of cephalopod species known to date. In: Octopods and Vampire squids. Food and Agriculture Organization Fish Synopsis: 1-21.

Kaneko N, Kubodera T, Iguchi A. 2011. Taxonomic study of shallow-water octopuses (Cephalopoda: Octopodidae) in Japan and adjacent waters using mitochondrial genes with perspectives on Octopus DNA barcoding. Malacologia, 54(1-2): 97-108.

Lu C C, Ickeringill R. 2002. Cephalopod beak identification and biomass estimation techniques: tools for dietary studies of southern Australian finfishes. Melbourne, Australia: Museum Victoria, 6: 1-65.

Lu C C, Zheng X D, Lin X Z. 2012. Diversity of Cephalopoda from the waters of the Chinese mainland and Taiwan. In: Proc Proceedings of the 1st Mainland and Taiwan Symposium of Marine Biodiversity Studies. Beijing: Ocean Press: 76-87.

Lü Z M, Cui W T, Liu L Q, et al. 2013. Phylogenetic relationships among Octopodidae species in coastal waters of China inferred from two mitochondrial DNA gene sequences. Genetics & Molecular Research, 12(3): 3755-3765.

Nan Z, Xu R, Hou C Q, et al. 2022. Genetic differentiation among populations of *Octopus minor* based on simple sequence repeats mined from transcriptome data. Journal of Ocean University of China, 21: 1265-1272.

Norman M D, Hochberg F G. 2005. The current state of octopus taxonomy. Phuket Marine Biological Center Research Bulletin, 66: 127-154.

Norman M D, Lu C C. 1997. Redescription of the southern dumpling squid *Euprymna tasmanica* and a revision of the genus *Euprymna* (Cephalopoda: Sepiolidae). Journal of the Marine Biological Association of the United Kingdom, 77(4): 1109-1137.

Norman M D, Lu C C. 2000. Preliminary checklist of the cephalopods of the South China Sea. The Raffles Bulletin of Zoology, 8: 539-567.

Norman M D, Sweeney M J. 1997. The shallow-water octopuses (Cephalopoda: Octopodidae) of the Philippines. Invertebrate Systematics, 11(1): 89-140.

Ogden R S, Allcock A L, Watts P C, et al. 1998. The role of beak shape in octopodid taxonomy. African Journal of Marine Science, 20(1): 29-36.

Ortmann A. 1888. Japanische Cephalopoden. Zoologische Jahrbücher Abteilung für Systematik, Geographie und Biologie der Tiere, 3: 639-670.

Sasaki M. 1920. Report of cephalopods collected during 1906 by the United States Bureau of Fisheries Steamer "Albatross" in the Northwestern Pacific. Proceedings of the United States National Museum, 57(2310): 163-203, pls.xxiii-xxvi

Sasaki M.1929. A monograph of the dibranchiate cephalopods of the Japanese and adjacent waters. Journal of the College of Agriculture, Hokkaido Imperial University, 1-357.

Sauer W H, Gleadall I G, Downey-Breedt N, et al. 2021. World octopus fisheries. Reviews in Fisheries Science & Aquaculture, 29(3): 279-429.

Schindel D E, Miller S E. 2005. DNA barcoding a useful tool for taxonomists. Nature, 435(7038): 17.

Smale M J, Clarke M R, Klages N T W, et al. 1993. Octopod beak identification—resolution at a regional level (Cephalopoda, Octopoda: Southern Africa). South African Journal of Marine Science, 13(1): 269-293.

Strugnell J M, Norman M D, Vecchione M, et al. 2013. The ink sac clouds octopod evolutionary history. Hydrobiologia, 725: 215-235.

Strugnell J, Norman M, Jackson J, et al. 2005. Molecular phylogeny of coleoid cephalopods (Mollusca: Cephalopoda) using a multigene approach: the effect of data partitioning on resolving phylogenies in a Bayesian framework. Molecular Phylogenetics and Evolution, 37(2): 426-441.

Strugnell J, Voight J R, Collins M A, et al. 2009. Molecular phylogenetic analysis of a known and a new hydrothermal vent octopod: their relationships with the genus *Benthoctopus* (Cephalopoda: Octopodidae). Zootaxa, 2096: 442-459.

Takumiya M, Kobayashi M, Tsuneki K, et al. 2005. Phylogenetic relationships among major species of Japanese coleoid cephalopods (Mollusca: Cephalopoda) using three mitochondrial DNA sequences. Zoological Science, 22(2): 147-155.

Vogler A P, Monaghan M T. 2007. Recent advances in DNA taxonomy. Journal of Zoological Systematics and Evolutionary Research, 45(1): 1-10.

Wülker G. 1910. Über Japanische cephalopoden. Doflein Beiträge Naturgeschichte Ostasiens, 1:1-72.

Xavier J, Clarke M R, Magalhães M C, et al. 2007. Current status of using beaks to identify cephalopods: III International Workshop and training course on Cephalopod beaks, Faial island, Azores , April 2007. Arquipélago: Life and Marine Sciences, 24: 41-48.

Young R E, Vecchione M, Donovan D T. 1998. The evolution of coleoid cephalopods and their present biodiversity and ecology. South African Journal of Marine Science, 20(1): 393-420.

Zheng X, Lin X, Lu C, et al. 2012. A new species of *Cistopus* (Cephalopoda: Octopodidae) from the East and South China Seas and phylogenetic analysis based on mitochondrial CO I gene. Journal of Natural History, 46(5-6): 355-368.

第二章　长蛸生态习性与捕食特性

蛸类从寒带至热带海域均有分布，不同种类的蛸栖息于不同水层，自潮间带至数千米深的海底均可见其分布。根据生活类型不同，蛸类主要分浮游型和底栖型，大多数蛸类物种在海底爬行，营底栖生活。我国常见的经济蛸类长蛸 *Octopus minor*、短蛸 *Amphioctopus fangsiao*、中华蛸 *O. sinensis* 等，它们以各腕轮番交替的动作在海底爬行，或以吸盘吸住他物，牵引自身在岩礁处攀爬，也常在沙里潜伏休憩；还可以凭借漏斗喷水的反作用力在底层海水中短距离游行（林祥志等，2006），也可在局部海区中作短距离的产卵洄游和越冬洄游。浮游型蛸类如水孔蛸、船蛸，它们的漏斗短小，外套腔口狭窄，射流作用微弱，以发达的腕间膜交替收缩与扩张，鼓动水流，游行于大洋表层。

作为掠食性食肉动物，蛸类的腕强而有力，是重要的捕食器官。蛸类对食物几乎没有什么选择性，食物组成与其主要活动水层中的栖息动物种类密切相关。但大多数种类均有垂直活动，因此胃含物中有时还会出现其他水层生活的种类。长蛸是食肉动物，善于抓握的腕、可伸缩的腕间膜以及复杂结构的口球使它们的捕猎方式多样化。

第一节　长蛸生态习性

长蛸处于食物链的中间环节，对于生态平衡起到极其重要的作用。长蛸以长而有力的腕足挖穴栖居，冬季在潮下带或沿岸深潜；春季向低潮线以上活动；夏秋之交可上达潮间带中区；晚秋，随着水温降低，新的世代移往潮下带或沿岸潜居。在潮间带的野外实地考察中，我们常常发现长蛸藏身于泥质巢穴中（图 2-1）。自 2009 年起，我们对山东荣成天鹅湖分布的长蛸蛸巢进行了全面研究，细致分析了巢穴结构、周边底质和周边生物组成。

一、巢穴结构

采用速凝型水泥浇筑长蛸巢穴。首先，在巢穴入孔位置轻轻搅动海水，可以发现长蛸伸出用来试探的腕尖，确定该巢穴为长蛸巢穴（图 2-1）。然后对巢穴进行现场测量，包括潜入孔和呼吸孔孔径大小、个数及每两孔间直线距离。在呼吸孔处滴入酒精，将长蛸从潜入孔熏出后，从潜入孔处排出巢穴内部海水，迅速将水泥注入巢穴内，直至呼吸孔处有水泥溢出；在潜入孔周围筑起小围堰，使水泥更充分注入巢穴中（图 2-2）。次日，待退潮后将其挖出。挖掘过程中要小心，避免模具断裂。

图 2-1　长蛸生活底质环境与巢穴位置
1，潜入孔；2，呼吸孔；3，呼吸堆；4，长蛸腕

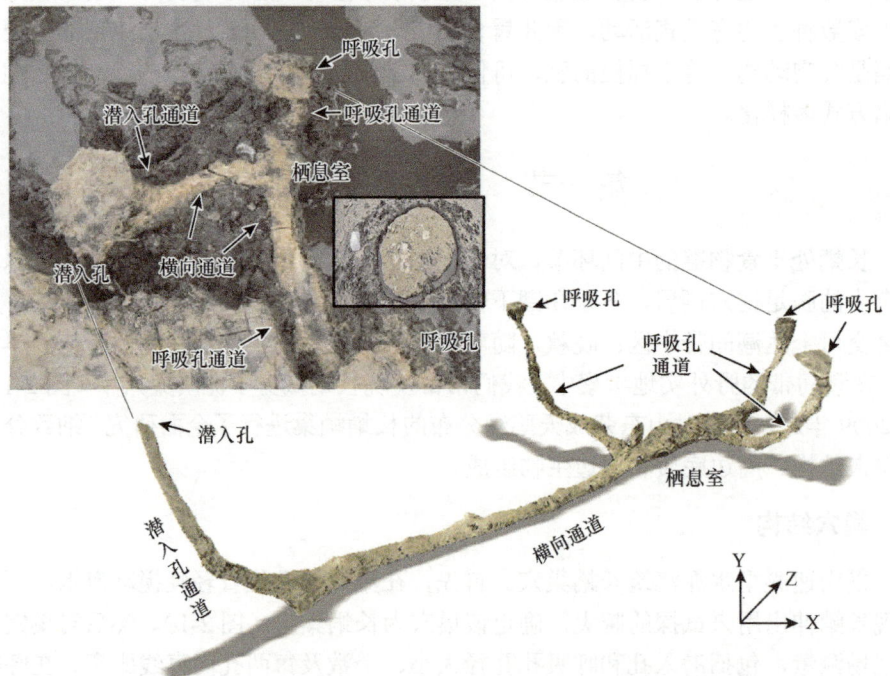

图 2-2　长蛸巢穴石灰模型（左上图中的小图为拍摄的水泥凝固后潜入孔情形）

　　观察并分析了 87 个长蛸巢穴，巢穴位于海床下 11.3~18.5cm，巢穴孔洞间最大距离为 22~74cm（表 2-1）。通常，巢穴包含不规则的潜入孔（DH）和较为规

表 2-1 五种类型的巢穴测量数据

(单位: cm)

1DH1BH

N=17	个体重/g	深度	DH				BH			DH-BH
			c	d	e	f	w	m	n	
平均值±标准误	63.1±3.7	11.8±0.5	3.1±0.2	4.6±0.5	5.2±0.4	7.1±0.5	5.5±0.2	2.2±0.1	1.6±0.1	43.9±2.2

1DH2BH

N=28	个体重/g	深度	DH				BH1				BH2				DH-BH1	DH-BH2	BH1-BH2
			c	d	e	f	w	m	n		w	m	n				
平均值±标准误	53.8±1.8	15.4±0.4	2.6±0.1	4.1±0.1	4.6±0.2	5.5±0.2	5.4±0.3	1.7±0.1	1.4±0.1		5.3±0.3	1.4±0.1	1.2±0.1		36.8±1.5	29.5±1.4	15.9±0.5

1DH3BH

N=18	个体重/g	深度	DH				BH1			BH2			BH3			DH-BH1	DH-BH2	DH-BH3	BH1-BH2	BH1-BH3	BH2-BH3
			c	d	e	f	w	m	n	w	m	n	w	m	n						
平均值±标准误	50.0±2.7	17.5±0.6	2.4±0.1	3.2±0.1	3.4±0.2	4.9±0.2	5.4±0.2	1.2±0.1	1.4±0.1	5.9±0.3	1.3±0.1	1.4±0.1	5.7±0.3	1.3±0.1	1.5±0.1	53.4±1.5	43.9±1.4	36.3±1.5	18.4±0.8	7.8±0.5	8.8±0.5

2DH1BH

N=9	个体重/g	深度	DH1				DH2				BH			DH1-DH2	DH1-BH	DH2-BH
			c	d	e	f	c	d	e	f	w	m	n			
平均值±标准误	60.8±4.6	17.6±0.9	2.8±0.2	3.4±0.2	4.1±0.3	5.4±0.2	3.3±0.2	4.2±0.2	5.1±0.1	6.0±0.3	5.9±0.3	1.5±0.2	1.2±0.1	40.1±1.6	35.2±1.5	19.6±2.1

2DH2BH

N=15	个体重/g	深度	DH1				DH2				BH1			BH2			DH1-DH2	DH1-BH1	DH2-BH1	DH1-BH2	DH2-BH2	BH1-BH2
			c	d	e	f	c	d	e	f	w	m	n	w	m	n						
平均值±标准误	49.9±3.1	17.1±0.8	2.8±0.2	4.0±0.2	4.7±0.3	6.1±0.3	3.1±0.2	4.3±0.2	4.9±0.3	6.2±0.3	5.7±0.3	1.3±0.1	1.3±0.1	6.0±0.3	1.1±0.1	1.2±0.1	54.3±1.6	59.3±1.8	39.0±1.8	42.4±1.3	19.2±1.0	16.4±0.8

注: N, 不同类型巢穴数目; DH, 潜入孔; BH, 呼吸孔; c, 潜入孔最大内径; d, 潜入孔最小内径; e, 潜入孔最大外径; f, 潜入孔直线距离; DH1-DH2/BH1-BH2, 潜入孔与潜入孔/呼吸孔与呼吸孔间直线距离; w, 呼吸堆宽; m, 呼吸堆高; n, 呼吸孔直径; DH-BH, 潜入孔与呼吸孔间直线距离。

则的呼吸孔（BH），呼吸孔上方有呼吸堆（BHH）包围；DH 与 BH 相连的部分称为孔道（HC），包括潜入孔通道（DHC）、栖息室（LG）和呼吸孔通道（BHC）。巢穴 DH 和 BH 数目因巢穴不同而异，一个巢穴可能含有 1～2 个 DH 和 1～3 个 BH。根据孔数目的差异，我们将发现的巢穴分为五类：1DH1BH（含一个潜入孔和一个呼吸孔的巢穴）、1DH2BH（含一个潜入孔和两个呼吸孔的巢穴，以下以此类推）、1DH3BH、2DH1BH 和 2DH2BH（图 2-3A～E）。五种类型巢穴所占比例

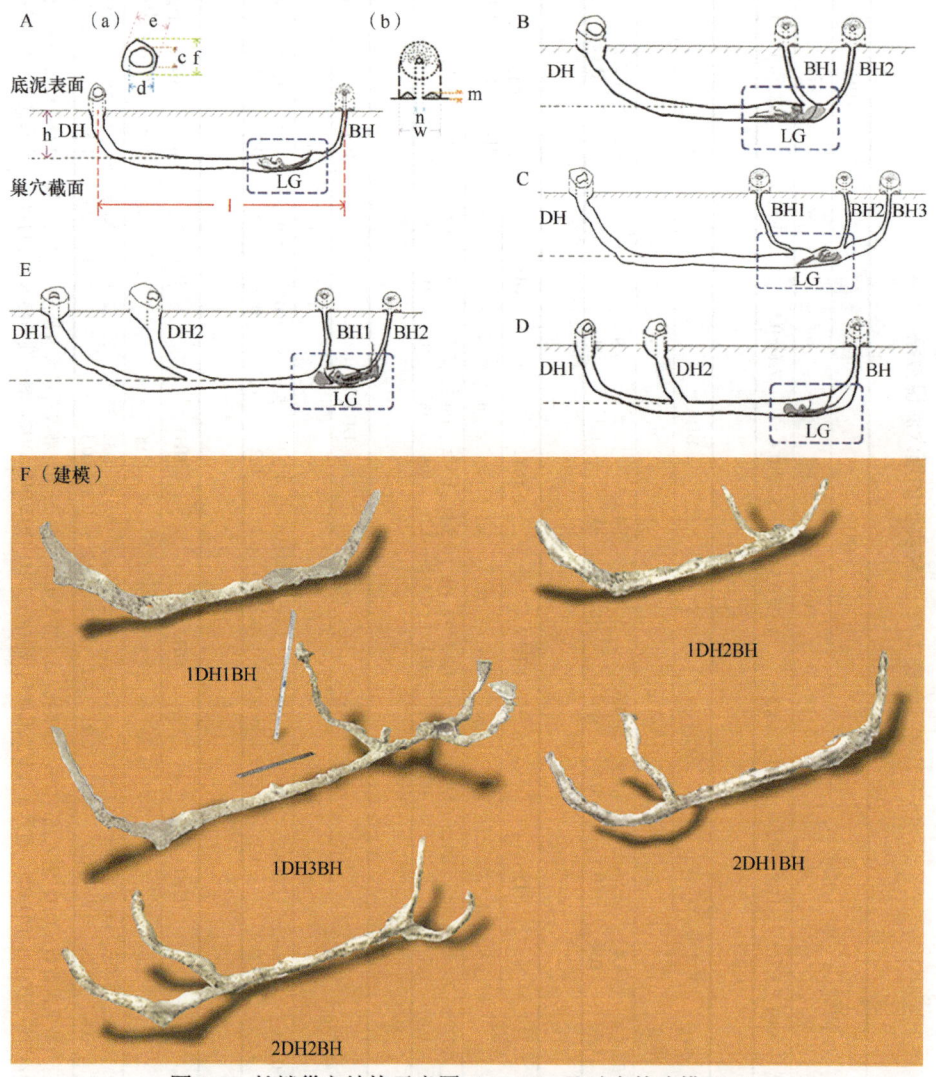

图 2-3 长蛸巢穴结构示意图（A～E）及对应的建模（F）

根据潜入孔和呼吸孔数分为五种类型：A. 1DH1BH；B. 1DH2BH；C. 1DH3BH；D. 2DH1BH；E. 2DH2BH。c，潜入孔最小内径；d，潜入孔最大内径；e，潜入孔最小外径；f，潜入孔最大外径；w，呼吸堆宽；m，呼吸堆高；n，呼吸孔直径

分别为19.5%、32.2%、20.7%、10.3%和17.2%，含有多潜入孔或者多呼吸孔的巢穴往往比单孔的巢穴要大。不论哪一类型的巢穴，DH 与 BH 间的距离（如 DH1-BH1、DH1-BH2 等）都要大于 DH 与 DH（如 DH1-DH2）或 BH 与 BH（如 BH1-BH2、BH2-BH3 和 BH1-BH3）（图2-4），这就意味着 DH 和 BH 分别分布在巢穴相对两端。同一巢穴的 DH 孔径普遍大于 BH（图2-5），且 DH 多为不规则形状，BH 则为圆形或者椭圆形，位于山丘状 BHH 的中央。通过建模拍照，我们获得不同类型巢穴的代表模型（图2-3F）。

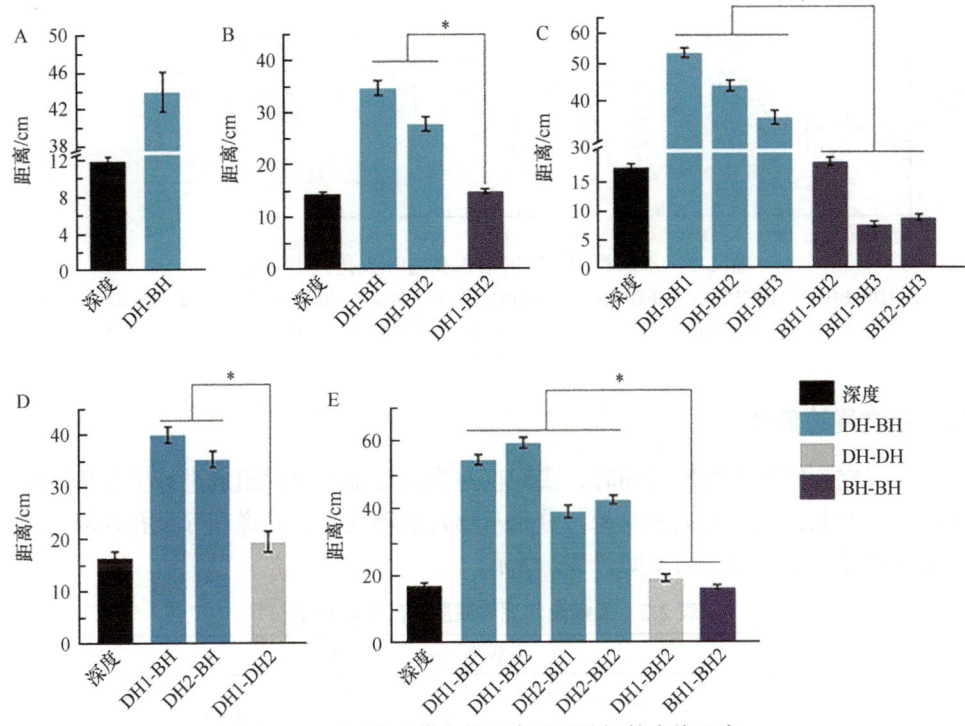

图2-4 不同类型巢穴的深度及两孔间的直线距离
A. 1DH1BH；B. 1DH2BH；C. 1DH3BH；D. 2DH1BH；E. 2DH2BH。
*表示 $P<0.05$

有关长蛸巢穴的报道，最早见于 Yamamoto（1942），巢穴都由潜入孔、呼吸孔和孔道组成。与其报道的巢穴的主要不同在于，在荣成天鹅湖观察到的巢穴潜入孔道和呼吸孔道与横向通道之间有一定坡度，不是 90°的夹角；呼吸孔通道通向地面方向是逐渐变细的，有时呼吸通道到达地表部分几乎呈一条线，以至于几乎隐没于呼吸孔下的粗砂中；巢穴中呼吸孔的数目为 1~2 个，有时也发现有 3 个呼吸孔的情况；呼吸通道末端有显著宽敞的栖息室；此外，我们还发现潜入孔和呼吸孔孔径之间存在显著差异。

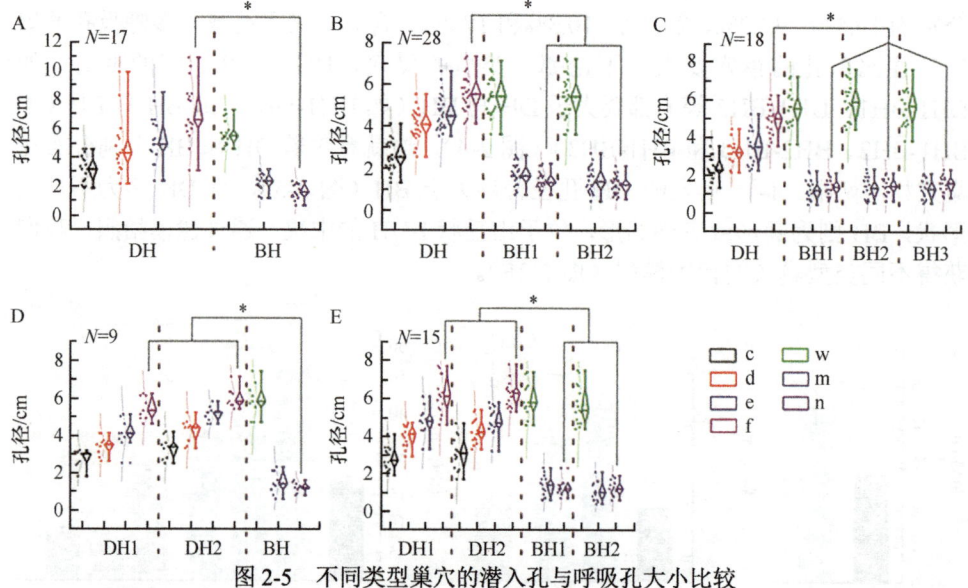

图 2-5　不同类型巢穴的潜入孔与呼吸孔大小比较

A. 1DH1BH；B. 1DH2BH；C. 1DH3BH；D. 2DH1BH；E. 2DH2BH。c, 潜入孔最小内径；d, 潜入孔最大内径；e, 潜入孔最小外径；f, 潜入孔最大外径；w, 呼吸堆宽；m, 呼吸堆高；n, 呼吸孔直径；N, 巢穴数目；*表示 $P < 0.05$

二、巢穴周边底质

在研究长蛸巢穴结构的同时，我们也对巢穴周围的底质组成进行了分析和研究，以 9 个长蛸巢穴为研究对象，分别从巢穴的潜入孔、孔道和呼吸孔各取一部分泥样进行粒度分析，结果如表 2-2 所示。

表 2-2　长蛸巢穴泥砂底质粒度分析情况

样品编号	取样位置	贝壳	>2	2～0.5	0.5～0.25	0.25～0.075	0.0075～0.01	0.01～0.005	<0.005	底质定性
1	潜入孔	0.03	4.37	24.40	25.08	25.69	10.78	1.36	8.28	中砂
	孔道		3.31	20.06	23.99	27.96	13.67	1.11	9.90	粉砂
	呼吸孔		3.17	19.64	27.57	29.29	9.79	1.24	9.30	中砂
2	潜入孔	0.08	1.76	19.28	26.19	26.21	12.43	1.97	12.09	粉砂
	孔道	0.12	3.44	18.93	25.77	27.42	10.09	1.57	12.66	粉砂
	呼吸孔		2.02	20.63	22.99	24.22	12.92	2.17	15.05	粉砂
3	潜入孔	0.23	1.40	40.37	22.44	14.24	9.84	1.12	10.36	中砂
	孔道	0.05	2.00	20.35	19.62	19.55	15.29	1.48	11.65	中砂
	呼吸孔 1	0.14	2.03	28.36	26.04	20.33	11.04	1.57	10.49	中砂
	呼吸孔 2	0.70	1.60	23.53	22.19	28.70	11.74	1.67	9.87	粉砂

续表

样品编号	取样位置	贝壳	>2	2~0.5	0.5~0.25	0.25~0.075	0.0075~0.01	0.01~0.005	<0.005	底质定性
4	潜入孔		0.83	21.94	31.85	26.30	9.54	1.53	8.02	中砂
	孔道		0.43	15.24	22.42	30.74	17.28	0.66	13.24	粉砂
	呼吸孔	0.23	0.80	16.10	21.93	29.97	15.51	2.32	13.15	粉砂
5	潜入孔	0.05	0.69	23.78	25.61	27.62	10.78	1.15	10.31	中砂
	孔道		5.63	24.60	20.32	23.77	10.28	2.28	13.11	中砂
	呼吸孔		0.09	20.26	22.86	28.17	12.94	2.45	13.23	粉砂
6	潜入孔	1.58	4.77	25.71	23.35	20.40	10.23	1.89	12.07	中砂
	孔道		0.35	21.03	26.35	25.95	13.43	1.84	11.04	粉砂
	呼吸孔		0.37	21.41	28.63	24.62	10.75	1.58	12.64	中砂
7	潜入孔	0.08	4.21	20.30	24.13	26.25	12.52	1.86	10.66	中砂
	孔道	0.13	5.08	24.83	21.38	24.32	12.32	1.64	10.31	中砂
	呼吸孔	0.33	1.42	26.25	23.37	21.40	12.67	1.93	12.63	中砂
8	潜入孔		1.30	12.42	18.55	30.27	20.76	2.43	14.28	粉砂
	孔道	0.65	5.45	21.78	22.08	30.14	10.82	0.87	8.21	粉砂
	呼吸孔	0.19	2.26	19.57	25.43	33.51	10.04	0.95	8.04	粉砂
9	潜入孔	0.12	1.29	16.33	24.39	32.06	12.59	1.85	11.37	粉砂
	孔道		9.08	18.87	23.01	25.37	12.73	1.16	9.78	中砂
	呼吸孔	0.19	2.80	23.10	27.39	29.14	8.67	0.64	8.07	中砂

从表 2-2 中可以看出，9 个巢穴的潜入孔位置有 5 个为中砂底质，4 个为粉砂底质；孔道位置有 4 个为中砂底质，5 个为粉砂底质；呼吸孔位置有 5 个为中砂底质，5 个为粉砂底质。长蛸巢穴不同位置底质粒度不同，但潜入孔、孔道和呼吸孔处，都是以中砂或粉砂为主。

三、巢穴周边生物组成

我们采集分析了巢穴周围泥砂中贝类及其他底栖生物的种类和数量，发现巢穴周围的底栖生物常见物种有日本蟳、菲律宾蛤仔、沙蚕等 20 种。11 个巢穴周围的泥砂中含有的贝类统计如表 2-3 所示。巢穴周围的贝类以菲律宾蛤仔和砂海螂占优势；其次是鸭嘴蛤和古氏滩栖螺，其中古氏滩栖螺分布不稳定；凸壳肌蛤、丽小笔螺、习见织纹螺和锈凹螺分布最少且在泥砂中的数量不稳定（图 2-6）。

表 2-3　11个长蛸巢穴周围底质内的贝类种类统计情况　　（单位：个）

编号	菲律宾蛤仔	砂海螂	鸭嘴蛤	凸壳肌蛤	丽小笔螺	习见织纹螺	锈凹螺	古氏滩栖螺	泥砂体积 /m³
1	1	1	1						0.021
2	8	1				1			0.017
3	19	5			2	4		5	0.017
4	2	4	3	1		1	1	6	0.021
5	1	3	4		1			5	0.019
6	2	4	3	1					0.019
7	1	2	1					2	0.018
8	5		1						0.021
9	5	4	1	1					0.016
10	3		1			2			0.016
11	3	2					1		0.010
总数	50	26	15	3	3	8	2	18	0.194
平均数	4.5	2.5	1.4	0.3	0.3	0.7	0.2	1.6	0.018

砂海螂　　菲律宾蛤仔　　鸭嘴蛤　　凸壳肌蛤

丽小笔螺　　习见织纹螺　　锈凹螺　　古氏滩栖螺

图 2-6　长蛸巢穴底质中含有的贝类种类

在巢穴周围底质中，环节动物、甲壳类等的分布情况见表 2-4。统计到的种类共有 9 种，优势种有丝鳃虫、日本蟳、索沙蚕，其中丝鳃虫种群优势明显（平均每个巢穴约含有 27.4 个），其他优势种有索沙蚕和日本蟳。非优势种有长吻沙蚕、琥珀刺沙蚕、智利巢沙蚕、岩虫、海豆芽，其中岩虫和海豆芽的数量最不稳定（表 2-4）。

表 2-4　长蛸巢穴底质中的其他底栖生物　　　　（单位：个）

序号	长吻沙蚕	丝鳃虫	真节虫	索沙蚕	琥珀刺沙蚕	智利巢沙蚕	岩虫	海豆芽	日本蟳	泥砂体积/m³
1	2	3	5	5	2	1	0	2	2	0.021
2	1	12	2	3	1	1	0	0	3	0.017
3	0	19	0	0	1	3	0	0	1	0.017
4	1	66	1	2	1	2	0	2	3	0.021
5	1	31	1	2	0	1	0	0	1	0.019
6	2	80	1	3	1	0	0	0	5	0.019
7	2	26	1	1	1	1	1	0	2	0.018
8	2	23	1	4	1	0	0	0	2	0.021
9	2	3	1	1	1	0	0	2	2	0.016
10	1	11	2	5	1	1	1	0	3	0.016
总数	14	274	15	26	10	10	2	6	24	0.189
平均数	1.4	27.4	1.5	2.6	1	1	0.2	0.6	2.4	0.019

巢穴供动物躲藏，可以很好地保护长蛸自身，使其适应潮间带复杂环境的变化。巢穴周围以中砂和粉砂为主要底质，适宜各种环节动物、甲壳类和埋栖型贝类生存。这些底栖的动物能够较好地满足长蛸的摄食需求，我们在长蛸促熟暂养期间尝试使用菲律宾蛤仔和招潮蟹作为饵料进行投喂起到了不错的效果。研究巢穴周围的底栖生物组成和巢穴结构，为人工繁育技术研究中关键环节——饵料和遮蔽物选择问题，提供了重要参考依据，同时对于了解种质自然保护区中长蛸生存状态也有帮助。

第二节　长蛸筑穴行为

一、长蛸挖穴行为

为了验证和观察长蛸的挖穴行为，我们沿透明玻璃缸长边一侧堆泥，堆出斜坡，泥的高度为 40cm，泥堆左右边缘与玻璃壁之间留出 5cm 距离作为两个通向泥堆内部的通道（图 2-7），通道更容易促使长蛸进行挖穴活动。缓慢加水超过泥的最高处 5～6cm，在无泥的底部充氧。放置一天后，向玻璃缸中放入 1 只长蛸，打开摄像头和监控软件观察监视。每天上午 10：00 换水 2/3。

实验观察发现 5 天中有 12 组实验的长蛸进行了不同程度的巢穴挖掘活动，其中有 7 只长蛸完成了整个的巢穴挖掘，平均用时 3.8 天，其巢穴结构类似于野外调查巢穴结构。

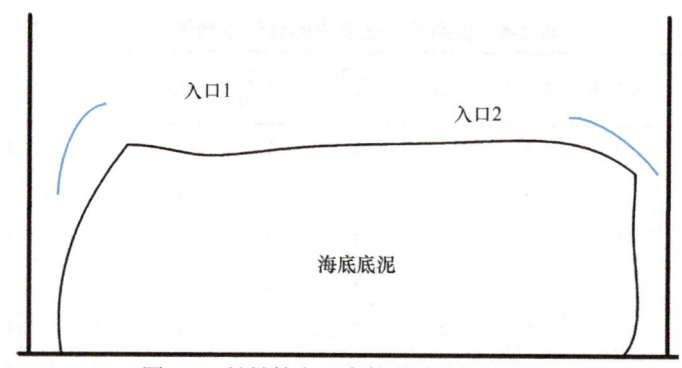

图 2-7　长蛸挖穴观察使用玻璃缸前视图

进入玻璃缸时，长蛸会张开 8 条腕进行探索，当发现设置的通道时，它会进入停留并缩成一团，对玻璃缸环境进行适应。适应新的环境后，长蛸进行巢穴的挖掘，其挖掘过程可以分为 5 个过程。

过程 1，挖出潜入孔。长蛸张开腕匍匐地面，腕间膜隆起，经数次使用外套膜和漏斗喷出的急速水流冲向泥的表面，在泥的表面形成一个洞，这就是长蛸巢穴的起点——潜入孔。

过程 2，腕插入潜入孔中。长蛸收回第四对腕并伸入潜入孔中，然后依次将第三、第二和第一对腕收回，腕的基部向外折叠，插入潜入孔深处，吸盘向外，有时腕尖部分依旧摊在洞口泥的表面。前两个过程类似于 Montana 等（2015）描述的 *Octopus kaurna* 液化底质进行筑巢的前两个步骤。

过程 3，挖掘潜入孔通道。进入潜入孔后，长蛸将折叠的腕向四周撑开，腕间膜如同撑开一把伞，泥沙会被挤向孔洞的四周，孔壁被压实，洞口的孔径进一步拓宽，与此同时，来自外套膜和漏斗的水流依旧吹向洞中；随着上述这些动作的重复和洞的不断扩张，长蛸将漏在外面部分的腕和胴体部移入潜入孔中。这样潜入孔通道的挖掘就开始了。

过程 4，挖掘呼吸通道。长蛸胴体彻底进入潜入孔通道后，不再进行潜入孔通道的挖掘，喷水动作减弱，喷水用于冲走泥沙颗粒的作用减弱（图 2-8），主要是用来完成呼吸换水；接着使用第一对腕交替挖掘呼吸孔通道。在呼吸通道尚未与外界贯通前，洞内水体缺氧浑浊，长蛸不得不多次到洞外呼吸新鲜水体（图 2-8 a，b）。

过程 5，挖出栖息室。一旦呼吸通道与外界贯通，长蛸停止挖掘通道，开始改造潜入孔通道的末端，逐渐将潜入孔通道末端进行扩宽，形成一个明显宽敞的栖息室；长蛸大部分时间停留在栖息室中，并完成呼吸等活动（图 2-8c）。

最后，长蛸完成了巢穴的挖掘，由于实验中巢穴呼吸孔位于水面下，泥堆的坡面上难以形成呼吸堆。在观察实验中可以明显地看到巢穴中轻微泥沙颗粒随着呼吸产生的水流从潜入孔进入，然后穿过通道从呼吸孔中排出，因此可以得知巢穴中水流的交换方式：新鲜的海水由潜入孔进入，由长蛸吸入外套膜中进行鳃的气体交换，随后浑浊的海水呼出体外，由呼吸孔通道和呼吸孔排出巢穴。

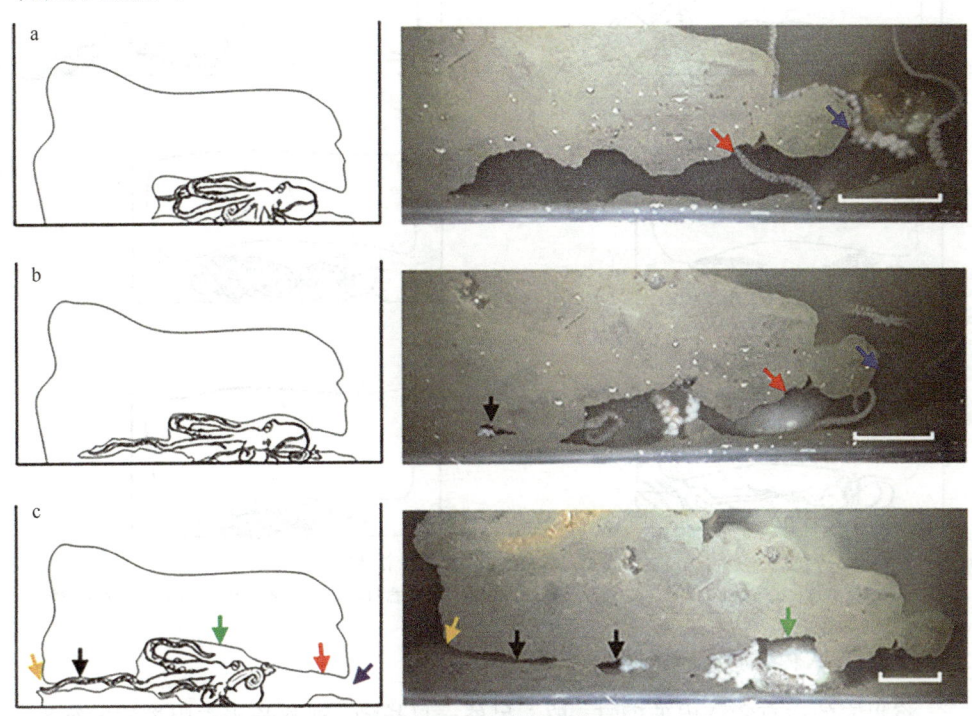

图 2-8　长蛸巢穴挖掘

a. 长蛸身体完全进入潜入通道中；b. 挖掘呼吸通道；c. 挖掘栖息室。蓝色、红色、绿色、黑色和橘黄色箭头分别代表了潜入孔、潜入通道、栖息室、呼吸通道和呼吸孔。标尺=100mm

二、长蛸占穴行为

长蛸占穴时常常出现打斗，根据事态的严重程度分为不同的等级。最为轻微的是警告，长蛸占据巢穴后，经常把腕伸出洞口来回探索，当有侵入者靠近时，用腕端部的吸盘吸住入侵者并伴有拉拽，弱者马上主动离开（图2-9a）；稍微严重的，可以观察到巢穴外的长蛸用第二对腕或第一对腕的半条腕的吸盘吸住巢穴内的长蛸，将其拉出巢穴，随后占领，在此过程中，守护巢穴的个体往往用第一对腕的前半部分缠绕入侵者的腕，其他腕分开牢牢吸住地面和玻璃缸（图2-9b）；若入侵者未能成功占穴离开洞口，守护巢穴的长蛸还会追出去，远距离地驱逐入侵者；更为严重的打斗发生在两只长蛸在洞穴内的对峙，长蛸先把四对腕分开并弯曲，腕端向上，吸盘向外，有壮大身体恐吓之意（图2-9c），随后用第一对腕基部吸盘吸住对方（图2-9d），或是用腕缠绕对方（图2-9e）。最为严重的争斗就是所有腕全部参加战斗，缠绕在一起来回拉拽（图 2-9f）。

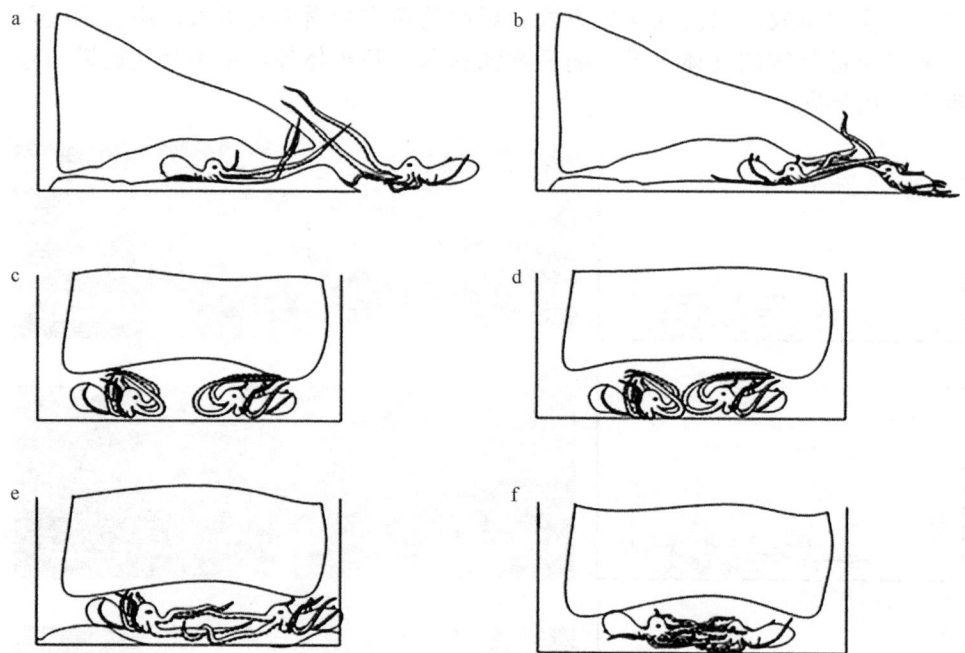

图 2-9　长蛸巢穴内斗争行为
a. 用腕警告示意；b. 驱赶入侵者；c. 二者对立；d. 用腕基部吸盘打斗；e. 二者腕相互缠绕；f. 激烈斗争

三、长蛸入穴行为

将巢穴的占有者移出玻璃缸，放入另外一只长蛸，观察长蛸占用巢穴的行为。放入玻璃缸时，长蛸迅速展开 8 条腕进行搜索；当发现巢穴时，会将第一对腕中的一条伸入巢穴中试探，如果发现没有占有者，长蛸会快速进入洞穴。进入洞穴时，往往第一对腕的中部向后弯曲（图 2-10a），腕尖部分在后，吸盘向前，腕中部先进入洞口，在这个过程中吸盘一直对着洞穴顶部，可以感知洞穴顶部的位置，这样既可以避免破坏洞穴，又可以避免伤害自己（图 2-10b）；然后第二、三对腕弯曲进入，最后进入洞穴的腕像拉紧的皮筋一样，将收缩的头部和胴体部拉进巢穴中（图 2-10c）；胴体部进入时，第四对腕立起来，触碰洞穴上壁，感知洞口大小，从而辅助胴体部顺利进入巢穴（图 2-10d）。有时候，长蛸的第三对腕弯曲进入，然后按照第二对腕、第一对腕的顺序依次进入，随后头部胴体部依次收缩，腕用力拉入胴体部，第四对腕跟着进入。有时由于第一对腕用于束缚螃蟹，第二对腕最先弯曲探测进入洞穴。爬出洞穴的行为动作与进入洞穴基本一致，但也观察到胴体部先出洞穴的情况。

此外，我们观察发现长蛸具有改造洞穴的能力，可以将洞穴改造成适合自己居住的巢穴。当个体大的长蛸进入个体小的巢穴时，巢穴的通道孔径会被撑大，栖息室也会被大的个体挖掘扩大；长蛸也会利用腕、漏斗器等结构，通过挖掘、堆积泥堆等措施，将人工构造洞穴改造成具有潜入孔、潜入孔通道、呼吸孔、呼吸孔通道和栖息处各个结构的巢穴，改造的巢穴与钱耀森（2011）研究的天然巢穴结构基本相同。也就是说，自然条件下很可能存在长蛸侵占其他动物的巢穴并进行改造的现象。

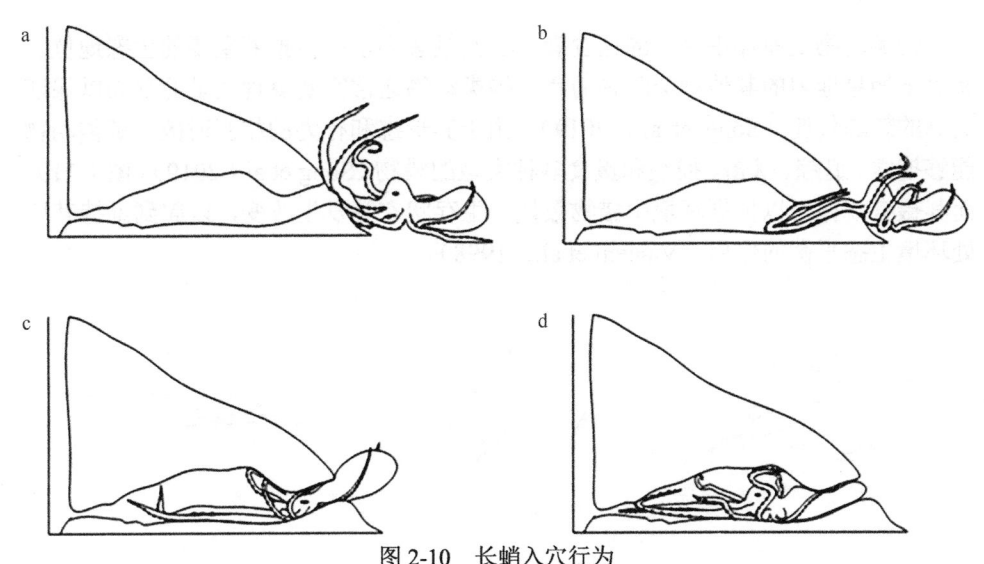

图 2-10　长蛸入穴行为
a. 寻找洞穴；b. 用腕试探；c. 第二、三对腕进入洞穴；d. 胴体部进入洞穴

我们研究发现，长蛸具有极强的领域行为。首先进入洞穴的个体会阻止其他个体进入。若洞穴内有多只长蛸时，个体间互相争斗驱赶，直到剩下一只"胜利者"。如果实在无法赶走其他个体，长蛸堆起泥堆隔离自己，寻求独立空间。这种领域行为在穴居的哺乳动物或巢居的鸟类中最为明显。占有了领域就可以得到安全的庇护所、繁衍的地方和充足的食物。长蛸具有侵占其他巢穴的行为，无论是人工巢穴，还是其他长蛸的巢穴。长蛸通过打斗获得洞穴不仅消耗能量，而且可能致使个体受伤甚至死亡，给增养殖带来不利影响，所以增养殖过程中，一定要给长蛸提供足够多的遮蔽物。

第三节　长蛸捕食特性

长蛸是一种特殊的、高度进化的软体动物，其复杂的行为学已经被广泛研究，包括肢体的协调、腕的配合使用、身体模式的改变，甚至工具的使用。长蛸独特的狩猎行为和策略，经常在野外和实验室中观察到，但由于缺乏有说服力的视频数据，往往不被大众所了解。在实验室养成或促熟阶段，我们往往能够清楚地观察到长蛸不同的运动形态及捕食行为。我们设计了实验进行长蛸捕食行为的观察，具体实验包括：①针对三种猎物，描述长蛸不同的捕食策略；②设置不同捕食障碍，观察长蛸的捕食策略；③评价长蛸的捕食偏好和消耗单个猎物的时间。

一、捕食策略

蛸类动物是海洋中常见的捕食者，在其栖息环境中占据着重要的生态地位。相对于栖息地内的其他种类动物而言，蛸类动物通常需要摄食大量的食物以保证其高的新陈代谢（Song et al., 2019）。由于其形态和行为的相互适应，蛸类动物能够搜索、追踪、伏击、捕获和摄食多种类型的猎物（Song et al., 2019）（图2-11），而其摄食规律可以根据环境中猎物数量、生存状态等发生改变，以起到维持其所处环境生态平衡的作用（Vincent et al., 1998）。

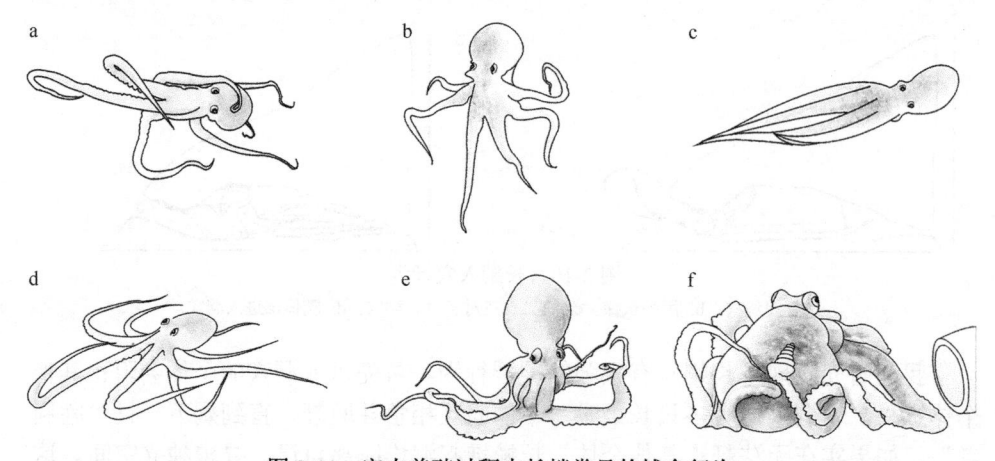

图2-11 室内养殖过程中长蛸常见的捕食行为

a. 爬行，贴着池底缓慢匍匐前进，悄悄接近猎物；b. 站立，胴体紧贴池角并展开腕间膜，利用第一对腕站立观察周围猎物；c. 快速向后游泳，利用漏斗喷水向反方向快速推进；d. 伏击，向目标猎物发起突然攻击，并展开腕间膜；e. 消化，腕间膜紧紧包裹猎物，并不停移动身体以加速食物摄取；f. 信号，捕食前发出不同的捕食信号，所有腕不停地转动，同时腕尖呈螺旋状，通过单眼定位猎物的相对位置

实验设置为三个不同梯度：①宽阔水域下，描述长蛸捕食三种猎物的策略，并统计消耗单一猎物的时间（level 1）；②以烧杯为障碍物，观察长蛸的捕食策略（level 2）；③以锥形瓶为障碍物，观察长蛸的捕食策略（level 3）（图2-12）。

图 2-12　不同梯度的实验设置

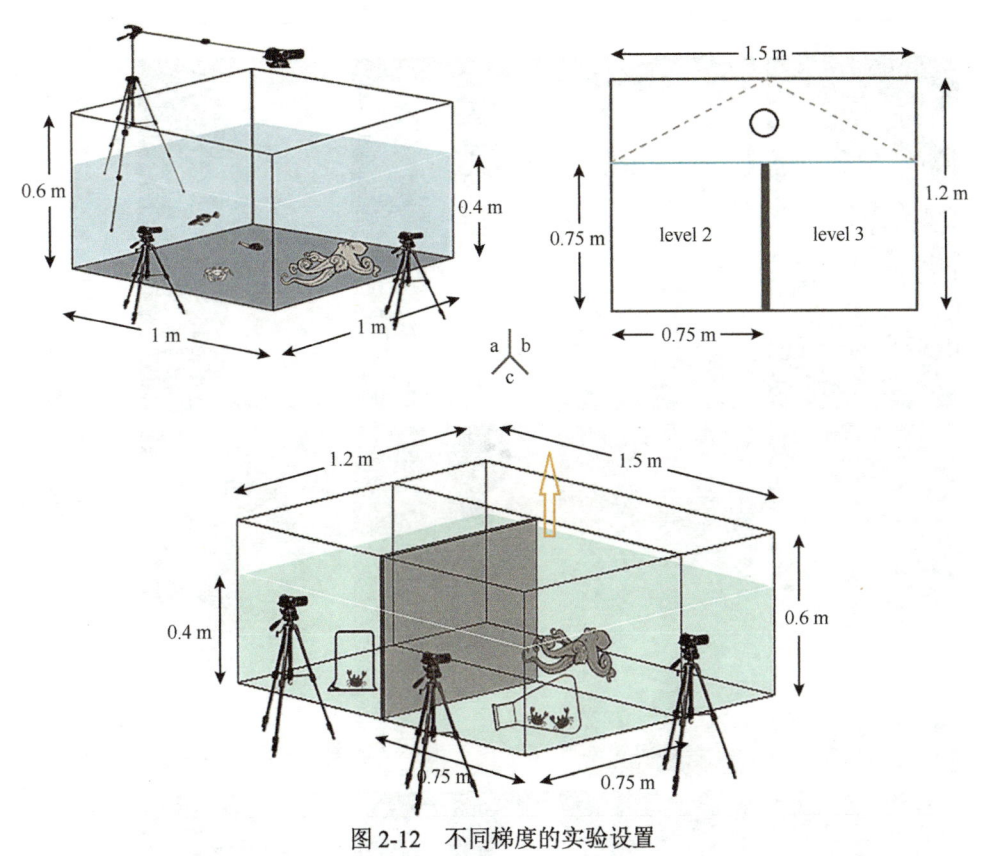

a. level 1 水平测试装置及摄像装备；b. level 2 和 3 测试装置俯视图；c. level 2 和 3 测试装置侧视图

作为天生的捕食高手，长蛸常常根据不同的对象表现出不同的捕食策略。我们发现在长蛸捕食过程中，主要表现出投机、追捕、跟踪和埋伏四种捕食策略（Song et al., 2019）。具有代表性的捕食行为如图 2-13 所示：针对静止不动的中国蛤蜊，长蛸表现出比较单一的捕食方法，主要策略为"投机捕食"（77.78%）；攻击螃蟹则采用多变的捕食策略，包括"投机"（25.27%）、"追捕"（14.29%）、"跟踪"（37.36%）和"埋伏"（23.08%）四种策略；摄食虾虎鱼时，长蛸习惯当猎物游至跟前时发起突然袭击，其中"埋伏"策略（57.14%）频率显著高于"追捕"（21.43%）、"跟踪"（14.29%）和"投机"（7.14%）（图 2-14）。

针对 level 2 测试，长蛸通常首先展开腕间膜，包裹住烧杯，然后通过旋转身体，伸进第一对腕获取猎物（图 2-13c），全程大约 6~7min；level 3 测试中，长蛸利用身体的柔韧性，通过整个躯体钻入锥形瓶获取猎物，所用时间为 30~45min。在整个测试过程中，长蛸均能根据不同的捕食难度，通过改变捕食策略，成功获取相应的猎物。

图 2-13 长蛸的捕食行为

a. 连续跟踪螃蟹,靠近目标时发起突然袭击;b. 投机狩猎,缓慢向前移动时顺势用右二腕勾起静止的蛤蜊;c. 主动攻击烧杯中螃蟹,腕间膜首先包裹住整个烧杯,通过旋转身体扳倒烧杯伸进第一对腕索取目标;d. 完全进入足够小的锥形瓶瓶索取猎物(黄色圆圈标注猎物位置,箭头示意特殊信号)

图 2-14 针对不同猎物，长蛸采取的不同捕食策略

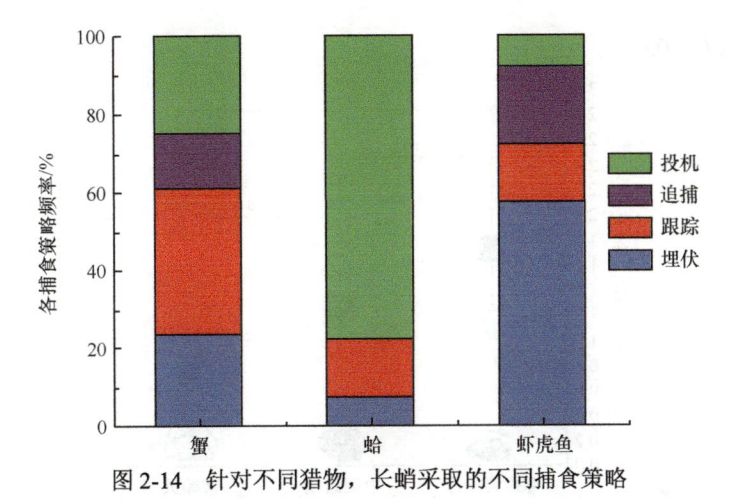

二、捕食偏好

众所周知，长蛸喜欢摄食多种甲壳动物和软体动物，尤其是蟹类（Hartwick，1981；Hanlon and Messenger，1996）。在人工养殖过程中，双壳贝类较蟹类更易获得，因此研究长蛸对双壳贝类（菲律宾蛤仔 *Ruditapes philippinarum*、中国蛤蜊 *Mactra chinensis*、紫贻贝 *Mytilus galloprovincialis*）饵料的捕食偏好具有应用价值。我们通过单一类型饵料实验（无选择）和不同类型饵料组合实验（选择）测定长蛸的捕食率及饵料偏好性（表 2-5）。

表 2-5 捕食率及饵料偏好性实验设计

实验组	饵料种类	饵料数量/只	重复数/组	持续时间/d
OP	菲律宾蛤仔	12	3	5
OC	中国蛤蜊	12	3	5
OE	紫贻贝	12	3	5
OPC	菲律宾蛤仔 + 中国蛤蜊	6 + 6	3	5
OPE	菲律宾蛤仔 + 紫贻贝	6 + 6	3	5
OCE	中国蛤蜊 + 紫贻贝	6 + 6	3	5
OPCE	菲律宾蛤仔 + 中国蛤蜊 + 紫贻贝	4 + 4 + 4	3	5

（一）不同饵料的捕食率

在单一类型饵料实验中，长蛸对菲律宾蛤仔、中国蛤蜊和紫贻贝的摄食率存在显著性差异（P=0.02），其摄食率分别为（1.73±0.50）个/天、（1.27±0.42）个/天、（0.80±0.20）个/天（图 2-15）。其中，长蛸对菲律宾蛤仔的摄食率显著高于紫贻贝（P=0.03），但对中国蛤蜊的摄食率与对菲律宾蛤仔和紫贻贝的摄食率差异

均不显著（$P>0.05$）。

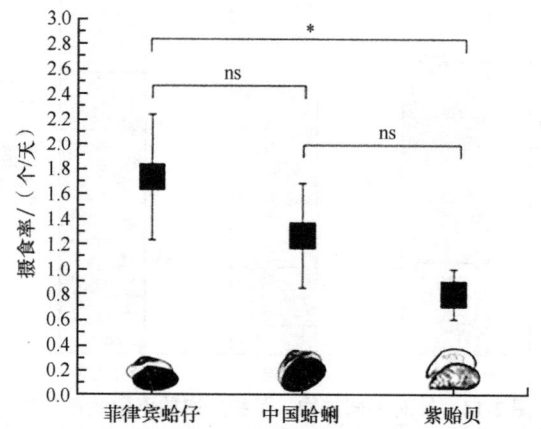

图 2-15　长蛸对菲律宾蛤仔、中国蛤蜊、紫贻贝的平均摄食率
*表示差异性显著（Tukey，$P<0.05$）

在不同类型饵料组合实验中，长蛸对不同类型饵料的选择系数见图 2-16。在 OPC 组中，长蛸对菲律宾蛤仔的选择系数（0.84 ± 0.30）显著高于中国蛤蜊（0.16 ± 0.30）（$P<0.01$）；在 OPE、OCE 组中，长蛸分别只摄食菲律宾蛤仔和中国蛤蜊；在 OPCE 组中，同时提供给长蛸三种不同类型的饵料时，实验结果显示长蛸不摄食紫贻贝，同时长蛸对菲律宾蛤仔的饵料选择系数（0.78 ± 0.29）显著高于中国蛤蜊（0.22 ± 0.29）；（$P<0.01$）。综上所述，可知长蛸最喜欢摄食菲律宾蛤仔，其次为中国蛤蜊，最后为紫贻贝。

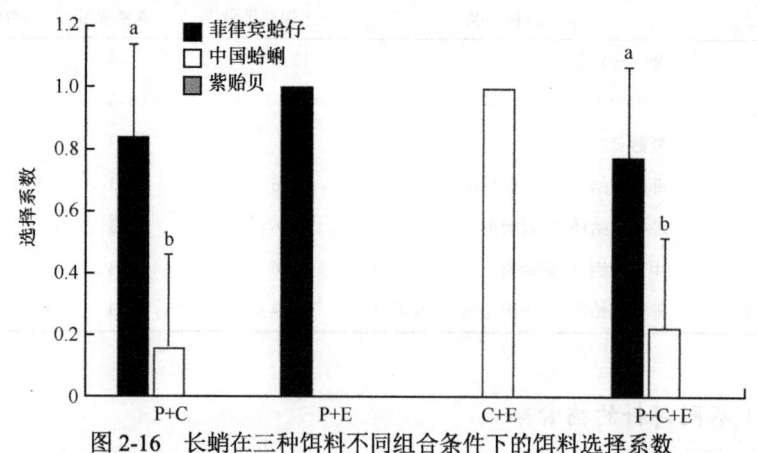

图 2-16　长蛸在三种饵料不同组合条件下的饵料选择系数
P，菲律宾蛤仔；C，中国蛤蜊；E，紫贻贝。同一组中不同字母表示差异性显著（$P<0.05$）

在两种类型饵料组合实验中，长蛸摄食的每种类型饵料数量与单一类型饵料实验中计算的期望数量差异显著（表 2-6），即提供多种类型饵料给长蛸时，长蛸

总是活跃地选择一种类型的饵料。在 OPC 和 OPE 组中，长蛸总是活跃地选择菲律宾蛤仔。在 OCE 组中，长蛸总是优先选择中国蛤蜊。换言之，当同时提供给长蛸菲律宾蛤仔、中国蛤蜊和紫贻贝时，菲律宾蛤仔总是被优先选择；当同时提供中国蛤蜊和紫贻贝时，中国蛤蜊总是被优先选择。

表 2-6 观察频率和期望频率的 χ^2 检验结果

实验组	饵料种类	观察频率	期望频率	统计值	P 值
OPC	菲律宾蛤仔	25	16.76	4.229	0.040
	中国蛤蜊	4	12.24		
OPE	菲律宾蛤仔	22	15.05	6.116	0.013
	紫贻贝	0	6.95		
OCE	中国蛤蜊	18	11.03	6.384	0.012
	紫贻贝	0	6.97		

注：所有频率均经过 Yate 校正实验检验。

（二）不同饵料捕食时间

我们统计了长蛸对三种不同类型双壳贝类的摄食时间（图 2-17），发现长蛸对菲律宾蛤仔、中国蛤蜊和紫贻贝的摄食时间差异显著（$P<0.01$）。其中，长蛸对菲律宾蛤仔的摄食时间为（0.22±0.05）h，显著低于对紫贻贝的摄食时间（0.31±0.06）h（$P<0.01$）；对于中国蛤蜊的摄食时间（0.26±0.04）h 与菲律宾蛤仔和紫贻贝差异均不显著（$P>0.05$）。长蛸对于三种双壳贝类的摄食时间顺序为：紫贻贝＞中国蛤蜊＞菲律宾蛤仔。

（三）饵料闭壳肌拉力、能量含量及能量收益

被摄食的双壳贝类贝壳完整，由此可知长蛸摄食这三种双壳贝类的方法相同，采用了"拉开"的摄食方式。我们分别测量了分开菲律宾蛤仔、中国蛤蜊和紫贻贝双壳的拉力（图 2-18），发现紫贻贝（17.80±2.33）N 最容易被拉开，其次为菲律宾蛤仔（24.84±3.67）N 和中国蛤蜊（35.22±6.48）N，且针对不同类型饵料使用的拉力间存在显著差异（$P<0.01$）。三种类型饵料的能量含量差异显著（$P<0.01$），菲律宾蛤仔的平均能量含量（5.94±0.13）kJ 显著高于中国蛤蜊的平均能量含量（4.45±0.11）kJ（$P<0.01$），中国蛤蜊的平均能量含量显著高于紫贻贝的平均能量含量（3.22±0.12）kJ（$P<0.01$）。在饵料能量收益方面，三种饵料间存在显著差异（$P<0.01$），即菲律宾蛤仔的能量收益[(26.78±0.60) kJ/（prey·h）]显著高于中国蛤蜊[（16.95±0.40）kJ/（prey·h）]和紫贻贝[（10.52±0.39）kJ/（prey·h）]。简言之，与其他两种类型的饵料相比，菲律宾蛤仔的能量含量和能量收益均为最高。

图 2-17　长蛸对三种贝类的摄食时间

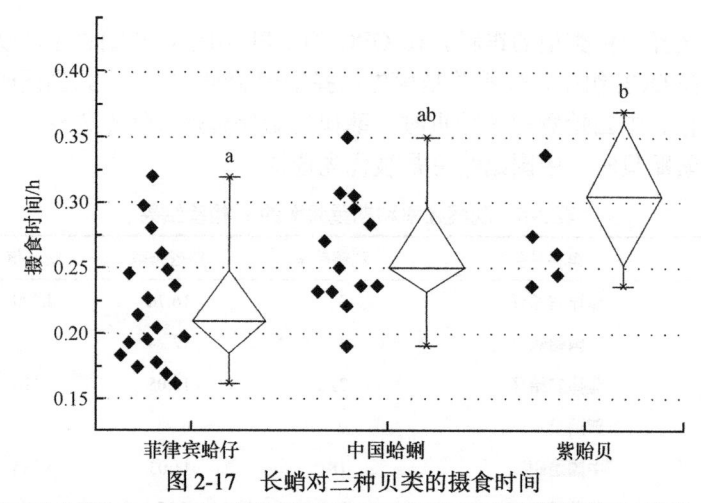

不同的字母表示差异性显著（$P<0.05$），箱线图表示长蛸对三种不同类型饵料摄食时间的平均数、中位数、上四分位数、下四分位数、最小值和最大值，黑色菱形表示猎物个体

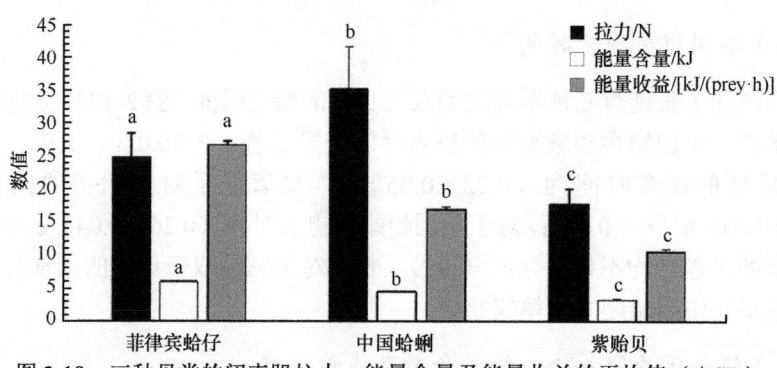

图 2-18　三种贝类的闭壳肌拉力、能量含量及能量收益的平均值（±SD）

同一组中不同的字母表示差异性显著（$P<0.05$）

（四）饵料偏好原因分析

蛸类动物通常会摄食很多种类的饵料，但在其摄食过程中存在显著的偏好性。例如，双斑蛸（*Octopus bimaculatus*）摄食的饵料种类超过 55 种，但 Ambrose（1984）发现在实验室条件下双斑蛸显著偏好蟹类。还有研究发现，当把紫贻贝、菲律宾蛤仔和粗饰蚶（*Anadara inaequivalvis*）三种饵料同时提供给脉红螺（*Rapana venosa*）时，脉红螺显著偏好于粗饰蚶（Savini and Occhipinti，2006）。本实验中，我们发现长蛸对菲律宾蛤仔表现出显著的偏好性。Carlsson 等（2009）以及 Robinson 等（2015）的研究指出，捕食者可能因为对饵料种类不熟悉而避免摄食该种饵料。我们在长蛸采捕海域发现了丰富的菲律宾蛤仔资源，但很少发现中国蛤蜊和紫贻贝，推测长蛸对菲律宾蛤仔的高偏好性可能与其对该种饵料的熟悉程度有关。这一实验结果与 Skein 等（2018）报道的分别同时给龙虾（*Jasus lalandii*）和海星

(*Marthasterias africanaa*)提供土著种贻贝(*Semimytilus algosus*)和入侵种贻贝为饵料时,两种捕食者均显著地偏好摄食本地贻贝的结果一致。

当蛸类动物摄食双壳贝类时,通常会采用两种摄食策略,即"钻"和"拉"(Anderson and Mather,2007)。通常来说,蛸类会先尝试使用耗能高但时间短的摄食策略,即使用腕来拉开双壳贝类(Fiorito and Gherardi,1999)。如果这种摄食方式不成功,蛸类动物将会选择另外一种耗能低但时间长的摄食技术,即在唾液腺的帮助下在贝壳上钻孔摄食(Nixon,1980;Casey,1999)。在本实验中所有的残饵贝壳都是完整的,没有任何钻孔痕迹,即表明长蛸在摄食这三种饵料时均只采用了"拉"这一种摄食策略。这一实验结果与红斑蛸(*Callistoctopus dierythraeus*)和水蛸(*Enteroctopus dofleini*)摄食双壳贝类的方式不同(Steer and Semmens,2003;Anderson and Mather,2007)。McQuaid(1994)发现真蛸(*O. vulgaris*)在摄食不同规格的股贻贝(*Perna perna*)时采用不同的摄食策略,即摄食小规格的贻贝时采用"拉"的摄食策略,摄食大规格的贻贝时采用"钻"的摄食策略。我们认为实验长蛸规格显著大于双壳贝类,因此能够提供足够的力量来采用"拉"这种摄食策略。然而,长蛸对于大规格的双壳贝类饵料是否可以采用"钻"的摄食策略,需要进行更深入的研究。

在本实验中,当长蛸面对提供的多种饵料时,总是主动选择菲律宾蛤仔(表 2-3)。影响捕食者选择行为的因素有很多,其中最重要的影响因素是能量摄入率(Pyke et al.,1977;Pyke,1984),即捕食者总是优先选择能量收益高的饵料而忽略能量收益低的饵料(Wong and Barbeau,2005)。通过收集并分析了三种双壳贝类饵料的能量收益(图 2-18),发现三种双壳贝类的能量收益顺序依次为菲律宾蛤仔、中国蛤蜊、紫贻贝,这一结果与长蛸饵料偏好顺序一致,说明长蛸的饵料偏好结果符合最适觅食理论。在海洋无脊椎动物中,"时间最小化理论"已被证明是一种有效的捕食策略(Hughes and Seed,1981;Leite et al.,2009),即动物通过优化自身的捕食行为来减少摄食时间,从而降低自身与外界其他捕食者接触的风险(Mascao and Seed,2001)。我们还测量了长蛸对不同种类饵料的摄食时间(图 2-17),以便于发现饵料摄食时间与饵料偏好性之间的关系,实验结果证明偏好性高的饵料摄食时间短,偏好性低的饵料摄食时间长,这一结果符合时间最小化理论(宋旻鹏,2019)。我们还分析了长蛸对饵料偏好性与饵料闭壳肌拉力之间的关系,发现两者之间并没有明显的联系,如紫贻贝最容易被打开,但长蛸对其偏好性最低。这一结果表明,在本研究中,长蛸摄食饵料的难易程度并不是影响长蛸饵料偏好性的主要原因。我们认为,尽管拉开三种双壳贝类饵料所需的拉力差异显著,但是均处在长蛸能提供的拉力范围之内,因此双壳贝类饵料闭壳肌拉力的大小并未影响到长蛸的饵料偏好性。

参 考 文 献

钱耀森. 2011. 长蛸生态习性和人工繁育技术研究. 青岛: 中国海洋大学硕士学位论文.

宋旻鹏. 2019. 长蛸饵料选择及饥饿后的补偿生长研究. 青岛: 中国海洋大学硕士学位论文.

Ambrose R F. 1984. Food preferences, prey availability, and the diet of *Octopus bimaculatus* Verrill. Journal of Experimental Marine Biology and Ecology, 77(1-2): 29-44.

Anderson R C, Mather J A. 2007. The packaging problem: Bivalve prey selection and prey entry techniques of the octopus *Enteroctopus dofleini*. Journal of Comparative Psychology, 121(3): 300-305.

Boulding E G. 1984. Crab-resistant features of shells of burrowing bivalves: decreasing vulnerability by increasing handling time. Journal of Experimental Marine Biology and Ecology, 76(3): 201-223.

Carlsson N O L, Sarnelle O, Strayer D L. 2009. Native predators and exotic prey-an acquired taste? Frontiers in Ecology and the Environment, 7(10): 525-532.

Casey E. 1999. Intelligent predation by the California two-spot octopus. The Festivus, 31(2): 21-24.

Fiorito G, Gherardi F. 1999. Prey-handling behaviour of *Octopus vulgaris* (Mollusca, Cephalopoda) on bivalve preys. Behavioural Processes, 46(1): 75-88.

Hanlon R T, Messenger J B. 1996. Cephalopod behaviour. Cambridge: Cambridge University Press: 47-135.

Hartwick B. 1981. Feeding and growth of *Octopus dofleini* (Wulker). The Veliger, 24(2): 129-138.

Hughes R N, Seed R. 1981. Size selection of mussels by the blue crab *Callinectes sapidus*: energy maximizer or time minimizer? Marine Ecology Progress, 6(1): 83-89.

Leite T S, Haimovici M, Mather J A. 2009. *Octopus insularis* (Octopodidae), evidences of a specialized predator and a time-minimizing hunter. Marine Biology, 156(11): 2355-2367.

Mascao M, Seed R. 2001. Foraging behaviour of juvenile *Carcinus maenas* (L.) and *Cancer pagurus* L. Marine Biology, 139(6): 1135-1145.

McQuaid C D. 1994. Feeding behaviour and selection of bivalve prey by *Octopus vulgaris* Cuvier. Journal of Experimental Marine Biology and Ecology, 177(2): 187-202.

Montana J, Finn J K, Norman M D. 2015. Liquid sand burrowing and mucus utilisation as novel adaptations to a structurally-simple environment in *Octopus kaurna* Stranks, 1990. Behaviour, 152(14): 1871-1881.

Nixon M. 1980. The salivary papilla of octopus as an accessory radula for drilling shells. Journal of Zoology, 190(1): 53-57.

Pyke G H, Pulliam H R, Charnov E L. 1977. Optimal foraging: a selective review of theory and tests. The Quarterly Review of Biology, 52(2): 137-154.

Pyke G H. 1984. Optimal foraging theory: a critical review. Annual Review of Ecology and Systematics, 15(1): 523-575.

Robinson T, Pope H, Hawken L, et al. 2015. Predation-driven biotic resistance fails to restrict the spread of a sessile rocky shore invader. Marine Ecology Progress, 522: 169-179.

Savini D, Occhipinti-Ambrogi A. 2006. Consumption rates and prey preference of the invasive gastropod *Rapana venosa* in the Northern Adriatic Sea. Helgoland Marine Research, 60(2): 153-159.

Skein L, Robinson T, Alexander M E. 2018. Impacts of mussel invasions on the prey preference of two native predators. Behavioral Ecology, 29(2): 353-359.

Song M, Wang J H, Zheng X D. 2019. Prey preference of the common long-armed octopus *Octopus minor* (Cephalopoda: Octopodidae) on three different species of bivalves. Journal of Oceanology and Limnology, 37(5): 1595-1603.

Steer M A, Semmens J M. 2003. Pulling or drilling, does size or species matter? An experimental study of prey handling in *Octopus dierythraeus* (Norman, 1992). Journal of Experimental Marine Biology and Ecology, 290(2): 165-178.

Vincent T L S, Scheel D, Hough K R. 1998. Some aspects of diet and foraging behavior of *Octopus dofleini* (Wülker, 1910) in its northernmost range. Marine Ecology, 19(1):13-29.

Wong M C, Barbeau M A. 2005. Prey selection and the functional response of sea stars (*Asterias vulgaris* Verrill) and rock crabs (*Cancer irroratus* Say) preying on juvenile sea scallops (*Placopecten magellanicus* (Gmelin)) and blue mussels (*Mytilus edulis* Linnaeus). Journal of Experimental Marine Biology and Ecology, 327(1): 1-21.

Yamamoto T. 1942. On the ecology of *Octopus minor typicus* (Sasaki), with special reference to its breading habits. The Malacological Society of Japan, 12(1-2): 9-14.

第三章 长蛸应激与免疫

1936年Hans Selye第一次提出"应激（stress）"一词，此后这个词便在世界范围内被广泛采用。Hans Selye将应激描述为机体对外界或内部各种刺激所产生的非特异性应答反应的总和，包括机体经历的一些阶段：第一阶段是机体对应激原的反应，即警觉或动员；如果应激继续，机体进入第二阶段，即抵抗或适应；如果稳态没有恢复，则机体进入第三阶段，也是最后阶段，即衰竭，表现为器官和组织受损，免疫系统受到抑制，与应激有关的疾病出现，最终有可能死亡。他把以上应激发展的整个过程及最终结果称为全身适应性综合征（general adapatation syndrome，GAS）。另一个对应激学说发展有极大影响的人是Walter B. Cannon。Cannon以研究交感神经-肾上腺髓质系统而闻名，他发展了"稳态"概念，并诠释了紧急状况下的战斗-逃跑（fight-flight）反应。

应激反应的后果是机体的生物学功能受到损伤，如生长繁殖速度减缓、机体免疫力下降等。当动物遭遇某种应激时，如果体内的储备无法满足应激反应的需要，机体就会调用本来应该用于其他生物功能的储备，当这些物质被大量调用后，其正常生理功能就会受到损伤。

应激研究经过八十余年的发展，已经形成了一套完善的体系，应激神经内分泌系统、免疫系统和机体代谢的各项研究也在不断深入，随着人们的深入了解，关于应激对机体造成影响的研究越来越透彻，在动物养殖过程中，就会采取各项措施来避免有害应激对机体产生的不良影响，提高动物免疫力，减少动物疾病的发生率，提高动物福利。

第一节 头足类动物免疫概况

头足类动物具有先进的闭管式循环系统，该系统由动脉、静脉、心脏、鳃心四部分构成，血液由心脏、鳃心经动脉和静脉输送到全身（Wells and Smith，1987；Gestal and Castellanos-Martínez，2015）。与其他软体动物类似，头足类对外界胁迫及病原菌等的免疫应答由一套复杂的先天性免疫系统完成（Gestal and Castellanos-Martínez，2015），包括皮肤和黏液形成的保护屏障、体液免疫和细胞免疫的作用。头足类血淋巴细胞在对外界刺激免疫应答中发挥重要作用，其功能不仅包括营养物质的消化、吸收和转运，还包括伤害修复和免疫应答。有研究表明，头足类血细胞产生于眼后的白体（white body）（Gazal and Bogaraze，1943；Necco and Martin，1963），且对不同物种血细胞种类差异存在一定的争议（Le Pabic et al.，2014；Castellanos-Martínez et al.，2014；Troncone et al.，2015）。Castellanos-

Martínez 等（2014）发现真蛸中存在 2 种血细胞（小型粒细胞和大型粒细胞），而 Troncone 等（2015）则在真蛸的血细胞中定义了 3 种不同细胞，分别为血原样细胞、透明细胞和粒细胞。尽管两者的研究存在差异，但是两者在真蛸血细胞中均发现了粒细胞。Le Pabic 等（2014）在乌贼（*Sepia officinalis*）血细胞中发现嗜酸性粒细胞和嗜碱性粒细胞，这种类型的细胞之前仅在夏威夷四盘耳乌贼（*Euprymna scolopes*）中有过报道（Mcfall-Ngai et al.，2010；Collins et al.，2012）。

血细胞的吞噬作用是头足类清除异己成分和病原体的重要途径之一（Castellanos-Martinez and Gestal，2013）。乌贼血细胞吞噬作用中，粒细胞发挥较大作用，占吞噬作用的 70%左右（Le Pabic et al.，2014）。类似地，真蛸吞噬作用也主要靠大型粒细胞来完成，但吞噬能力较乌贼低（Castellanos-Martínez et al.，2014）。在血淋巴细胞的吞噬作用后，这些异己成分的彻底清除还依赖于溶菌酶的作用，以及活性氧自由基（ROS）和一氧化氮自由基（NOS）的作用（Le Pabic et al.，2014；Castellanos-Martínez et al.，2014；Grimaldi et al.，2013）。研究发现，真蛸不同种类的血淋巴细胞有不同的氧化能力，大型粒细胞能产生比小型粒细胞含量更高且作用时间更长的细胞毒性（Castellanos-Martínez et al.，2014）。目前，尚未有每种类型的血淋巴细胞分别产生多少一氧化氮自由基的报道。但研究发现，使用酵母聚糖刺激真蛸后，真蛸体内血淋巴细胞产生了更高的一氧化氮自由基（Castellanos-Martínez et al.，2014）。

除细胞免疫外，头足类体液免疫在抵御病原体及异己成分时也发挥着重要的作用。头足类体液中不含免疫球蛋白，但凝集素类（agglutinin/lectin）、溶酶体（lysozyme）及抗蛋白酶（antiprotease）等是头足类体液免疫中的重要成分（Malham and Runham，1998；Malham et al.，1998；Malham et al.，2002）。一般认为，体液免疫中的这些免疫成分起源于参与多种免疫响应的血细胞或其他组织（Smith and Chisholm，1992）。头足类的凝集素实质是一类糖蛋白，拥有专一性识别因子，可以对血细胞、病原菌的糖缀合物进行特异性识别（Rogener et al.，1985）。溶酶体起源于血淋巴细胞，包括多种水解酶，在水产动物中研究较多的酶有溶菌酶、酸性磷酸酶、碱性磷酸酶等（Malham et al.，1998）。头足类的抗蛋白酶的实质是蛋白酶抑制剂，通过调节或者抑制外源破坏性的蛋白酶的作用来辅助体液免疫（Malham et al.，1998）。

第二节　长蛸对氨氮胁迫的应激响应

氨氮胁迫是影响水产动物生存质量的重要环境胁迫因子之一。蛸类极易受到氨氮影响，因为其代谢产生的氨氮比鱼类高得多。在鱼类和蛸类重量相同的情况下，蛸类排泄的氨氮是鱼类的 2～3 倍（Lee，1995）。氨氮胁迫在水产养殖品种鱼类、甲壳类、双壳贝类中研究较多，但是在蛸类中研究较少。

作为重要经济蛸类，世界性分布的真蛸是氨氮胁迫研究较为深入的蛸类。García 等（2011）发现真蛸氨氮排泄量与体重及蛋白摄入量呈显著正相关，当蛋白摄入量为 9g/d 时，氨氮排泄量是不进行饲喂时的 3 倍。Feyjoo 等（2011）研究了真蛸幼体对氨氮及亚硝态氮的耐受性，真蛸幼体 NH_3-N 和 NO_2^- 的 24h 半致死浓度分别为 10.7ppm[1]和 19.9ppm；同时，不同浓度的 NH_3-N 和 NO_2^- 对真蛸的摄食和色素细胞的活性也有显著影响。Hu 等（2017）利用真蛸鳃的离体灌注实验发现了真蛸体内参与 pH 调节和氨氮代谢的离子通道蛋白，并对这些蛋白质进行了亚细胞定位，确定其在鳃中的具体位置及功能。此外，研究发现头足类的氨氮代谢途径可能与甲壳类类似，通过鸟氨酸尿素循环将 NH_3 转变为尿素，以及将氨转化为谷氨酰胺维持机体生命活动（Peng et al., 2017）。随着研究的深入，氨氮胁迫对蛸类的危害逐渐被了解。但是蛸类氨氮代谢解毒机制的研究仍为空白，氨氮胁迫下的分子调控及免疫响应的研究也较少，且蛸类对氨氮胁迫的生理适应机制的研究也鲜有报道。

长蛸处于海洋动物生物链的中间环节，对于维持海洋生态平衡起到重要作用。目前，长蛸已能进行人工全生活史养殖，但养殖水体中的残饵粪便及其自身代谢产生的氨氮积累对其生长和生活造成了严重的危害。研究发现，长蛸在急性氨氮胁迫下会表现出躁动、喷墨、体表黏液增多及皮肤表面颜色变化等特征，严重时甚至出现死亡。此外，长时间的氨氮胁迫会使其免疫力降低、感染寄生虫及病原菌的概率增加。氨氮是养殖水体中危害水产动物健康的常见污染物之一，严重制约了长蛸工厂化养殖的进程和养殖规模。

一、氨氮胁迫对长蛸行为的影响

氨氮胁迫对长蛸的行为活动以及生理特征产生影响，甚至会对其形成不可逆转的危害。不同浓度梯度的氨氮对长蛸身体特征和生理产生不同的影响。在不同浓度梯度的氨氮胁迫实验中，即低浓度（87.0mg/L、124.5mg/L）、中浓度（143.5mg/L、180.3mg/L）和高浓度（204.0mg/L、242.5mg/L）三个实验组及无氨氮胁迫的对照组（0mg/L），长蛸对不同浓度氨氮胁迫的应激反应也不同。在低氨氮浓度胁迫下，实验初期长蛸仍旧保持旺盛活力，与对照组个体活力相同，体色未出现变化，体表未见损伤，游泳能力正常，直至实验开始后 24h 出现死亡；实验过程中均自由游动，水体颜色未有明显变化、无异味。在中浓度氨氮胁迫下，实验初期长蛸偶尔会出现躁动现象，即突然地窜动，水体颜色未有明显变化；实验开始后 24h 出现死亡，在实验中期（48～72h）少数长蛸出现喷墨现象，并蜷缩至方桶的角落；体色未见变化，体表未见损伤。由于墨汁和较多分泌物影响，水

---

[1] 1ppm=1×10^{-6}，下同。

体颜色略黄，仍呈透明状。实验后期（72～96h）大部分长蛸因死亡被捞出，存活个体卧于方桶底部，几乎不能游动；水体开始变浑浊，呈黄色，水面附有一些泡沫，水体散发淡淡腥味，主要是由于长蛸身体分泌物与过多的排便量导致的。在高浓度氨氮胁迫下，实验初期长蛸就会出现躁动不安的情况，大部分长蛸出现急速游泳、喷墨等现象，部分长蛸有沿筒壁上爬的逃逸趋势。24h 即出现大量死亡，存活个体表现为腕全部伸展，胴体水肿，竖直悬浮于水中，胴体与腕几乎呈 90°角，游泳能力尽失，难以行动，但仍有呼吸，体表未变色，胴体尖部有损伤。在实验接近中期（24～48h）时，大部分长蛸已死亡，存活个体栖于桶底不动，体表有损伤；水面附有很多泡沫，水体已成棕黄色，有腥臭味。

二、氨氮胁迫对长蛸组织生理的影响

研究表明，高浓度的氨氮会对多种水产动物的组织器官产生较大危害。Peyghan 和 Takamy（2002）对氨氮胁迫下鲤鱼的肾脏组织学影响的研究发现，鲤鱼的肾小管退化、肾小囊膨胀出血；Ching 等（2009）研究了氨氮胁迫对跳跳鱼脑组织的影响，发现尽管跳跳鱼与其他物种相比对氨氮耐受性更强，但氨氮胁迫也对其组织产生一定影响和损伤；周鑫等（2013）研究了高浓度氨氮对草鱼鳃组织的影响，发现细胞核的边缘逐渐模糊、细胞水肿。陈思涵等（2018）研究了不同浓度的氨氮对虎斑乌贼的鳃、脑和肝脏的组织结构的影响。

类似地，不同浓度梯度的氨氮胁迫对长蛸不同组织的损伤程度存在一定的差异（陈智威等，2022）。使用低、中、高三种氨氮浓度对长蛸胁迫48h后，对鳃、肝脏和肾脏组织样品进行固定和组织切片，结果如图 3-1 所示。从图 3-1a～d 可以看出，对照组的鳃组织结构较完整、紧致，鳃细胞排列整齐，基本无空泡化结构；低浓度胁迫组中鳃细胞胀大，细胞核肿胀、排列不整齐；中浓度胁迫组的鳃细胞依然具有空泡化结构，细胞间出现组织液渗出的情况；高浓度胁迫组中鳃细胞出现大量空泡结构，鳃细胞排列松散，表现出一定程度的损伤。从图 3-1e～h 可以看出，对照组的肝组织结构完整，中空部位为中央静脉，围绕中央静脉的细胞排成一圈作为中央静脉管壁，对照组图片显示管壁细胞完整，排列整齐；在低浓度胁迫组可以看出管壁部分细胞核溶解，逐渐产生空泡化结构；与对照组相比，中浓度胁迫组样品中央静脉管壁细胞核排列松散，但结构依旧较完整，其余部位的细胞核有溶解表现；高浓度胁迫组与中浓度胁迫组相似，中央静脉管壁细胞排列结构较为完整，但组织空泡化较为明显。从图 3-1i～l 可以看出，对照组的肾组织结构完整，肾小管之间几乎不存在缝隙，肾细胞形状圆润完整，细胞核基本位于细胞中央；低浓度胁迫组中肾细胞形状变扁，部分细胞呈破碎状态，细胞核逸出，肾小管之间产生空隙，且组织液渗出，管中央空隙不断增大；中浓度胁迫组显示，肾细胞逐渐拉长、扁平，组织液开始渗出；

高浓度胁迫组结果显示,肾细胞不断缩小,肾小管之间空隙更大,大量组织液渗出,中央部位也产生更大的空隙。

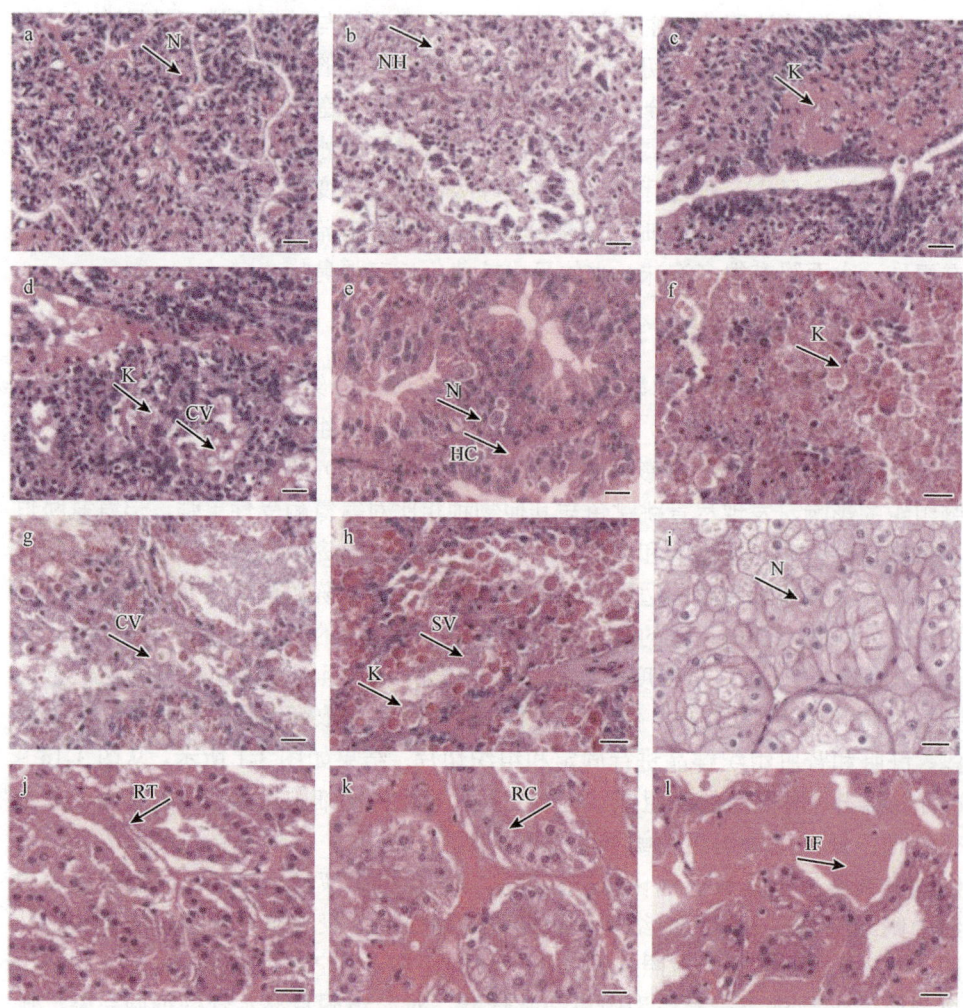

图 3-1 不同浓度氨氮胁迫后长蛸的鳃、肝脏和肾脏的结构变化

氨氮胁迫对长蛸鳃(a~d)、肝(e~h)和肾脏(i~l)组织学影响。其中,a、e、i 为无胁迫下长蛸鳃、肝和肾脏的组织结构;b、f、j 分别为低浓度氨氮胁迫下长蛸鳃、肝和肾脏的组织结构变化;c、g、k 分别为中等浓度氨氮胁迫下长蛸鳃、肝和肾脏的组织结构变化;d、h、l 分别为高浓度氨氮胁迫下长蛸鳃、肝和肾脏的组织结构变化。N,细胞核;CV,细胞空炮;K,细胞核溶解;NH,细胞核肿大;HC,肝小叶;SV,中央静脉;RC,肾细胞;RT,肾小管;IF,组织液。标尺=20μm

鳃不仅是水生动物滤食食物、进行呼吸作用的重要器官,也在动物体内的渗透调节中起着重要作用,鳃组织病变会影响水生动物摄食、呼吸、排泄,以及调节酸碱和离子平衡等生理活动(Velmurugan et al., 2007)。肝脏在代谢、免疫和解毒等方面具有非常重要的作用,氨氮经血液运输到肝后,肝脏中的酶通过解毒作

用将高毒性的非离子氨转化为低毒性的尿素等。损伤后的肝脏影响水生动物体内解毒代谢的正常进行（Hegazi et al., 2010）。肾脏是水生动物较为常见的排泄器官，利用肾脏的排泄功能，水生动物可以将其新陈代谢产生的物质排出体外，同时肾脏与鳃有着部分相似的功能，可以调节生物体内离子平衡和渗透压，因此水生动物的肾脏损伤程度可以作为检测环境污染的指标之一（张武肖等，2015）。综上，高浓度的氨氮胁迫可能对长蛸鳃、肝脏和肾脏都产生了不可逆转的损伤，导致长蛸在调节渗透压、解毒排泄和呼吸作用方面产生障碍，进而对机体造成损害。

三、氨氮胁迫对长蛸转录及代谢的影响

近年来，随着高通量测序技术在生命领域的飞速发展，转录组测序已被广泛用于研究水产动物应对各种环境胁迫应答的分子机制。目前，在水产动物中，利用转录组从基因表达调控水平研究了氨氮胁迫对团头鲂（*Megalobrama amblycephala*）（Sun et al., 2016）、墨吉明对虾（*Fenneropenaeus merguiensis*）（Wang et al., 2017）、凡纳滨对虾（*Litopenaeus vannamei*）（Lu et al., 2016）、草鱼（*Ctenopharyngodon idellus*）（Jin et al., 2017）的影响，但蛸类的相关研究较少。

Xu 和 Zheng（2020）运用 RNA-seq 技术，通过对长蛸急性氨氮胁迫处理组和正常养殖对照组比较转录组分析，初步揭示了急性氨氮胁迫下长蛸的转录水平基因表达和调控机制。研究结果显示，在氨氮胁迫下 315 个转录本出现了显著上调，1530 个转录本出现了显著下调，这些基因主要参与胁迫响应、氨基酸代谢、氨转运、免疫防御和 TCA 循环等过程（表 3-1）。对这些差异表达的转录本进行富集分析后显示，共有 44 个 GO 条目被显著富集，占比第二的 GO 条目为离子跨膜转运，包括无机离子跨膜转运、氢离子跨膜转运等。此外，逆电化学梯度的能量耦合质子跨膜转运及内吞作用等过程也被显著富集（图 3-2）。这些结果表明离子转运可能在长蛸氨氮解毒过程中起着重要作用。KEGG 代谢通路分析发现 55 条显著富集的代谢通路，其中包括氧化磷酸化通路、蛋白酶体通路、TCA 循环通路、吞噬体通路和氨基酸生物合成通路等。总的来说，这些通路主要代表两个生物学过程，即维持细胞和生物体正常生命活动的代谢过程，以及由内吞作用、蛋白酶体和溶酶体介导的免疫防御。

表 3-1　氨氮胁迫下长蛸差异表达基因

基因 ID	缩写	功能	表达量变化	基因注释
Unigene0014179	STI-1	胁迫响应	3.435614178	应激诱导磷蛋白 1
Unigene0000237	GOT2	氨基酸代谢	2.886908646	天冬氨酸氨基转移酶（线粒体）
Unigene0033300	SLC17A5	氨基酸代谢	3.375720796	泡状谷氨酸转运蛋白 1
Unigene0040100	GOT1	氨基酸代谢	2.89197150	天冬氨酸氨基转移酶（胞质）
Unigene0061259	TDH	氨基酸代谢	−2.63592194	苏氨酸脱水酶

续表

基因 ID	缩写	功能	表达量变化	基因注释
Unigene0049086	V-ATPase	氨转运	7.739701685	V 型质子 ATP 酶
Unigene0007770	ATPB1	氨转运	3.142696201	钠/钾转运 ATP 酶亚基 β
Unigene0015519	DRAM2	自噬	−1.06472567	DNA 损伤调节的自噬调节蛋白 2
Unigene0057800	NDUFB9	TCA 循环	4.699707246	NADH 脱氢酶
Unigene0058618	MLEC	免疫响应	3.683098023	凝集素
Unigene0024664	TRAF2	免疫响应	3.783298607	TNF 受体相关因子 2
Unigene0038429	IL17-like	免疫响应	−2.63279054	白细胞介素 17 蛋白
Unigene0039007	PGRP-SC2	免疫响应	−1.65310017	肽聚糖识别蛋白-SC2
Unigene0055057	ERLEC1	免疫响应	4.423010527	内质网凝集素 1
Unigene0047964	SDHD	TCA 循环	3.386358007	琥珀酸脱氢酶细胞色素 b 小亚基
Unigene0048125	MDH	TCA 循环	5.072599948	苹果酸脱氢酶
Unigene0025222	GLUD1	TCA 循环	3.345392709	谷氨酸脱氢酶
Unigene0055540	IDHB-1	TCA 循环	3.071455754	异柠檬酸脱氢酶 [NAD] 亚基 β
Unigene0005755	OGDH	TCA 循环	3.309403482	2-酮戊二酸脱氢酶

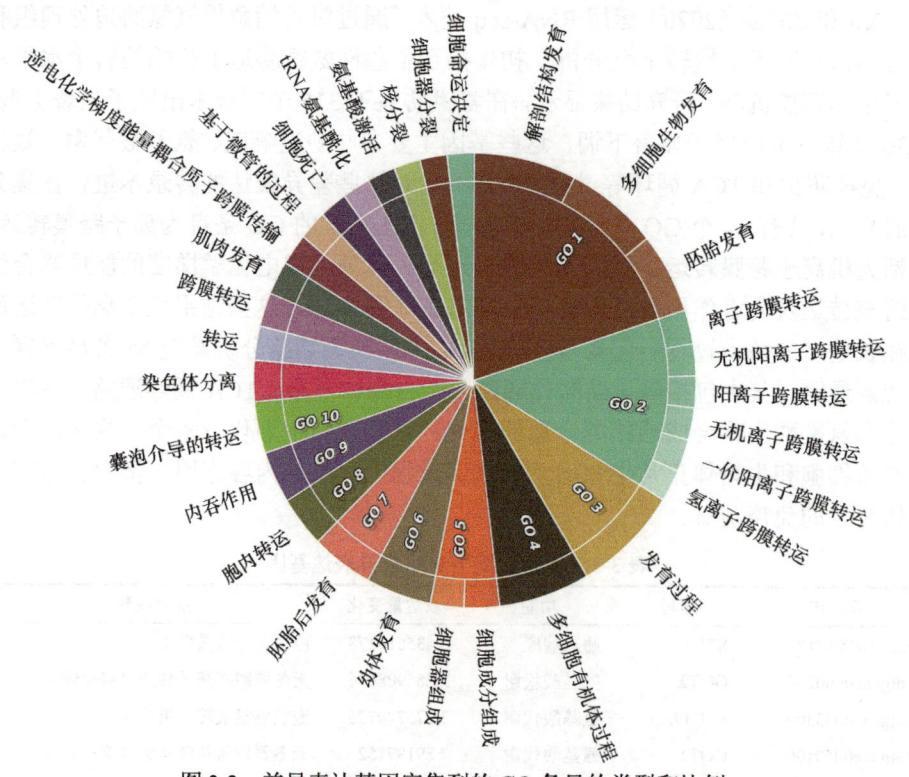

图 3-2　差异表达基因富集到的 GO 条目的类型和比例

其他物种中的研究显示，氨氮解毒代谢可能主要包括三个方面（图 3-3）：①通过 TCA 循环将氨转化为谷氨酸盐；②通过鸟氨酸尿素循环将氨转化为尿素或者尿酸；③通过离子通道将氨转运出去（Peng et al.，2017；Hu et al.，2017）。然而，在长蛸中，参与 TCA 循环的差异转录本出现了表达下调，因而推断 TCA 循环可能不是氨氮解毒代谢的主要途径。鸟氨酸尿素循环代谢的关键基因鸟氨酸氨基转移酶出现了显著下调，表明尿素循环速率可能上升。此外，两个与氨转运有关的转运通道基因的表达量也出现了显著差异，这表明氨离子通道在长蛸氨氮解毒代谢中可能也发挥作用。然而，在长蛸转录组中未检测到参与尿素循环和氨离子通道的其他重要基因，因此，后两个途径是否为长蛸的主要氨氮解毒代谢过程，仍需要更多的实验数据证实。

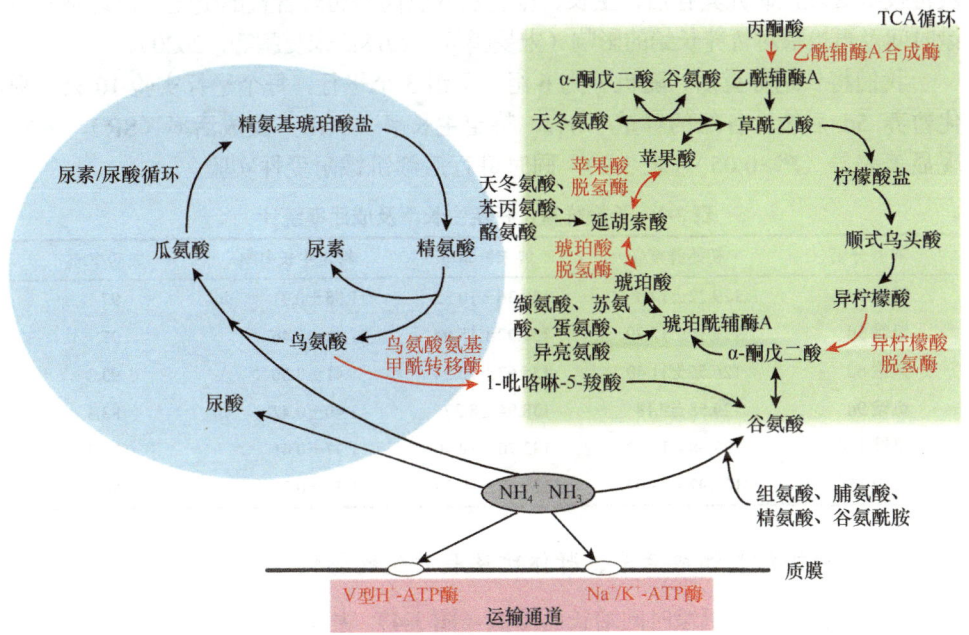

图 3-3　长蛸氨氮解毒代谢推断途径

红色字体表示其转录本为显著差异表达基因；三个不同颜色的模块代表三种可能的氨氮代谢通路

第三节　饥饿胁迫对长蛸生长的影响

自然界中，由于受到周围环境因素改变、饵料不足、种内/间竞争等因素影响，动物常会受到不同程度的饥饿胁迫（乐可鑫等，2016）。当胁迫结束，食物供给恢复后，个体会表现出一定程度的快速生长，这种现象称为补偿生长（Bjørnevik et al.，2017）。补偿生长对研究水生动物的营养生理具有重要意义，针对不同种类动物适应环境的能力和特点，在生产中加以合理运用，将会获得良好的经济效益。

目前，饥饿耐受性相关研究主要集中于甲壳类（Wu et al.，2001；Chen et al.，2017）、双壳类（His and Seaman，1992；Cordeiro et al.，2016）、鱼类（Cui et al.，2006；Li et al.，2012），鲜有头足类的相关报道。

一、饥饿胁迫及再投喂对长蛸的影响

十余年来，本团队系统开展了长蛸全生活史养殖（刘畅，2013；Zheng et al.，2014；薄其康，2015），取得了一定成效。作为肉食性动物，动物性蛋白是头足类自身代谢和生长的重要营养物质（Lee，1995；Domingues et al.，2005；Solorzano et al.，2009）。目前，长蛸人工养殖过程中，过分依赖天然饵料，而天然饵料供应的不稳定性导致养殖个体时常遭受饥饿胁迫（Song et al.，2019）。我们通过对暂养长蛸进行饥饿胁迫及再投喂处理，研究其存活、生长、摄食及其肌肉脂肪酸含量的变化，探讨不同饥饿时间及再投喂对暂养长蛸的影响（宋旻鹏等，2018；宋旻鹏等，2020）。

我们将长蛸称重后，随机分为 6 组，每组 3 个平行，每个平行实验 10 只。驯化暂养 5d 后统计各组的鲜重（W_t）、特定生长率（SGR）及成活率（SR），未发现显著差异（$P>0.05$）（表 3-2），同时进行后续饥饿耐受性实验。

表 3-2　长蛸鲜重、特定生长率及成活率统计

实验分组	初始鲜重/g	终末鲜重/g	特定生长率/%	成活率/%
饥饿 0d	129.22±7.64	138.36±10.32	1.35±0.31	97
饥饿 3d	126.14±12.79	135.92±15.04	1.48±0.46	97
饥饿 6d	126.55±11.40	135.67±10.54	1.41±0.36	93.3
饥饿 9d	129.58±9.18	138.94±8.37	1.40±0.42	83.3
饥饿 12d	123.68±15.82	132.70±19.40	1.37±0.41	73.3
饥饿 15d	128.92±18.09	137.63±19.29	1.31±0.37	56.7

（一）饥饿对长蛸成活率、肝体比及脂肪酸的影响

长蛸成活率随着饥饿时间增长而降低（图 3-4），相对于对照组（饥饿 0d），饥饿 3d、6d、9d 组长蛸的成活率并未表现出显著性差异（$P>0.05$）；饥饿 12d、15d 组的成活率显著低于对照组（$P<0.05$），具体排序为：饥饿 0d（97%）=饥饿 3d（97%）>饥饿 6d（93.3%）>饥饿 9d（83.3%）>饥饿 12d（73.3%）>饥饿 15d（56.7%）。长蛸体质量降低率随饥饿时间的增长逐渐升高（图 3-5），其中饥饿 9d、12d、15d 组的体质量降低率显著高于饥饿 3d 组（$P<0.05$）。不同饥饿时间的体质量降低率排序：饥饿 3d 组[(5.38±1.44)%]<饥饿 6d 组[(9.54±1.61)%]<饥饿 9d 组[(12.72±2.06)%]<饥饿 12d 组[(15.93±2.18)%]<饥饿 15d 组[(18.15±4.46)%]。长蛸的肝体比随饥饿时间的增加显著降低（图 3-4），各饥饿组的肝体比值均显著低于对照组（$P<0.05$），其中饥饿 3d 肝体比值[(4.20±0.88)%]下降最明显。

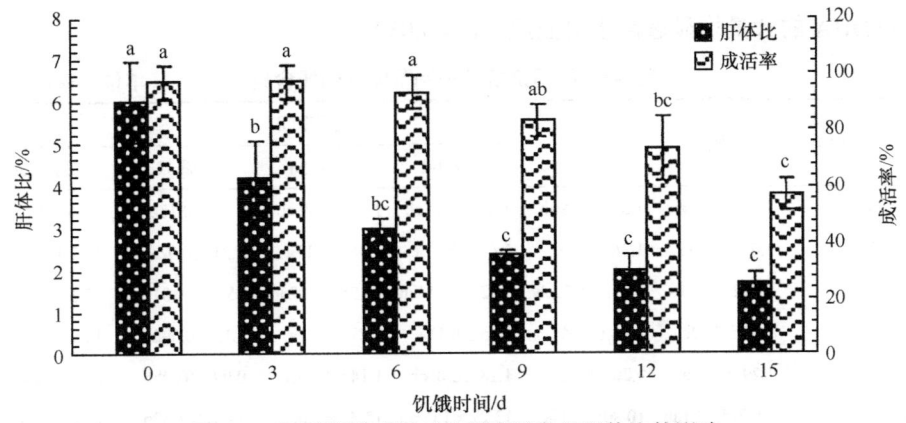

图 3-4　不同饥饿时间对长蛸成活率及肝体比的影响

不同字母表示差异显著（$P<0.05$），下同

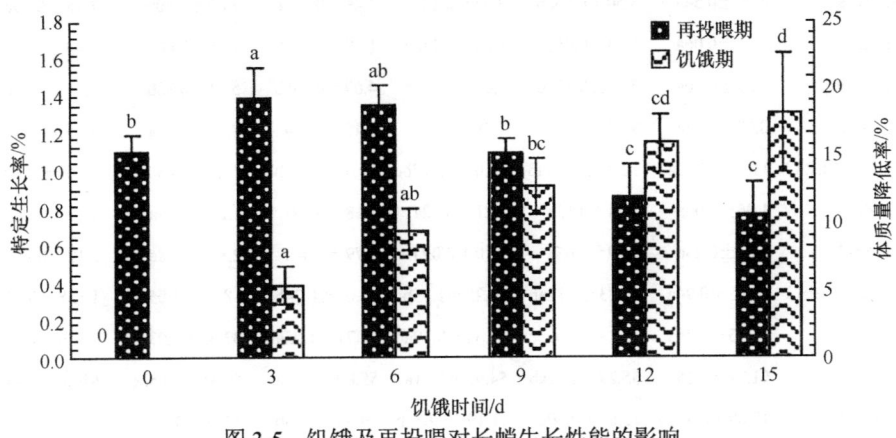

图 3-5　饥饿及再投喂对长蛸生长性能的影响

共检测出 15 种脂肪酸（表 3-3），起始碳链长度在 14～22 碳之间，其中共检测出饱和脂肪酸（SFA）5 种，单不饱和脂肪酸（MUFA）4 种，多不饱和脂肪酸（PUFA）6 种。从对照组来看，C16：0 的含量最高（18.12±0.11)%，而 C22：4n-6 的含量最低（1.06±0.06)%。

从表 3-3 中可发现，随饥饿时间的增长，长蛸个体肌肉脂肪酸含量表现出明显的变化。饥饿 3d、15d 组 SFA 的值显著低于对照组（$P<0.05$），其余各实验组的值均与对照组差异不显著（$P>0.05$）。SFA 中的 C14：0、C16：0、C17：0 三组，随饥饿时间的延长，含量均显著下降。

UFA（不饱和脂肪酸）的整体含量呈上升趋势，其中 MUFA 的值均与对照组差异不显著（$P>0.05$），PUFA 的含量在饥饿 6～15d 组均显著高于对照组（$P<0.05$）。各实验组 Σn-3 PUFA 的值均显著高于对照组（$P<0.05$），而 Σn-6 PUFA、Σn-9 PUFA 的含量在各实验组均与对照组差异不显著（$P>0.05$）。各实验组

EPA+DHA 的含量均显著高于对照组（$P<0.05$）。

表3-3 不同饥饿组长蛸肌肉脂肪酸含量 （单位：%）

脂肪酸种类	对照组	饥饿期间				
		饥饿 3d	饥饿 6d	饥饿 9d	饥饿 12d	饥饿 15d
C14：0	1.71±0.10a	1.54±0.09ab	1.41±0.18ab	1.37±0.28ab	1.16±0.18b	1.14±0.21b
C15：0	1.43±0.03a	1.36±0.13a	1.40±0.17a	1.38±0.17a	1.31±0.02a	1.22±0.02a
C16：0	18.12±0.11a	17.21±0.22abc	17.27±0.53ab	16.25±1.22abc	15.18±0.31c	15.31±1.17bc
C16：1n-7	1.30±0.12a	1.15±0.06a	1.35±0.11a	1.21±0.13a	1.12±0.09a	1.29±0.05a
C17：0	1.29±0.12a	1.26±0.12a	1.18±0.06ab	1.14±0.06ab	0.99±0.02bc	0.87±0.04c
C18：0	13.79±0.91ab	10.80±1.34a	13.27±1.09ab	12.57±2.02ab	14.81±1.57b	11.07±1.37ab
C18：1n-7	2.12±0.09a	2.29±0.25a	2.29±0.07a	2.15±0.21a	2.06±0.20a	1.97±0.25a
C18：1n-9	4.27±0.54a	3.50±0.36ab	2.95±0.13b	2.49±0.26bc	2.67±0.60bc	1.78±0.19c
C18：2n-6	1.46±0.06a	1.23±0.06b	1.24±0.11a	1.29±0.11a	1.26±0.08ab	1.44±0.06ab
C20：1n-9	4.39±0.10a	5.74±0.37bc	4.61±0.35ab	4.69±0.14ab	5.71±0.86bc	6.15±0.34c
C20：4n-6	8.60±0.52a	9.03±0.05a	7.99±0.37a	8.45±0.97a	8.48±0.28a	8.75±0.99a
C20：5n-3（EPA）	11.19±0.73a	12.90±0.55ab	14.02±0.97bc	14.08±1.31bc	15.82±0.50cd	16.60±1.10d
C22：4n-6	1.06±0.06a	1.24±0.13a	1.21±0.12a	1.18±0.09a	1.28±0.05a	1.17±0.18a
C22：5n-3	3.23±0.24a	3.39±0.05a	3.10±0.09a	2.79±0.04a	2.86±0.38a	3.12±0.65a
C22：6n-3（DHA）	13.68±0.94a	14.83±0.32ab	16.25±1.35bc	16.67±0.34bc	18.58±1.05cd	19.38±0.93d
SFA	36.35±0.78a	32.18±1.00bc	34.54±0.79ab	32.71±1.05abc	33.45±2.03abc	29.59±2.20c
UFA	51.31±2.26a	55.29±0.70ab	54.99±0.31a	55.00±1.49a	59.85±1.85bc	61.66±2.44c
MUFA	12.09±0.48ab	12.67±0.40a	11.19±0.63ab	10.55±0.58b	11.56±1.11ab	11.19±0.71ab
PUFA	39.22±1.90a	42.62±0.91ab	43.80±0.33b	44.45±1.85bc	48.29±1.28cd	50.47±2.10d
Σn-3 PUFA	28.10±1.38a	31.12±0.90b	33.36±0.47b	33.53±0.5b	37.26±1.25c	39.10±1.22c
Σn-6 PUFA	11.12±0.55a	11.50±0.17a	10.44±0.37a	10.92±0.95a	11.03±0.36a	11.37±1.06a
Σn-9 PUFA	8.66±0.51a	9.23±0.09a	7.56±0.47ab	7.19±0.40b	8.38±1.40ab	7.93±0.50ab
EPA+DHA	24.87±1.19a	27.73±0.85b	30.27±0.40c	30.74±0.97c	34.40±1.24d	35.98±0.57d

注：同一行中不同字母表示存在显著性差异（$P<0.05$），下同。

（二）饥饿再投喂对长蛸摄食及肝体比的影响

再投喂期间长蛸的摄食量随饥饿时间的增长呈现出先上升后下降的趋势（图3-6）。其中，0~3d摄食量呈上升趋势，3~15d呈下降趋势，在饥饿15d后摄食量显著降低（$P<0.05$）。再投喂期间各组的摄食量排序：饥饿 3d 组[(5.24±0.39)g]＞饥饿 6d 组[(4.85±0.54)g]＞饥饿 0d 组[(4.23±0.35)g]＞饥饿 9d 组[(4.09±0.96)g]＞饥饿 12d 组[(3.41±0.57)g]＞饥饿 15d 组[(2.81±0.43)g]。与其

摄食量不同,各饥饿组长蛸的饵料效率(图 3-7)均与对照组差异不显著($P>0.05$)。

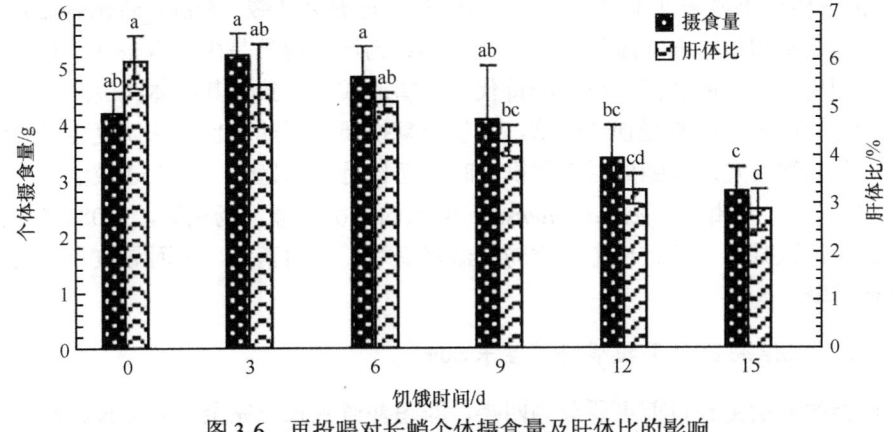

图 3-6 再投喂对长蛸个体摄食量及肝体比的影响

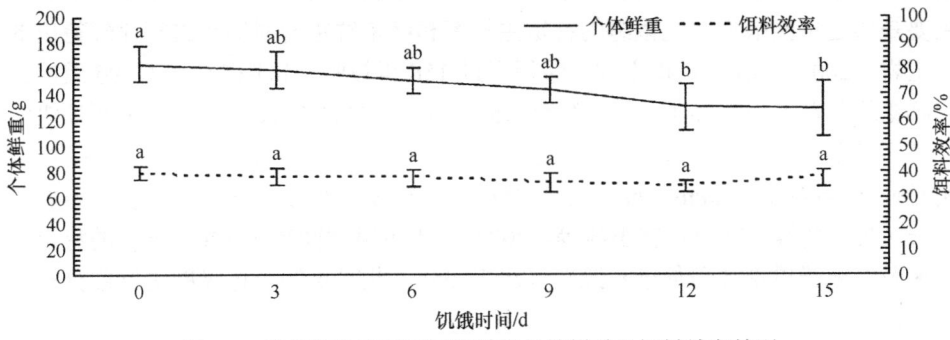

图 3-7 再投喂结束后不同饥饿组长蛸鲜重及饵料效率差别

再投喂结束后,饥饿 9d 后(9d 组、12d 组和 15d 组)肝体比值显著低于对照组($P<0.05$),其中对照组的肝体比值[(5.98±0.54)%] 最高,饥饿 15d 组的肝体比值[(2.88%±0.43)%]最低。各组的特定生长率随饥饿时间增加呈现出先上升后下降的趋势,饥饿 3d 组的特定生长率显著高于对照组,饥饿 12d、15d 组显著低于对照组($P<0.05$),其中特定生长率最高的为饥饿 3d 组[(1.40±0.16)%],最低的为饥饿 15d 组[(0.77±0.17)%]。再投喂实验结束后,各组长蛸的个体鲜重随饥饿时间的延长呈现出下降趋势(图 3-7),其中饥饿 12d 后的值显著低于对照组($P<0.05$)。进入冬季,由于饵料缺乏,长蛸遭受饥饿胁迫,通过自身储备的营养物质来维持生存,随饥饿时间的增长,体质量降低率逐渐升高,饥饿 15d 时达到最高值[(18.15±4.46)%],这与史氏鲟(*Acipenser schrenckii*)、点带石斑鱼(*Epinephelus malabaricus*)幼鱼等的实验结果相似(高露姣等,2004;彭志兰等,2008)。我们已了解到肝体比也随饥饿时间延长呈下降趋势,这与黑棘鲷(*Acanthopagrus schlegeli*)幼鱼、尼罗罗非鱼(*Oreochromis niloticus*)的结果相

似（龙章强等，2008；田娟等，2012）。恢复投喂后饥饿时间较长组（9d、12d、15d）的肝体比仍显著低于对照组（$P<0.05$），与虎斑乌贼（*Sepia pharaonis*）幼体的实验结果相似（乐可鑫等，2016），我们认为这种现象是由饥饿条件下长蛸个体主要利用肝脏内的能源物质来维持代谢平衡造成的，致使其肝体比逐渐下降，且饥饿时间越长，肝脏受损越严重，即使恢复投喂，短期内也无法恢复至对照组水平。我们观察发现长蛸成活率随饥饿时间延长呈下降趋势，至 15d 成活率下降至 56.7%，这与青蛤（*Cyclina sinensis*）幼虫的情况相似（杨凤等，2008）。我们推测认为饥饿时间过长致使个体虚弱、器官衰竭、代谢紊乱，进而导致个体成活率迅速下降。

（三）饥饿胁迫与再投喂补偿生长机制

鱼类的补偿生长目前主要分为四类，即超补偿生长、完全补偿生长、部分补偿生长和不能补偿生长（谢小军等，1998）。补偿生长的有无以及补偿生长的程度主要是通过再投喂期间饥饿组的特定生长率和终末鲜重与对照组进行比较得出的（王岩，2001）。我们发现不同饥饿组经过 15d 再投喂，饥饿 3d、6d、9d 组的终末鲜重均与对照组差异不显著（$P>0.05$），表明长蛸经过 3d、6d、9d 的短期饥饿处理后具备完全补偿生长的能力。这与凡纳滨对虾（*Litopenaeus vannamei*）、中国明对虾（*Fenneropenaeus chinensis*）等相似，短期的饥饿胁迫可以实现完全补偿生长（吴立新等，2001；林小涛等，2004）。当饥饿时间超过 12d，长蛸的特定生长率及终末鲜重都显著低于对照组（$P<0.05$），此时长蛸个体仅能进行部分补偿生长。

关于动物的补偿生长机制目前主要存在以下 3 种观点：①提高食物转化率（Plavnik and Hurwitz，1985；Fang et al.，2017）；②提高自身的摄食水平（Kim and Lovell，1995）；③既提高食物转化率，又提高摄食水平（Luquet et al.，1995）。长蛸投喂阶段饥饿 3d、6d、9d 组的饵料效率与对照组相似，而其摄食量则与对照组差别较大，说明饥饿长蛸的补偿生长仅是通过提高自身摄食水平来实现的。

（四）饥饿再投喂对长蛸脂肪酸的影响

经过 15d 的再投喂，各实验组长蛸肌肉脂肪酸的含量发生变化（表 3-4）。其中，SFA 的含量受到 C14：0、C16：0、C17：0 含量影响，饥饿 15d 组显著低于对照组（$P<0.05$），其余各组均与对照组差异不显著（$P>0.05$）。UFA 的含量，饥饿 12d、15d 组显著高于对照组（$P<0.05$），其中 MUFA 的含量各组均与对照组差异不显著（$P>0.05$），饥饿 12d、15d 组 PUFA 的值显著高于对照组（$P<0.05$）。在 Σn-3 PUFA、Σn-6 PUFA、Σn-9 PUFA、EPA+DHA 的值中，Σn-3 PUFA 和 EPA+DHA 的含量在饥饿 12d、15d 组中显著高于对照组（$P<0.05$）。

表 3-4　再投喂期间不同饥饿组长蛸肌肉脂肪酸含量变化（单位：%）

脂肪酸种类	对照组	再投喂期间					
		饥饿 3d	饥饿 6d	饥饿 9d	饥饿 12d	饥饿 15d
C14：0	1.74±0.08a	1.72±0.01a	1.75±0.1a	1.71±0.13a	1.59±0.13ab	1.43±0.02b
C15：0	1.45±0.13a	1.24±0.12a	1.45±0.12a	1.25±0.31a	1.42±0.16a	1.25±0.14a
C16：0	18.59±0.70ab	18.32±1.05ab	19.02±0.49a	18.55±0.48ab	16.69±0.43bc	16.05±0.91c
C16：1n-7	1.27±0.13a	1.15±0.06a	1.09±0.06a	1.25±0.16a	1.26±0.12a	1.27±0.05a
C17：0	1.27±0.18a	1.28±0.08a	1.25±0.12a	1.25±0.07a	1.10±0.04ab	0.95±0.04b
C18：0	13.46±1.97a	11.86±0.33a	11.45±0.41a	11.58±0.08a	12.66±0.10a	12.82±0.86a
C18：1n-7	2.16±0.36a	2.09±0.03a	2.16±0.22a	2.06±0.31a	1.95±0.06a	2.05±0.06a
C18：1n-9	4.24±0.60a	4.29±0.32a	3.45±0.43ab	3.36±0.27ab	3.04±0.40b	2.69±0.16b
C18：2n-6	1.53±0.17a	1.42±0.17ab	1.23±0.08ab	1.23±0.03ab	1.19±0.09b	1.31±0.08ab
C20：1n-9	4.49±0.36a	4.52±0.45a	4.54±0.31a	5.29±0.31ab	5.61±0.27b	5.81±0.32b
C20：4n-6	8.77±0.28a	8.26±1.12a	8.40±1.12a	8.98±1.42a	8.76±0.14a	8.47±0.17a
C20：5n-3（EPA）	11.19±0.73a	11.44±0.31a	11.57±0.79a	12.93±0.87a	14.38±0.53b	14.92±1.75b
C22：4n-6	1.06±0.14a	1.32±0.02bc	1.17±0.04abc	1.14±0.16a	1.29±0.06abc	1.40±0.03c
C22：5n-3	3.15±0.13a	2.95±0.36a	2.84±0.22a	2.97±0.34a	2.86±0.15a	3.29±0.23a
C22：6n-3（DHA）	13.35±0.61a	13.25±0.59a	12.73±0.68a	14.49±0.53bc	15.95±0.33bc	16.71±1.37c
SFA	36.50±2.04a	34.41±1.00ab	34.92±0.11ab	34.36±0.39ab	33.46±0.99ab	32.51±1.21b
UFA	51.19±0.95ab	50.69±0.67ab	49.17±1.13a	53.69±1.15bc	56.30±1.11cd	57.91±2.70d
MUFA	12.15±0.26a	12.05±0.72a	11.23±0.93a	11.96±0.01a	11.86±0.60a	11.82±0.13a
PUFA	39.04±0.84a	38.64±0.52a	37.94±1.99a	41.74±1.16ab	44.44±0.72bc	46.09±2.74c
Σn-3 PUFA	27.68±0.66a	27.64±0.98a	27.15±0.85a	30.39±1.05ab	33.20±0.78bc	34.92±2.79c
Σn-6 PUFA	11.35±0.36a	11.00±1.26a	10.79±1.15a	11.34±1.55a	11.25±0.28a	11.16±0.08a
Σn-9 PUFA	8.73±0.41a	8.80±0.75a	7.98±0.74a	8.65±0.42a	8.65±0.66a	8.50±0.17a
EPA+DHA	24.54±0.76a	24.69±0.81a	24.30±0.65a	27.43±1.32ab	30.33±0.86bc	31.63±2.86c

饥饿条件下，鱼类对自身不同类型脂肪酸的利用存在一定规律，即首先利用饱和脂肪酸，其次利用低不饱和脂肪酸，最后才使用高不饱和脂肪酸（谢小军等，1998）。而长蛸在饥饿状态下利用自身脂肪酸的顺序：首先为 SFA，其次是 MUFA，然后是 PUFA，最后才消耗 EPA、DHA 等高度不饱和脂肪酸（表 3-3）。这与非洲胡子鲇对脂肪酸的利用顺序（十四烷酸、十六碳烯酸、十八碳烯酸、EPA、DHA）（Zamal and Ollevier，1995）相似。再投喂期间，由于饵料条件的恢复，促使长

蛸个体肌肉脂肪酸水平趋于正常。在本实验中，饥饿 3d、6d、9d 组经过 15d 的再投喂，其 SFA、PUFA 的值基本恢复至对照组水平（表 3-4），但饥饿 12d、15d 组 UFA、PUFA 的值显著高于对照组（$P<0.05$），与点带石斑鱼幼鱼的结果不同（陈波等，2008）；这可能是由于 12d、15d 组饥饿时间过长，影响到个体的正常代谢活动，即使恢复到正常的饵料条件，个体肌肉脂肪酸含量也无法恢复到正常的水平，但具体原因仍需进一步探索。

在本实验中，短期饥饿条件（3d、6d、9d）并未影响养殖长蛸的生长、存活及肌肉脂肪酸含量，恢复投喂后，长蛸个体可以达到完全补偿生长状态。但是，较长时间的饥饿胁迫（12d、15d），不仅显著降低了长蛸个体的成活率，同时对生长、肌肉脂肪酸含量均产生不利影响。因此，在长蛸养殖过程中，为保证养殖个体的正常存活、生长，应储备充足饵料以避免其饥饿超过 9d。

二、周期性饥饿再投喂对长蛸的影响

水生动物在经过一段时间的饥饿或营养不足后恢复摄食，表现出超过其正常生长速度的现象，称为补偿生长（崔奕波，1989；Bjørnevik et al.，2017）。在实际生产中，合理利用动物的补偿生长可以有效提高饲料利用率、促进养殖动物生长、降低劳动成本以及减轻水体污染（李晨晨等，2018）。目前，在长蛸的人工养殖过程中，投饵不及时或不均匀、养殖密度过大、饵料供应不足等因素，常使养殖个体遭受饥饿胁迫，严重损害了长蛸养殖的经济效益。在本研究中，我们通过对生长期长蛸开展周期性饥饿再投喂实验，研究其生长、存活，以及肌肉脂肪酸和氨基酸含量变化，探讨不同投喂模式对暂养长蛸的影响并制订出合理的投喂计划，旨在为我国长蛸增养殖健康发展提供理论数据。

本实验于 2018 年 9 月至 10 月在山东马山集团育苗厂内开展，选取体质健壮、外观正常的健康长蛸[鲜重（94.29±9.35）g，胴背长（53.25±5.25）mm] 120 只。实验期间采用肉球近方蟹（*Hemigrapsus sanguineus*）[鲜重（7.52±1.38）g]作为饵料。实验前驯养 3d，驯养期间对长蛸进行饱食投喂，驯养结束后开始实验。实验分为 4 组，包括 1 个对照组和 3 个周期性饥饿再投喂组，每组设置 3 个平行实验，每个平行 10 只长蛸。实验设计如下：

对照组：连续投喂 24d；

S_1F_5 组：饥饿 1d，投喂 5d，持续 4 个周期；

S_2F_4 组：饥饿 2d，投喂 4d，持续 4 个周期；

S_3F_3 组：饥饿 3d，投喂 3d，持续 4 个周期；

实验于长方形水泥池（6m×1m×0.6m）中进行，水深 0.5m，采用经沙滤的自然海水，盐度 28～31，水温 19.8～22.2℃。自然光照，持续充氧，长流水养殖，每日吸污 1 次，每 3d 全换水 1 次。采用直径 90mm、长度 700mm 的灰色 PVC 管为蛸巢。每日 17：00 投饵，次日上午 8：00 清理并统计残饵。

实验结束后，分别统计各实验组长蛸的成活率和鲜重。每个实验组随机选取 3 只长蛸剖取肝脏测定肝体比，并取其腕部肌肉于液氮中保存，计算肌肉脂肪酸含量和氨基酸含量。成活率（SR）、生长率（GR）、肝体比（HSI）、个体摄食量（FI）计算方法如下：

$$SR = N_2/N_1 \times 100\%$$
$$GR = (W_{t2} - W_{t1})/W_{t1} \times 100\%$$
$$HSI = W_g/W_t \times 100\%$$
$$FI = (W_{S1} - W_{S2})/N$$

其中，N_1 表示实验开始时个体数量，N_2 表示实验结束时个体存活数量；W_{t1} 和 W_{t2} 分别表示实验开始和结束时个体鲜重；W_g 表示个体肝脏鲜重，W_t 表示个体鲜重；W_{S1} 表示投饵质量，W_{S2} 表示残饵质量。

（一）周期性饥饿再投喂对生长性能的影响

实验开始时，各实验组长蛸起始鲜重差异不显著（$P>0.05$），可以开展实验。周期性饥饿再投喂实验结束后，各组长蛸终末鲜重差异显著（表 3-5）。其中，S_1F_5 组长蛸终末鲜重[（136.70±9.24）g]显著高于对照组[（127.69±6.51）g]（$P<0.05$），S_3F_3 组长蛸终末鲜重[（118.26±6.46）g]显著低于对照组（$P<0.05$），而 S_2F_4 组终末鲜重[（130.45±6.78）g]与对照组值差异不显著（$P>0.05$）。实验长蛸的成活率随饥饿时间增长逐渐降低，但各实验组均与对照组差异不显著（$P>0.05$），各组成活率分别为：对照组（93.33±11.55）%、S_1F_5 组（93.33±5.77）%、S_2F_4 组（86.67±15.28）%、S_3F_3 组（83.33±5.77）%。

表 3-5 周期性饥饿再投喂对长蛸生长性能的影响

组	对照组	S_1F_5	S_2F_4	S_3F_3
起始鲜重/g	93.91±9.91	94.34±11.42	94.57±9.13	94.33±8.17
终末鲜重/g	127.69±6.51b	136.70±9.24a	130.45±6.78ab	118.26±6.46c
成活率/%	93.33±11.55	93.33±5.77	86.67±15.28	83.33±5.77

（二）周期性饥饿再投喂对生长率、肝体比、摄食量以及饵料效率的影响

如图 3-8 所示，各组长蛸的生长率随饥饿时间的增长呈先上升后下降的趋势，S_1F_5 组的生长率显著高于对照组，S_3F_3 组显著低于对照组（$P<0.05$），其中生长率最高的为 S_1F_5 组（0.46±0.10），最低的为 S_3F_3 组（0.26±0.06）。长蛸的肝体比随饥饿时间的增长呈现先升高后降低的趋势（图 3-8），其中，S_1F_5 组肝体比显著高于对照组（$P<0.05$），S_2F_4 组和 S_3F_3 组的肝体比与对照组差异不显著（$P>0.05$）。具体排序为：S_1F_5 组（0.070）＞对照组（0.062）＞S_2F_4 组（0.059）＞S_3F_3 组（0.052）。

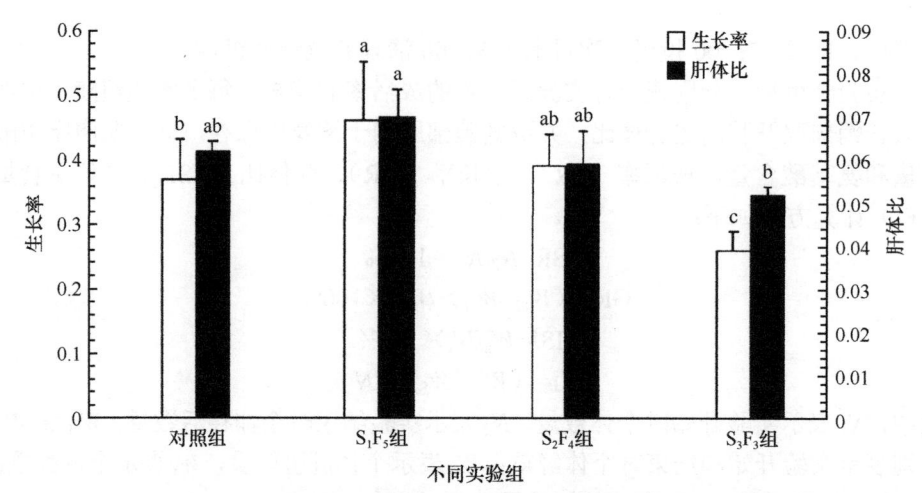

图 3-8 周期性饥饿再投喂对长蛸生长率及肝体比的影响

如图 3-9 所示,实验长蛸的个体摄食量随饥饿时间的延长呈现上升趋势。其中,S_1F_5 组、S_2F_4 组及 S_3F_3 组的值均显著高于对照组($P<0.05$)。其具体排序为:S_3F_3 组(5.13 ± 1.25)g>S_2F_4 组(5.04 ± 0.91)g>S_1F_5 组(4.76 ± 1.11)g>对照组(3.34 ± 0.81)g。与个体摄食量变化趋势不同,个体鲜重变化量呈现先上升后下降的趋势。其中,S_1F_5 组个体鲜重变化量(42.36 ± 4.89)g 显著高于对照组(33.78 ± 4.39)g($P<0.05$),S_3F_3 组(23.93 ± 3.73)g 显著低于对照组($P<0.05$),S_2F_4 组(35.88 ± 3.21)g 与对照组差异不显著($P>0.05$)。

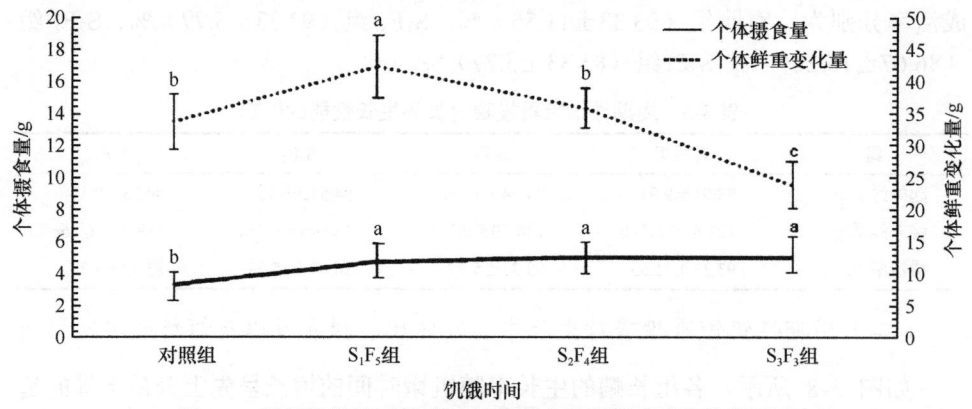

图 3-9 周期性饥饿再投喂对长蛸摄食量和鲜重变化量的影响

(三)周期性饥饿再投喂对肌肉脂肪酸含量的影响

由表 3-6 可知,长蛸肌肉组织中共检测出 16 种脂肪酸,起始碳链长度为 14~22,包含 6 种饱和脂肪酸(SFA)和 10 种不饱和脂肪酸(UFA),其中 UFA 包括 4 种单不饱和脂肪酸(MUFA)和 6 种多不饱和脂肪酸(PUFA)。各实验组 SFA、

UFA、MUFA、PUFA、Σn-3 PUFA、Σn-6 PUFA、Σn-9 PUFA 含量均与对照组差异不显著（$P>0.05$），但 S_1F_5 组中的值与对照组相比出现了一定程度的升高，S_2F_4 组和 S_3F_3 组的值出现一定程度的下降；S_1F_5 组和 S_3F_3 组中 C18：0 的含量显著高于对照组（$P<0.05$）；S_2F_4 组 C18：1n-7 和 EPA 的含量显著高于对照组（$P<0.05$），且 EPA/DHA 也显著高于对照组（$P<0.05$）。

表 3-6 周期性饥饿再投喂对长蛸肌肉脂肪酸含量的影响（单位：%）

脂肪酸	对照组	不同实验组		
		S_1F_5	S_2F_4	S_3F_3
C14：0	1.38±0.28	1.41±0.15	1.45±0.11	1.35±0.08
C15：0	1.36±0.06	1.46±0.06	1.34±0.06	1.41±0.07
C16：0	20.77±2.06ab	22.79±1.71a	19.36±1.01b	18.34±1.44b
C16：1n-7	1.25±0.07	1.36±0.14	1.29±0.03	1.32±0.1
C17：0	1.32±0.07	1.34±0.07	1.27±0.06	1.31±0.11
C18：0	8.18±0.36a	9.33±0.63b	8.49±0.22a	9.33±0.30b
C18：1n-7	3.16±0.21a	3.1±0.27a	2.62±0.33b	3.23±0.09a
C18：1n-9	4.33±0.29	4.22±0.11	4.46±0.22	4.41±0.23
C18：2n-6	1.37±0.09	1.43±0.18	1.30±0.10	1.42±0.04
C20：0	5.02±0.17	4.57±0.28	4.80±0.22	4.93±0.29
C20：1n-9	4.31±0.3	4.49±0.22	4.52±0.48	4.41±0.48
C20：4n-6	5.96±0.26ab	7.00±0.83a	5.95±0.40ab	5.72±0.69b
C20：5n-3（EPA）	14.33±0.37a	14.43±0.49a	12.19±0.32b	14.29±0.97a
C22：4n-6	1.09±0.11	1.22±0.22	1.35±0.18	1.29±0.13
C22：5n-3（DPA）	2.91±0.35	2.80±0.26	3.02±0.12	2.75±0.28
C22：6n-3（DHA）	16.43±1.12	16.85±1.72	16.91±0.99	15.49±1.53
SFA	38.04±2.44ab	40.89±1.25a	36.70±1.08b	36.68±0.80b
UFA	55.14±2.10	56.90±2.35	53.61±1.76	54.33±0.87
MUFA	13.05±0.49	13.18±0.71	12.88±0.06	13.37±0.85
PUFA	42.09±1.61	43.73±1.69	40.73±1.72	40.95±1.54
Σn-3 PUFA	33.67±1.63	34.08±1.82	32.13±1.23	32.53±1.89
Σn-6 PUFA	8.42±0.37	9.65±0.83	8.60±0.66	8.42±0.76
Σn-9 PUFA	8.64±0.36	8.71±0.32	8.97±0.29	8.82±0.70
EPA+DHA	30.77±1.39	31.28±2.07	29.10±1.30	29.78±1.99
EPA/DHA	87.42±4.81a	86.06±6.83a	72.20±2.56b	92.71±9.25a

（四）周期性饥饿再投喂对肌肉氨基酸含量的影响

由表 3-7 可知，于长蛸肌肉组织中共检测出 17 种氨基酸，其中必需氨基酸 9 种，非必需氨基酸 8 种。经数据分析发现，仅 S_1F_5 组半胱氨酸（Cys）含量显著高于对照组（$P<0.05$），实验组中其余氨基酸含量均与对照组差异不显著（$P>0.05$）；此外，必需氨基酸总量（TEAA）、氨基酸总量（TAA）以及必需氨基酸总量/氨基酸总量（TEAA/TAA）均与对照组差异不显著（$P>0.05$），但随饥饿时间的延长，TEAA 和 TEAA/TAA 的值有逐渐升高的趋势。

表 3-7　周期性饥饿再投喂对长蛸肌肉氨基酸含量的影响　　（单位：%）

氨基酸种类	对照组	S_1F_5	S_2F_4	S_3F_3
天冬氨酸（Asp）	5.91±0.23	5.79±0.46	5.88±0.15	5.8±0.17
苏氨酸（Thr）	2.59±0.11	2.59±0.20	2.48±0.14	2.60±0.05
丝氨酸（Ser）	2.86±0.16	2.81±0.19	2.81±0.10	2.90±0.03
谷氨酸（Glu）	9.71±0.40	9.77±0.76	9.50±0.30	9.91±0.22
甘氨酸（Gly）	3.94±0.42	3.58±0.47	3.69±0.56	3.62±0.30
丙氨酸（Ala）	3.36±0.17	3.38±0.14	3.27±0.14	3.32±0.14
半胱氨酸（Cys）	0.39±0.21a	0.75±0.13b	0.50±0.14ab	0.43±0.22ab
缬氨酸（Val）	2.61±0.05	2.75±0.19	2.57±0.06	2.69±0.14
甲硫氨酸（Met）	0.23±0.08	0.32±0.11	0.35±0.08	0.34±0.19
异亮氨酸（Ile）	2.71±0.26	2.88±0.20	2.97±0.26	2.94±0.01
亮氨酸（Leu）	4.63±0.43	4.59±0.21	4.75±0.18	4.93±0.28
酪氨酸（Tyr）	1.85±0.09	1.78±0.16	1.79±0.10	1.81±0.06
苯丙氨酸（Phe）	2.36±0.08	2.12±0.28	2.19±0.17	2.23±0.18
组氨酸（His）	1.77±0.16	1.79±0.10	1.81±0.20	1.79±0.09
赖氨酸（Lys）	4.22±0.15	4.22±0.23	4.26±0.17	4.22±0.24
精氨酸（Arg）	4.99±0.29	4.89±0.50	4.92±0.18	5.26±0.41
脯氨酸（Pro）	2.60±0.29	2.50±0.35	2.57±0.30	2.64±0.25
必需氨基酸总量（TEAA）	26.11±1.42	26.16±1.56	26.31±1.37	27.00±0.52
氨基酸总量（TAA）	56.84±2.94	56.6±3.87	56.21±2.63	57.48±0.80
必需氨基酸总量/氨基酸总量（TEAA/TAA）	45.93±0.30	46.23±0.46	46.79±0.81	46.97±0.90

（五）周期性饥饿再投喂对补偿生长的影响

安琪和曾晓起（2009）报道马粪海胆（*Hemicentrotus pulcherrimus*）的补偿生长时，因海胆壳占湿重比例较大，将性腺指数和生化组分作为衡量标准。张涛等（2017）将成活率和增重率作为日本无针乌贼（*Sepiella japonica*）补偿生长的判断标准。通过综合前人的研究，我们将成活率、生长率及终末鲜重作为长蛸补偿生长的衡量标准。在本实验中，S_1F_5 组与对照组相比成活率相同，而生长率和终末鲜重显著高于对照组；S_2F_4 组中的成活率、生长率和终末鲜重均与对照组差异不显著。此结果表明，S_1F_5 和 S_2F_4 组个体均具有补偿生长的能力，且 S_1F_5 组个体更具备超补偿生长能力。这一结果与红大麻哈鱼（Oncorhynchus nerka）和牙鲆（Paralichthys olivaceus）在短期饥饿胁迫下具备补偿生长能力的结果一致（Bilton and Robnsgi，1973；吴玉波等，2011）。同时，我们还对长蛸的个体摄食量进行了统计，发现各个实验组长蛸的个体摄食量均显著高于对照组。因此，为保证养殖长蛸在再投喂期间能充分地发挥其补偿生长能力，应保证充足的饵料供应。综上所述，从节约成本、保证养殖长蛸的成活率和生长速度的角度来看，建议长蛸的最佳投喂模式为周期性饥饿 1d 再投喂 5d。

（六）肌肉组织脂肪酸和氨基酸变化规律

在饥饿条件下，水生动物会通过消耗自身脂肪酸来提供能量，其脂肪酸的消耗顺序为：首先使用饱和脂肪酸，再利用低不饱和脂肪酸，最后才动用高不饱和脂肪酸（谢小军等，1998）。例如，鮸鱼（Miichthys miiuy）幼鱼和点带石斑鱼（Epinephelus malabaricus）幼鱼在饥饿过程中，首先利用饱和脂肪酸（SFA），其次利用单不饱和脂肪酸（MUFA），最后才利用多不饱和脂肪酸（PUFA）（陈波等，2008；罗海忠等，2009）。在本研究中，结果显示 3 个实验组的 SFA、MUFA 和 PUFA 含量均与对照组差异不显著，从含量变化上看，长蛸肌肉中的脂肪酸从饥饿 2d 后开始出现下降，首先利用的是 SFA，其次为 MUFA，最后才利用 PUFA。作者认为肌肉脂肪酸的含量从饥饿 2d 后才开始下降，可能是由于饥饿 1d 时间太短，长蛸首先利用了储存在肝脏内的营养物质，致使肌肉中的脂肪酸含量并未减少。

氨基酸是水生动物必需的营养物质，对维持水生动物正常的生命活动发挥着重要作用。当水生动物遭受饥饿胁迫时，其自身能够将氨基酸转化为葡萄糖来提供能量，具体表现为必需氨基酸和氨基酸总量的下降（Shiau et al.，2001；柳敏海等，2009）。不同种类水生动物对氨基酸的利用也不尽相同，日本鳗鲡（Anguilla japonica）经过长期饥饿胁迫后，其必需氨基酸量和氨基酸量均显著降低，且必需氨基酸量较氨基酸量下降得更为明显（王婷等，2015）。大黄鱼（Larimichthys crocea）幼鱼在饥饿早期，大多数氨基酸组分和氨基酸总量会稍微低于对照组，但随饥饿时间的增长，会表现出先上升后下降的趋势（刘峰等，2018）。斑点叉尾鮰（Ictalurus punctatus）在遭受饥饿胁迫时，优先利用非必需氨基酸作为能源物质（谭肖英等，2009）。本实验中，不同实验组的 TEAA 总量、TAA 总量以及 TEAA/TAA 均与对照组差异不显著，表明不同投喂模式对长蛸肌肉氨基酸的含量并未产生影响，这与虎斑乌贼幼体经周期性饥饿再投喂后各实验组氨基酸含量与对照组差异不显著的结果一致（李晨晨等，2018）。此外，长蛸肌肉中检测出的 9 种必需氨基酸和 8 种非必需氨基酸中，仅 Cys 的含量显著高于对照组，这一结果与日本无针乌贼（S. japonica）幼体经过周期性饥饿再投喂处理后 Cys 含量显著高于对照组的实验结果相似（张涛等，2017）。作者认为这一现象可能与长蛸自身的新陈代谢有关，饥饿胁迫后降低了长蛸对该种氨基酸的需求量，致使各实验组的 Cys 含量均高于对照组，但具体原因需进一步研究。综上所述，在 S_1F_5 和 S_2F_4 的投喂模式下，并未对养殖长蛸的存活、生长及脂肪酸和氨基酸含量造成影响。在两种投喂模式下长蛸均出现了补偿生长现象，尤其 S_1F_5 的投喂模式可以使养殖个体实现超补偿生长。因此，为保证长蛸的养殖效果，建议采用周期性饥饿 1d 再投喂 5d 的投喂模式。

参 考 文 献

安琪, 曾晓起. 2009. 饥饿和再投喂对马粪海胆补偿生长的影响. 中国海洋大学学报 (自然科学版), 39 (S1): 32-36.

薄其康. 2015. 长蛸饵料分子学鉴定与人工繁育研究. 青岛: 中国海洋大学硕士学位论文.

陈波, 柳敏海, 施兆鸿, 等. 2008. 饥饿和再投饲对点带石斑鱼幼鱼脂肪酸和氨基酸组成的影响. 上海水产大学学报, 17(6): 674-679.

陈思涵, 彭瑞冰, 黄晨, 等. 2018. 急性氨氮胁迫对虎斑乌贼肝脏、鳃和脑组织结构的影响. 水产学报, 42(9): 1348-1357.

陈智威. 2020. 氨氮胁迫对长蛸组织结构的影响及氨解毒代谢相关基因的表达. 青岛: 中国海洋大学硕士学位论文.

陈智威, 许然, 郑小东. 2022. 急性氨氮胁迫对长蛸鳃、肝脏和肾脏组织结构的影响. 中国海洋大学学报(自然科学版), 52(6): 62-68.

崔奕波. 1989. 鱼类生物能量学的理论与方法. 水生生物学报, 13(4): 369-383.

高露姣, 陈立侨, 宋兵. 2004. 饥饿和补偿生长对史氏鲟幼鱼摄食, 生长和体成分的影响. 水产学报, 28(3): 279-284.

李晨晨, 朱婷婷, 陆游, 等. 2018. 周期性饥饿再投喂对虎斑乌贼幼体生长性能、抗氧化指标、消化酶活性、氨基酸组成和脂肪酸组成的影响. 动物营养学报, 30(10): 3993-4004.

林小涛, 周小壮, 于赫男, 等. 2004. 饥饿对南美白对虾生化组成及补偿生长的影响. 水产学报, 28(1): 47-53.

刘畅. 2013. 长蛸生活史养殖技术研究. 青岛: 中国海洋大学硕士学位论文.

刘峰, 吕小康, 刘阳阳, 等. 2018. 饥饿对大黄鱼幼鱼肌肉中氨基酸和脂肪酸组成的影响. 渔业科学进展, 39(5): 58-65.

柳敏海, 罗海忠, 傅荣兵, 等. 2009. 短期饥饿胁迫对鮸鱼生化组成、脂肪酸和氨基酸组成的影响. 水生生物学报, 33(2): 230-235.

龙章强, 彭士明, 陈立侨, 等. 2008. 饥饿与再投喂对黑鲷幼鱼体质量变化, 生化组成及肝脏消化酶活性的影响. 中国水产科学, 15(4): 606-614.

罗海忠, 彭士明, 施兆鸿, 等. 2009. 周期性饥饿对鮸幼鱼肌肉中主要营养成分的影响. 大连水产学院学报, 24(3): 251-256.

彭志兰, 陈波, 柳敏海, 等. 2008. 饥饿和补偿生长对点带石斑鱼幼鱼摄食和生长的影响. 海洋渔业, 30(3): 245-249.

宋旻鹏, 汪金海, 郑小东. 2018. 不同饥饿时间和再投喂对长蛸(*Octopus minor*)生长及肌肉脂肪酸含量的影响. 海洋与湖沼, 49(4): 932-939.

宋旻鹏, 汪金海, 陈智威, 等. 2020. 周期性饥饿再投喂对长蛸存活、生长以及肌肉脂肪酸和氨基酸的影响. 水生生物学报, 44(2): 372-378.

谭肖英, 罗智, 王为民, 等. 2009. 饥饿对小规格斑点叉尾鮰鱼体重及鱼体生化组成的影响. 水生生物学报, 33(1): 39-45.

田娟, 涂玮, 曾令兵, 等. 2012. 饥饿和再投喂期间尼罗罗非鱼生长、血清生化指标和肝胰脏生长激素、类胰岛素生长因子-I 和胰岛素 mRNA 表达丰度的变化. 水产学报, 36(6): 900-907.

王婷, 刘利平, 陈桃英, 等. 2015. 鳗鲡 (*Anguilla japonica*) 性腺发育和饥饿胁迫下生. 海洋与湖沼, 46(6): 1373-1379.

王岩. 2001. 海水养殖罗非鱼补偿生长的生物能量机制. 海洋与湖沼, 32(3): 233-239.

吴立新, 董双林, 田相利. 2001. 中国对虾继饥饿后的补偿生长研究. 生态学报, 21(3): 452-457.

吴玉波, 吴立新, 陈晶, 等. 2011. 饥饿对牙鲆幼鱼补偿生长、生化组成及能量收支的影响. 生态学杂志, 30(8): 1691-1695.

谢小军, 邓利, 张波. 1998. 饥饿对鱼类生理生态学影响的研究进展. 水生生物学报, 22(2): 181-188.

杨凤, 张跃环, 闫喜武, 等. 2008. 饥饿和再投喂对青蛤 (*Cyclina sinensis*) 幼虫生长、存活及变态的影响. 生态学报, 28(5): 2052-2059.

乐可鑫, 汪元, 彭瑞冰, 等. 2016. 饥饿和再投喂对虎斑乌贼幼体存活生长和消化酶活力的影响. 应用生态学报, 27(6): 2002-2008.

张涛, 平洪领, 史会来, 等. 2017. 周期性饥饿再投喂对曼氏无针乌贼 (*Sepiella japonica*) 幼体生长、体组成及氨基酸和脂肪酸的影响. 海洋与湖沼, 48(1): 190-197.

张武肖, 孙盛明, 戈贤平, 等. 2015. 急性氨氮胁迫及毒后恢复对团头鲂幼鱼鳃、肝和肾组织结构的影响. 水产学报, 39(2): 233-244.

周鑫, 董云伟, 王芳, 等. 2013. 急性氨氮胁迫对于草鱼 sod 和 hsp90 基因表达及鳃部结构的影响. 水生生物学报, 37(2): 321-328.

Bilton H T, Robins G L. 1973. The effects of starvation and subsequent feeding on survival and growth of fulton channel sockeye salmon fry (*Oncorhynchus nerka*). Journal of the Fisheries Board of Canada, 30(1): 1-5.

Bjørnevik M, Hansen H, Roth B, et al. 2017. Effects of starvation, subsequent feeding and photoperiod on flesh quality in farmed cod (*Gadus morhua*). Aquaculture Nutrition, 23(2): 285-292.

Castellanos-Martínez S, Arteta D, Catarino S, et al. 2014. De Novo Transcriptome sequencing of the *Octopus vulgaris* hemocytes using Illumina RNA-Seq technology: response to the infection by the gastrointestinal parasite *Aggregata octopiana*. PLoS One, 9(10): e107873.

Castellanos-Martinez S, Gestal C. 2013. Pathogens and immune response of cephalopods. Journal of Experimental Marine Biology and Ecology, 447: 14-22.

Chen C, Tan Q, Liu M, et al. 2017. Effect of starvation on growth, histology and ultrastructure of digestive system of juvenile red swamp crayfish (*Procambarus clarkii* Girard). Iranian Journal of Fisheries Sciences, 16(4): 1214-1233.

Ching B, Chew S F, Wong W P, et al. 2009. Environmental ammonia exposure induces oxidative stress in gills and brain of *Boleophthalmus boddarti* (mudskipper). Aquatic Toxicology, 95(3): 203-212.

Collins A J, Schleicher T R, Rader B A, et al. 2012. Understanding the role of host hemocytes in a squid/Vibrio symbiosis using transcriptomics and proteomics. Frontiers in Immunology, 3: 91.

Cordeiro N I S, De Andrade J T M, Montresor L C, et al. 2016. Effect of starvation and subsequent feeding on glycogen concentration, behavior and mortality in the golden mussel *Limnoperna fortunei* (Dunker, 1857) (Bivalvia: Mytilidae).

Journal of Limnology, 75(3): 618-625.

Cui Z H, Wang Y, Qin J G. 2006. Compensatory growth of group-held gibel carp, *Carassius auratus* gibelio (Bloch), following feed deprivation. Aquaculture Research, 37(3): 313-318.

Domingues P M, Dimarco P F, Andrade J P, et al. 2005. Effect of artificial diets on growth, survival and condition of adult cuttlefish, *Sepia officinalis* Linnaeus, 1758. Aquaculture International, 13(5): 423-440.

Fang Z H, Tian X L, Dong S L. 2017. Effects of starving and re-feeding strategies on the growth performance and physiological characteristics of the juvenile tongue sole (*Cynoglossus semilaevis*). Journal of Ocean University of China, 16(3): 517-524.

Feyjoo P, Riera R, Felipe B C, et al. 2011. Tolerance response to ammonia and nitrite in hatchlings paralarvae of *Octopus vulgaris* and its toxic effects on prey consumption rate and chromatophores activity. Aquaculture International, 19(1): 193-204.

García B G, Valverde J C, Gómez E, et al. 2011. Ammonia excretion of octopus (*Octopus vulgaris*) in relation to body weight and protein intake. Aquaculture, 319(1-2): 162-167.

Gazal P, Bogaraze D. 1943. Recherches sur les cors blanc du poulpe (*Octopus vulgaris* Lam.). Leur function globuligène et néphrocitaire. Bulletin de l'Institut Oceanographique, 40: 1-12.

Gestal C, Castellanos-Martínez S. 2015. Understanding the cephalopod immune system based on functional and molecular evidence. Fish and Shellfish Immunology, 46(1): 120-130.

Grimaldi A M, Belcari P, Pagano E, et al. 2013. Immune responses of *Octopus vulgaris* (Mollusca: Cephalopoda) exposed to titanium dioxide nanoparticles. Journal of Experimental Marine Biology and Ecology, 447: 123-127.

Hegazi M M, Attia Z I, Ashour O A. 2010. Oxidative stress and antioxidant enzymes in liver and white muscle of *Nile tilapia* juveniles in chronic ammonia exposure. Aquatic Toxicology, 99(2): 118-125.

His E, Seaman M N L. 1992. Effects of temporary starvation on the survival, and on subsequent feeding and growth, of oyster (*Crassostrea gigas*) larvae. Marine Biology, 114(2): 277-279.

Hu M Y, Sung P H, Guh Y J, et al. 2017. Perfused gills reveal fundamental principles of pH regulation and ammonia homeostasis in the cephalopod *Octopus vulgaris*. Frontiers in physiology, 8: 162.

Jin J, Wang Y, Wu Z, et al. 2017. Transcriptomic analysis of liver from grass carp (*Ctenopharyngodon idellus*) exposed to high environmental ammonia reveals the activation of antioxidant and apoptosis pathways. Fish and Shellfish Immunology, 63: 444-451.

Kim M K, Lovell R T. 1995. Effect of restricted feeding regimens on compensatory weight gain and body tissue changes in channel catfish *Ictalurus punctatus* in ponds. Aquaculture, 135(4): 285-293.

Le Pabic C, Goux D, Guillamin M, et al. 2014. Hemocyte morphology and phagocytic activity in the common cuttlefish (*Sepia officinalis*). Fish and Shellfish Immunology, 40(2): 362-373.

Lee P G. 1995. Nutrition of cephalopods: Fueling the system. Marine and Freshwater Behaviour and Physiology, 25(1-3): 35-51.

Li Y, Zhu Z Q, Ortegón O, et al. 2012. Effects of short-term starvation and refeeding on the survival, growth, and RNA/DNA and RNA/protein ratios in rock carp (*Procypris rabaudi*) larvae. Acta Hydrobiologica Sinica, 36 (04): 674-681.

Lu X, Kong J, Luan S, et al. 2016. Transcriptome analysis of the hepatopancreas in the pacific white shrimp (*Litopenaeus vannamei*) under acute ammonia stress. PLoS One, 11(10): e0164396.

Luquet P, Oteme Z J, Cisse A. 1995. Evidence for compensatory growth and its utility in the culture of *Heterobranchus longifilis*. Aquatic Living Resources, 8(4): 389-394.

Malham S K, Lacoste A, Gelebart F, et al. 2002. A first insight into stress-induced neuroendocrine and immune changes in the octopus *Eledone cirrhosa*. Aquatic Living Resources, 15(3): 187-192.

Malham S K, Runham N W. 1998. A brief review of the immunobiology of *Eledone cirrhosa*. South African Journal of Marine Science, 20(1): 385-391.

Malham S K, Runham R W, Secombes C J. 1998. Lysozyme and antiprotease activity in the lesser octopus *Eledone cirrhosa* (Lam.) (Cephalopoda). Developmental and Comparative Immunology, 22(1): 27-37.

McFall-Ngai M, Nyholm S V, Castillo M G. 2010. The role of the immune system in the initiation and persistence of the *Euprymna scolopes*-Vibrio fischeri symbiosis. Seminars in Immunology, 22(1): 48-53.

Necco A, Martin R. 1963. Behavior and estimation of the mitotic activity of the white body cells in *Octopus vulgaris* cultured in vitro. Experimental Cell Research, 30: 599-590.

Peng R B, Le K X, Wang P S, et al. 2017. Detoxifcation pathways in response to environmental ammonia exposure of the cuttlefsh, *Sepia pharaonis*: glutamine and urea formation. Journal of The World Aquaculture Society, 48(2): 342-352.

Peyghan R, Takamy G A. 2002. Histopathological, serum enzyme, cholesterol and urea changes in experimental acute toxicity of ammonia in common carp *Cyprinus carpio* and use of natural zeolite for prevention. Aquaculture International, 10: 317-325.

Plavnik I, Hurwitz S. 1985. The performance of broiler chicks during and following a severe feed restriction at an early age. Poultry Science, 64(2): 348-355.

Rogener W, Renwrantz L, Uhlenbruck G. 1985. Isolation and characterization of a lectin from the hemolymph of the cephalopod *Octopus vulgaris* (Lam.) inhibited by alpha-D-lactose and N-acetyllactosamine. Developmental and Comparative Immunology, 9(4): 605-616.

Shiau C Y, Pong Y J, Chiou T K, et al. 2001. Effect of starvation on free histidine and amino acids in white muscle of milkfish *Chanos chanos*. Comparative Biochemistry and Physiology Part B: Biochemistry and Molecular Biology, 128(3): 501-506.

Smith V J, Chisholm J R S. 1992. Non-cellular immunity in crustaceans. Fish and Shellfish Immunology, 2(1): 1-31.

Solorzano Y, Viana M T, López L M, et al. 2009. Response of newly hatched *Octopus bimaculoides* fed enriched Artemia salina: growth performance, ontogeny of the digestive enzyme and tissue amino acid content. Aquaculture, 289(1-2): 84-90.

Song M P, Wang J H, Zheng X D. 2019. Prey preference of the common long-armed octopus *Octopus minor* (Cephalopoda: Octopodidae) on three different species of bivalves. Journal of Oceanology and Limnology, 37(5): 1595-1603.

Sun S, Ge X, Zhu J, et al. 2016. *De novo* assembly of the blunt snout bream (*Megalobrama amblycephala*) gill transcriptome to identify ammonia exposure associated microRNAs and their targets. Results in Immunology, 6: 21-27.

Troncone L, De Lisa E, Bertapelle C, et al. 2015. Morphofunctional characterization and antibacterial activity of haemocytes from *Octopus vulgaris*. Journal of Natural History, 49(21-24): 1457-1475.

Velmurugan B, Selvanayagam M, Cengiz E I, et al. 2007. Histopathology of lambda-cyhalothrin on tissues (gill, kidney, liver and intestine) of *Cirrhinus mrigala*. Environmental Toxicology and Pharmacology, 24(3): 286-291.

Wang W, Yang S, Wang C, et al. 2017. Gill transcriptomes reveal involvement of cytoskeleton remodeling and immune defense in ammonia stress response in the banana shrimp *Fenneropenaeus merguiensis*. Fish and Shellfish Immunology, 71: 319-328.

Wells M J, Smith P J S. 1987. The performance of the octopus circulatory system: A triumph of engineering over design. Experientia, 43(5): 487-499.

Wu L X, Dong S L, Wang F, et al. 2001. The effect of previous feeding regimes on the compensatory growth response in Chinese shrimp, *Fenneropenaeus chinensis*. Journal of Crustacean Biology, 21(3): 559-565.

Xu R, Zheng X. 2020. Hemocytes transcriptomes reveal metabolism changes and detoxification mechanisms in response to ammonia stress in *Octopus minor*. Ecotoxicology, 29(9): 1441-1452.

Zamal H, Ollevier F. 1995. Effect of feeding and lack of food on the growth, gross biochemical and fatty acid composition of juvenile catfish. Journal of Fish Biology, 46(3): 404-414.

Zheng X D, Qian Y S, Liu C, et al. 2014. *Octopus minor*. In: Iglesias J, Fuentes L, Villanueva R eds. Cephalopod Culture. New York: Springer: 241-252, 415-426.

第四章 长蛸细胞遗传学

染色体是生物遗传物质的载体,在生物进化过程中染色体结构变异(重组),会导致生物染色体结构特征的改变,甚至会导致物种的分化。在生命科学中,染色体的数目和形态结构特征是遗传学、细胞生物学、进化生物学、分类学的重要基础。生物染色体的形态和结构特征的研究不仅有助于鉴定物种、探讨属间和种间的系统进化关系,还有助于阐明染色体的结构变异等重要遗传问题,还对预测种间杂交和多倍体育种结果等具有重要实际意义。

染色体显带技术是使用特殊的染色方法,使染色体产生明显的着色(暗带)或未着色(明带)的带型。染色体显带的本质是染色体通过碱、酸、盐或酶等处理后,引起部分染色体崩解、DNA 片段的断裂或丢失,随后染料在染色体上差别堆积导致带纹产生。它不仅能更准确地进行同源染色体的配对和核型排列,而且能更精细地辨认染色体的结构和变化。尽管染色体显带技术已在脊椎动物中得到广泛应用,但国内有关贝类染色体带型的报道仍相对较少。

第一节 长蛸染色体核型及带型

染色体核型是细胞遗传学的基础,是种质资源鉴定中重要的遗传特征,是进行育种和改良的基础数据(附录一)。其中染色体数目和形态变异在研究生物起源与进化过程中起到重要作用(Chung et al.,2012)。早期贝类染色体研究多基于组织切片或者压片法获取染色体(Patterson,1969),随着细胞遗传学技术,包括秋水仙素处理、低渗液处理和空气干燥法的不断成熟,贝类染色体研究得到快速发展。

作为游泳型贝类,头足类染色体在进化研究中具有举足轻重的地位,但相关研究严重滞后,主要原因在于头足类染色体数目多,取材困难,难以获得清晰的细胞中期分裂相。目前,已知头足类染色体数目的种类共 13 个(表 4-1)。

Inaba(1959)和 Vitturi 等(1982)先后报道了真蛸、长蛸和乌贼的染色体数目,但缺乏清晰的中期分裂相和详细的染色体基本参数。Gao 和 Natsukari(1990)揭示了短蛸、真蛸、金乌贼、拟目乌贼、长枪鱿、莱氏拟乌贼和剑尖枪鱿等 7 种头足类的染色体数目和核型。最近 30 年,关于头足类染色体研究仍寥寥可数,Bonnaud 等(2004)指出大脐鹦鹉螺二倍体染色体数为 $2n=52$;Papan 和 Jazayeri 等人分别通过血细胞探究了阿拉伯乌贼和虎斑乌贼的染色体数(Papan et al.,2010;Jazayeri et al.,2011)。王晓华等(2011)和 Adachi 等(2014)分别分析了金乌贼和短蛸的核型(表 4-1)。这些已报道的研究结果表明,相比于八腕目,十腕目的枪鱿类与乌贼类间的亲缘关系更近。已报道的蛸类染色体中,真蛸与其他蛸类染色体差异较大，暗示彼此间亲缘关系较远，属内可能发生了较频繁的染色体易位或倒位现象。

表 4-1　现已报道的头足类染色体种类

物种	核型	染色体数（2n）	染色体总长/μm	参考文献
短蛸 Octopus ocellatus	32m+28sm	60	122.60±0.49	Gao and Natsukari，1990
短蛸 Octopus areolatus	48m+8m/sm+4sm	60	91.06±6.13	Adachi et al.，2014
短蛸 Amphioctopus fangsiao	32m+16sm+12t	60	—	Wang and Zheng，2017
中国小孔蛸 Cistopus chinensis	38m+6sm+8st+8t	60	—	Wang and Zheng，2017
长蛸 Octopus minor	42m+6sm+4st+8t	60	—	Wang and Zheng，2017
长蛸 Octopus variabilis	—	56	—	Vitturi et al.，1982
真蛸 Octopus vulgaris	14m+2sm+8st+36t	60	66.36±0.51	Gao and Natsukari，1990
金乌贼 Sepia esculenta	48m+24sm+14st+6t	92	152.88±2.01	Gao and Natsukari，1990
	44m+32sm+10st+6t	92	—	王晓华等，2011
拟目乌贼 Sepia lycidas	66m+14sm+10st+2t	92	185.82±2.28	Gao and Natsukari，1990
乌贼 Sepia officinalis	—	52	—	Vitturi et al.，1982
阿拉伯乌贼 Sepia arabica	—	68	—	Jazayeri et al.，2011
虎斑乌贼 Sepia pharaonis	—	48	—	Papan et al.，2010
莱氏拟乌贼 Sepioteuthis lessoniana	54m+10sm+24st+4t	92	132.68±1.40	Gao and Natsukari，1990
长枪鱿 Heterololigo bleekeri	54m+20sm+18st	92	160.88±1.20	Gao and Natsukari，1990
剑尖枪鱿 Photololigo edulis	50m+18sm+16st+8t	92	173.42±1.77	Gao and Natsukari，1990
鹦鹉螺 Nautilus pompilius	—	52	—	Bonnaud et al，2004
大脐鹦鹉螺 Nautilus macromphalus	—	52	—	Bonnaud et al，2004

注：Amphioctopus fangsia 与 O. ocellatus、O. areolatus 为同物异名；O. variabilis 与 O. minor 为同物异名。

一、染色体核型分析

利用传统的空气干燥法，我们采用活体浸泡长蛸幼体（40 g 左右），并以鳃为材料，成功获得长蛸的染色体组型。从 7 个完整的中期分裂相中，我们获得染色体核型公式为：2n=60=42M+6SM+4ST+8T，FN=108，即 21 对中部着丝粒染色体（#1～#21）、3 对亚中部着丝粒染色体（#22～#24）、2 对亚端部着丝粒染色体（#25～#26）和 4 对端部着丝粒染色体（#27～#30）（图 4-1b，d）。染色体相对长度最长为 4.99，最短为 1.15（表 4-2）。

表 4-2　长蛸染色体基本参数

染色体编号	长蛸（42M+6SM+4ST+8T）					染色体类型
	SA	LA	SA+LA	AR	CI	
1	2.43	2.54	4.97±0.17	1.05±0.15	48.89	M
2	2.28	2.49	4.77±0.11	1.09±0.12	47.80	M
3	2.22	2.51	4.73±0.05	1.13±0.08	46.93	M
4	2.30	2.43	4.73±0.13	1.06±0.12	48.63	M
5	2.36	2.36	4.72±0.06	1.00±0.13	50.00	M
6	2.28	2.36	4.64±0.01	1.04±0.05	49.14	M
7	2.21	2.38	4.59±0.05	1.08±0.01	48.15	M
8	2.19	2.40	4.59±0.11	1.10±0.14	47.71	M
9	2.16	2.38	4.54±0.05	1.12±0.02	47.58	M
10	2.13	2.15	4.28±0.12	1.01±0.10	49.78	M
11	2.12	2.16	4.28±0.03	1.01±0.07	49.53	M
12	2.03	2.17	4.20±0.14	1.07±0.13	48.33	M
13	1.92	2.04	3.96±0.07	1.06±0.09	48.48	M
14	1.91	1.98	3.89±0.15	1.04±0.14	49.10	M
15	1.88	1.98	3.86±0.09	1.05±0.10	48.70	M
16	1.36	1.90	3.26±0.11	1.40±0.13	41.72	M
17	1.42	1.54	2.96±0.12	1.08±0.18	47.97	M
18	1.28	1.29	2.57±0.05	1.01±0.10	49.81	M
19	1.24	1.27	2.51±0.13	1.02±0.11	49.40	M
20	0.93	1.19	2.12±0.08	1.28±0.10	43.87	M
21	0.95	0.96	1.91±0.10	1.01±0.05	49.74	M
22	1.85	3.14	4.99±0.05	1.70±0.05	37.07	SM
23	1.01	2.87	3.88±0.10	2.84±0.11	35.19	SM
24	0.97	2.90	3.87±0.09	2.99±0.02	25.06	SM
25	1.03	3.52	4.55±0.13	3.42±0.13	22.64	ST
26	0.83	3.17	4.00±0.01	3.82±0.04	20.75	ST
27	—	3.02	3.02±0.01	∞	—	T
28	—	3.02	3.02±0.05	∞	—	T
29	—	1.77	1.77±0.01	∞	—	T
30	—	1.15	1.15±0.07	∞	—	T

注：SA，相对短臂长；LA，相对长臂长；AR，臂比值=LA/SA；CI，着丝粒指数=SA/（SA+LA）×100；M，中部着丝粒染色体，1.0＜AR＜1.7；SM，亚中部着丝粒染色体，1.7＜AR＜3.0；ST，亚端部着丝粒染色体，3.0＜AR＜7.0；T，端部着丝粒染色体，7.0＜AR。平均值±标准误。

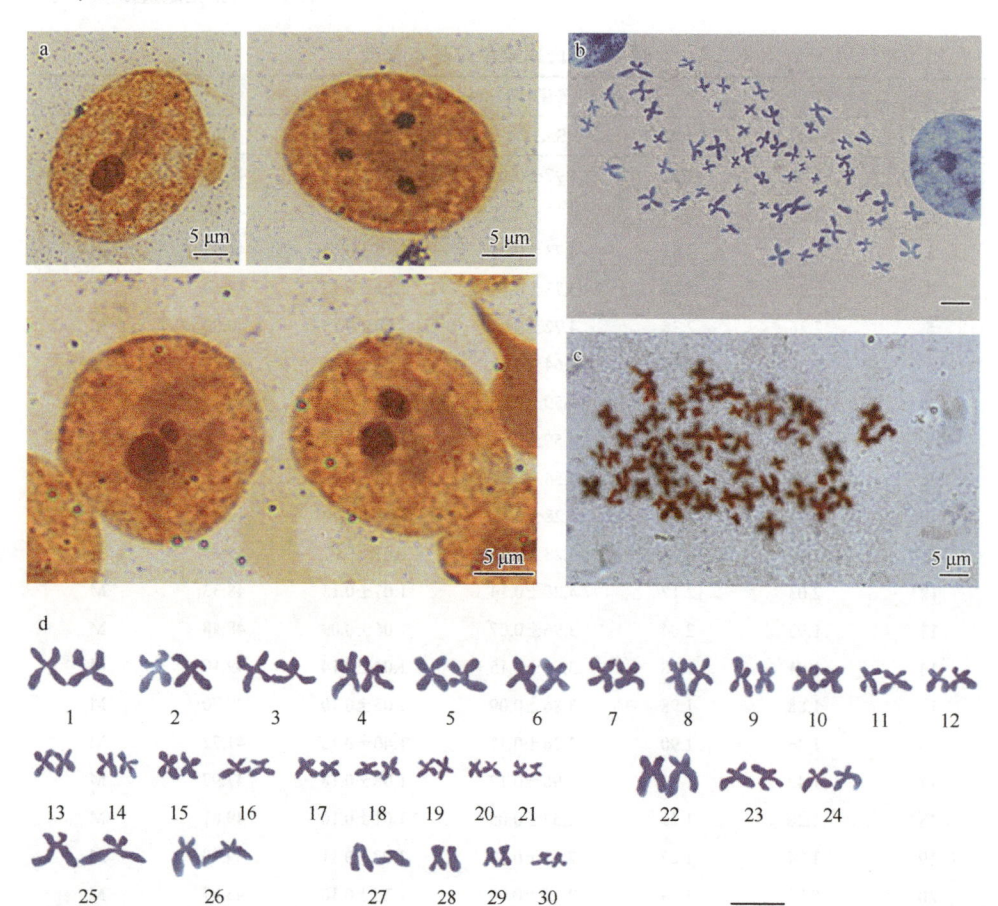

图 4-1 长蛸染色体核型及 Ag-NOR 带

a. 长蛸细胞分裂间期细胞核银染；b. 长蛸染色体中期分裂相（吉姆萨染色）；c. 长蛸染色体中期分裂相（银染）；d. 长蛸染色体核型图；e. 长蛸染色体 Ag-NOR 带型图。标尺=5 μm

我们统计并比较了目前研究的 9 种头足类染色体核型组成及相对长度，绘制出 9 种头足类染色体类型分布图（图 4-2）。发现拟目乌贼中部着丝粒染色体所占比例最大，达 71.7%，短蛸中部着丝粒染色体仅占 23.5%，占比例最小。相应地，拥有最多和最少中部着丝粒染色体的拟目乌贼和短蛸有着最少和最多的端部着丝粒染色体，分别为 2.2%和 60.0%。从所有种类染色体类型来看，4 种类型染色体（T，端部着丝粒染色体；ST，亚端部着丝粒染色体；SM，亚中部着丝粒染色体；M，中部着丝粒染色体）在 9 种头足类中所占比例分别为 56.9%、16.6%、14.5%和 12.0%。中部和亚中部着丝粒染色体为头足类染色体的主要组成，分别占到 65.0%和 77.8%，暗示头足类具有较高的进化地位。

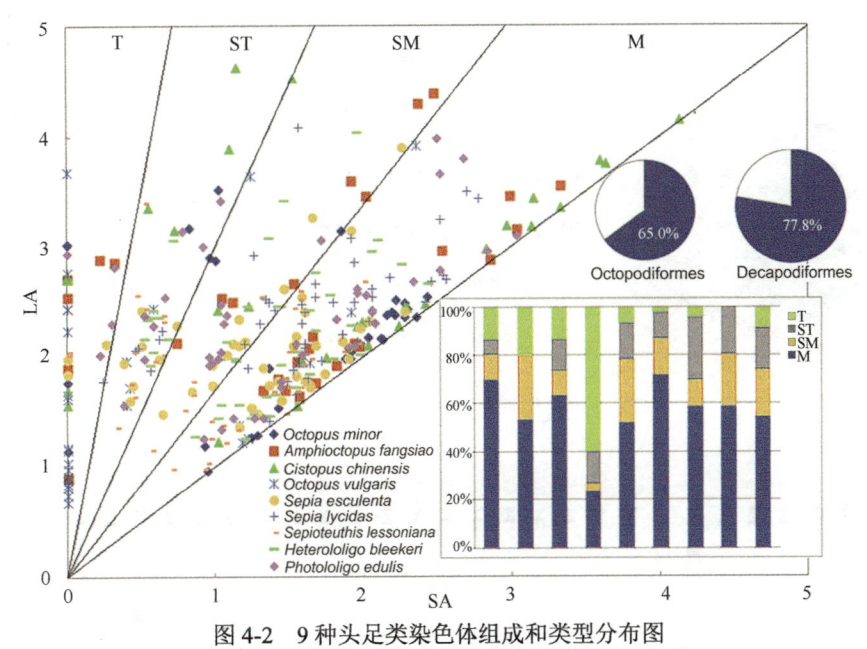

图 4-2　9 种头足类染色体组成和类型分布图

图中由左向右 4 条直线斜率分别为 1、1.7、3 和 7，将图形划分为 4 个区域，分别代表 T（端部着丝粒染色体）、ST（亚端部着丝粒染色体）、SM（亚中部着丝粒染色体）和 M（中部着丝粒染色体）四种类型染色体。其中，SA 表示相对短臂长；LA 表示相对长臂长；饼形图和直方图蓝色区域分别代表 M+SM 和 M 型染色体所占比例

二、染色体分类标记

为了辅助蛸类分子鉴定，以我国习见的三种经济蛸长蛸、短蛸和中国小孔蛸为材料，从细胞水平上通过传统的 Ag-NOR 染和 C 带开发有效的染色体标记，用作鉴定不同蛸类的依据。结果显示，在细胞分裂间期，三种蛸银染点数多为 1~3 个，每个种随机统计染色均匀的 200 个细胞。长蛸中 24%的间期细胞含有 1 个银染区，61%的细胞含有 2 个银染区，10%的细胞含有 3 个银染区，大约 5%的细胞含有 3 个以上的银染区；短蛸中约 19%的细胞含 1 个银染区，73%的细胞含 2 个银染区，剩下约 8%的间期细胞含有 3~5 个银染区；中国小孔蛸中含 1 个银染区的细胞约占 68%，含 2 个银染区的细胞约占 21%，一小部分间期细胞含 3~5 个银染区。在细胞分裂中期，统计 24 个长蛸中期银染分裂相（图 4-3），显示含有 2

个 Ag-NOR 位点，位于第 3 对中部着丝粒染色体长臂末端；统计 18 个短蛸中期分裂相，显示 Ag-NOR 位点数为 2，位于第 4 对中部着丝粒染色体短臂末端；统计 13 个中国小孔蛸中期分裂相，Ag-NOR 位点数为 1，位于第 23 对亚端部着丝粒染色体（其中一条）长臂末端。C 带主要位于三种蛸染色体的着丝粒区，特别地，在三种蛸染色体银染位点处同样发现 C 带位点，由此可以确定，这三种蛸的第 3、4 和 23 对染色体可以作为鉴定种的染色体标记。

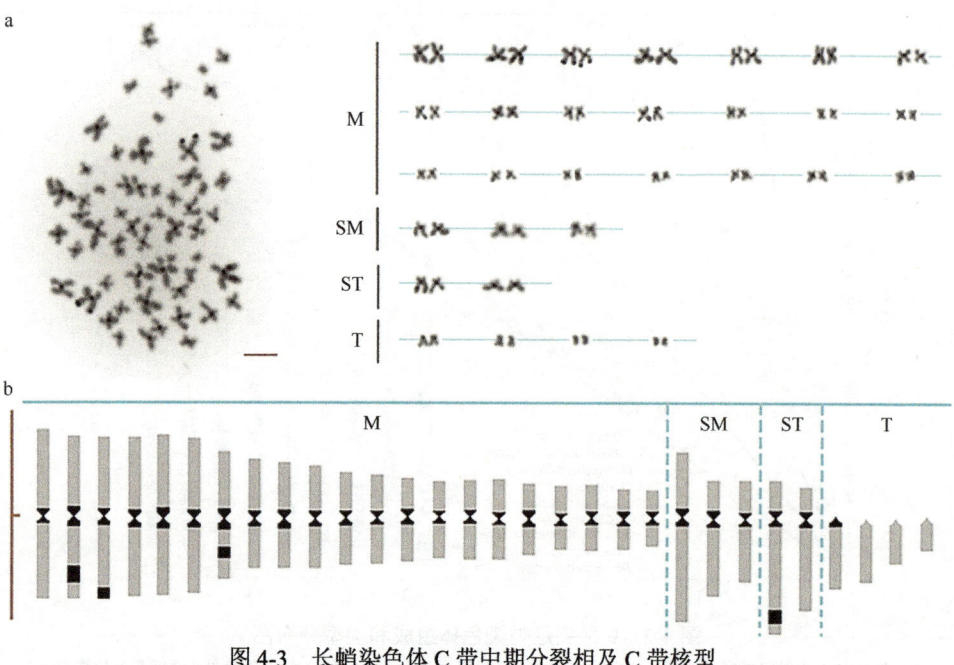

图 4-3　长蛸染色体 C 带中期分裂相及 C 带核型
a. C 带中期分裂相和带型；b. C 带核型模式图，黑色代表 C 带位点。标尺=5μm

三、染色体 DAPI 带型与端粒序列定位

在制得的染色体片上加 30 μL 1.5 μg/mL DAPI 染料，覆以盖玻片，室温染色 10min，指甲油封片，荧光显微镜观察拍照，获得 DAPI 带型。长蛸染色体的 DAPI 带出现在着丝粒区，未在末端区和中间区出现。阳性带几乎分布在所有染色体的着丝粒区域（图 4-4a）。

脊椎动物端粒序列(TTAGGG)$_n$ 定位实验根据试剂盒 Telomere PNA FISH/KIT（PANAGE, Korea）操作进行。结果表明，脊椎动物端粒序列（TTAGGG）$_n$ 在长蛸间期细胞核和中期染色体上都出现黄绿色荧光信号，但信号较弱（图 4-4b）。荧光信号分布在染色体的端部区域，信号强度有所差异，这种差异既表现在同一条染色体的两条姐妹染色单体之间，也表现在不同的染色体之间。有些染色体端粒区域信号非常弱，几乎不可见。另外，在染色体中间区域未发现任何阳性信号，推测长蛸近期的染色体没有发生重排或者末端融合。

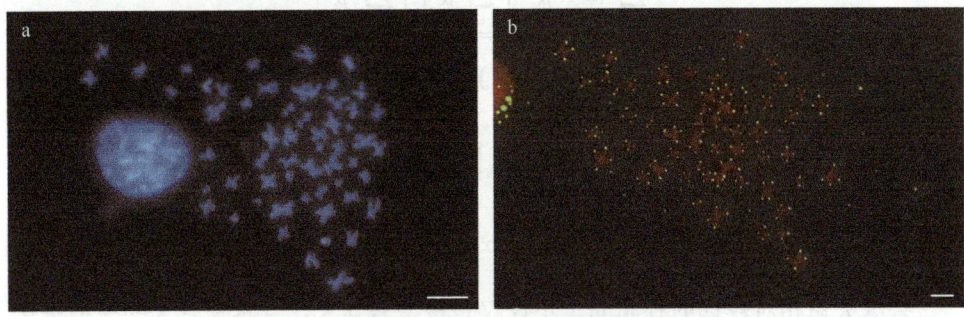

图 4-4 长蛸染色体 DAPI 带型与端粒序列定位
a. 长蛸染色体 DAPI 带型；b. 端粒序列（TTAGGG）$_n$ 的定位。标尺=5μm

第二节　常见蛸类染色体进化距离与亲缘关系

染色体的相对长度、臂比、着丝点位置、缢痕及随体等核型特征是染色体多样性的主要特征。研究染色体对揭示物种的遗传背景、探究系统演化及分类、遗传育种等都有重要意义。核型似近系数和进化距离的聚类分析方法由谭远德等和吴昌谋提出，核型进化距离（De）和核型似近系数（λ）作为重要的遗传学参数（Gao and Natsukari，1990）在动物分类和进化研究方面得以广泛研究。这种评估方法中，基于染色体重要的基本参数，依据数值分类和相似分析理论，通过数理统计的方法，计算得出 De 和 λ 值，精确反映出不同物种种间或种内在细胞水平上的亲缘关系。至今，该分析方法已在畜禽、鸟类、鱼类、贝类、昆虫及植物等生物的资源利用、分类和系统演化等方面得到广泛应用。我们用核型似近系数和进化距离的聚类分析方法对国内外已报道的 9 种头足类动物的核型参数进行聚类分析，探讨种属间亲缘关系。

一、核型进化距离

长蛸核型似近系数和进化距离根据谭远德和吴昌谋（1993）提出的公式计算，核型似近系数 $\lambda=\gamma\times\beta$，进化距离 De= ln λ。其中，$\beta$ 为接近系数；γ 为相似系数。似近系数的数值越大，核型相似性越大，其进化距离越小。

$$\beta = 1 - \frac{\sqrt{d_i * d_e}}{\sum_{k=1}^{n}|x_{ik}| + \sum_{k=1}^{n}|x_{jk}|}$$

$$\gamma_{ij} = \frac{\sum_{k=1}^{n} x_{ik} * x_{jk} - \left(\sum_{k=1}^{n} x_{ik}\right) * \left(\sum_{k=1}^{n} x_{jk}\right) * \frac{1}{n}}{\sqrt{\sum_{k=1}^{n}(x_{ik} - \overline{x}_1)^2 * \sum_{k=1}^{n}(x_{jk} - \overline{x}_1)^2}}$$

$$d_e = \sum_{k=1}^{n}|x_{ik}| - \sum_{k=1}^{n}|x_{jk}|$$

$$d_i = \sum_{k=1}^{n}|x_{ik} - x_{jk}|$$

亲缘关系相对较远的种属间，不仅仅是核型差异大，且具有更大的核型进化距离和较小的核型似近系数。不同科或属间物种核型进化距离通常较同一科属的更大。基于长蛸染色体相对长度、臂比值和着丝粒指数等参数，运用相应公式计算得到已知染色体基本参数的 9 种头足类间的核型进化距离和似近系数（表 4-3）。9 种头足类染色体 De 值变化范围为 0.2013~1.3323，平均值为 0.6742；λ 值变化范围为 0.2640~0.8184，平均值为 0.5283。最大的 De 值（最小的 λ 值）出现在短蛸和长枪鱿之间，最小 De 值（最大的 λ 值）出现在长蛸和中国小孔蛸之间。

表 4-3　9 种头足类动物核型似近系数和进化距离

物种	O. minor	O. vulgaris	A. fangsiao	C. chinensis	S. lycidas	S. esculenta	S. lessoniana	P. edulis	H. bleekeri
长蛸 O. minor		0.5894	0.7594	0.8184	0.5244	0.3747	0.4401	0.4839	0.2742
真蛸 O. vulgaris	0.5291		0.5495	0.5540	0.4183	0.3765	0.4725	0.4392	0.3057
短蛸 A. fangsiao	0.2760	0.6000		0.7976	0.5423	0.5075	0.4515	0.4963	0.2640
中国小孔蛸 C. chinensis	0.2013	0.5912	0.2262		0.5343	0.4744	0.5467	0.3846	0.3663
拟目乌贼 S. lycidas	0.6460	0.8722	0.6122	0.6271		0.7871	0.6328	0.6297	0.5990
金乌贼 S. esculenta	0.9809	0.9782	0.6776	0.7471	0.2399		0.5809	0.5594	0.6051
莱氏拟乌贼 S. lessoniana	0.8214	0.7494	0.7960	0.6034	0.4570	0.5431		0.5280	0.3650
剑尖枪鱿 P. edulis	0.7265	0.8230	0.7011	0.9550	0.4620	0.5822	0.5904		0.5984
长枪鱿 H. bleekeri	1.2954	1.1845	1.3323	1.0101	0.5120	0.5030	0.6940	0.5140	

注：左下区为核型进化距离，右上区为核型近似系数。

二、亲缘关系分析

为了进一步分析长蛸在其他 8 种头足类间的亲缘关系，构建了基于 De 值的聚类分析关系（图 4-5a）。结果显示，聚类分析很好地将十腕目和八腕目头足类分为两大支。其中，八腕目的 4 种章鱼首先聚成一支（De=0.1418），十腕目乌贼和枪鱿聚成另一支（De=0.1429）。第一大类群中，长蛸和中国小孔蛸首先聚成一

图 4-5 头足类亲缘关系分析

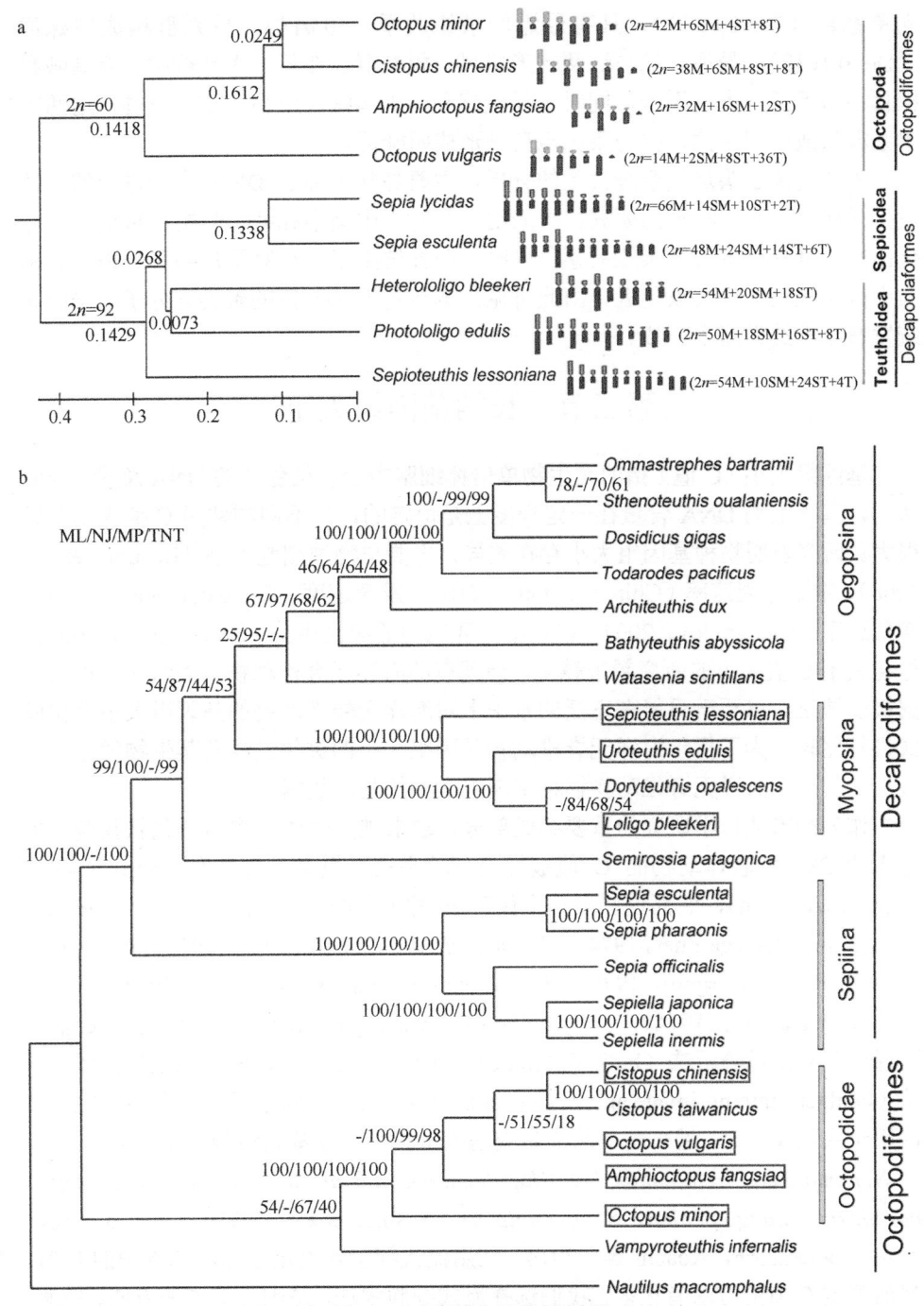

a. 基于染色体进化距离的头足类亲缘关系分析，染色体数和 De 值位于相应分支上；b. 基于线粒体 DNA 序列的头足类系统发生关系

支单系群（De=0.0249），具有最近的亲缘关系，短蛸与该单系群构成姐妹群（De=0.1612），最后真蛸与这两支形成另一姐妹群。在第二大类群中，金乌贼和拟目乌贼聚成一支单系群，同时，长枪鱿和剑尖乌贼聚成另一支单系群，这两支单系群形成一姐妹群，并与莱氏拟乌贼形成姐妹群。

先前的关于头足类亲缘关系的分析，主要是基于特定 DNA 序列进行的系统发生学研究。我们早期的研究结果表明，相对于中国小孔蛸，长蛸和短蛸更早分化出来，且具有更近的亲缘关系。同时，研究结果表明相对于短蛸和长蛸，真蛸与中国小孔蛸亲缘关系更近。由此可见，本节基于 De 值的聚类与分子水平的系统发育分析结果基本一致。

第三节　长蛸基因组大小

基因组大小（C 值）指的是生物单倍体细胞中全套染色体的 DNA 总量。一般认为，真核生物 DNA 含量在一定程度上是恒定的，但不同物种间 C 值大小差异很大。研究表明物种基因组大小存在差异，主要与物种细胞大小（Beaulieu et al.，2008）、细胞分裂速率（Chipman et al.，2001）、发育速度（Wyngaard et al.，2005）、濒危速率（Vinogradov，2004）以及不同环境的适应性相关（Bottini et al.，2000）。尽管关于 C 值大小的研究越来越多，但现有的海洋无脊椎动物基因组大小评估数据极度缺乏，以至于只能在宽泛的水平上对海洋无脊椎动物的基因组大小变化模式进行比较。为了揭示海洋无脊椎动物基因组大小的进化过程及其生物学意义，应当获得更多海洋无脊椎动物物种基因组大小的基础数据。

作为细胞遗传学研究的重要组成部分，越来越多软体动物的 C 值被揭晓。现有大约 281 种软体动物的 C 值被提交到动物基因组大小数据库（http：//www.genomesize.com），然而这些数据中仅有 6 种头足类的 C 值，分别为：*Octopus bimaculatus*（Hinegardner，1974），*O. bimaculoides*（Albertin et al.，2015），*O. vulgaris*（Packard and Albergoni，1970），*Euprymna scolopes*（Adachi et al.，2014），*Loligo plei*（Hinegardner，1974），*Loliginidae* sp.（Mirsky and Ris，1951）。这些 C 值主要通过荧光定量分析法（bulk fluorometric assay，BFA）和福尔根染色-图像分析法（Feulgen staining-image analysis densitometry，FIA）。随着基因组和转录组测序应用于头足类研究，越来越多的头足类基因组大小通过基因组测序获得（表 4-4），如 *N. pompilius*，*Architeuthis dux*，*Hapalochlaena maculosa*，*E. scolopes*，*Idiosepius paradoxus*，*Loligo pealeii*，*S. officinalis* 等（Yoshida et al.，2011；Albertin et al.，2012）。除此之外，Adachi 等（2014）利用流式细胞术测定了短蛸和真蛸的 C 值。虽然测定 C 值的方法有很多，我们选择流式细胞术法，是因为该方法方便、快速、相对准确，并且对样品要求不是很严格（Gokhman et al.，2017）。

表 4-4 已报道的头足类基因组大小信息

物种	样品材料	内参	方法	基因组大小C值	参考文献
真蛸 Octopus vulgaris	精子	未标明	BA/CGS	5.15 pg/2.5~5 Gb	Packard and Albergoni, 1970; Albertin et al., 2012
长蛸 Octopus minor	血细胞	家鸡 Gallus domesticus	FCM	(7.82±0.56) pg	汪金海,2018; Wang and Zheng, 2018
双斑蛸 Octopus bimaculatus	精子	Strongylocentrotus purpuratus	BFA	4.30 pg	Hinegardner, 1974
加利福尼亚双斑蛸 Octopus bimaculoides	未标明	未标明	CGS	2.93 pg/3.2 Gb	Albertin et al., 2012; Albertin et al., 2015
短蛸 Amphioctopus fangsiao	血细胞	G. domesticus	FCM	(8.23±0.42) pg	汪金海,2018; Wang and Zheng, 2018
中国小孔蛸 Cistopus chinensis	血细胞	G. domesticus	FCM	(5.13±0.38) pg	汪金海,2018; Wang and Zheng, 2018
小环豹纹蛸 Hapalochlaena maculosa	-	-	CGS	4.5 Gb	Albertin et al., 2012
乌贼 Sepia officinalis	-	-	CGS	4.5 Gb	Albertin et al., 2012
普式枪鱿 Loligo plei	精子	紫球海胆 S. purpuratus	BFA	2.80 pg	Hinegardner 1974
皮氏枪鱿 Loligo pealeii	-	-	CGS	2.7 Gb	Albertin et al., 2012
夏威夷四盘耳乌贼 Euprymna scolopes	血细胞,精子	G. domesticus	FIA/CGS	3.75 pg/3.7 Gb	Gregory, 2013; Albertin et al., 2012
玄妙微鳍乌贼 Idiosepius paradoxus	-	-	CGS	2.1 Gb	Yoshida et al., 2011
大王鱿 A. dux	-	-	CGS	4.5 Gb	Albertin et al., 2012
鹦鹉螺 Nautilus pompilius	-	-	CGS	2.8~4.2 Gb	Yoshida et al., 2011

注：BA，生化分析法；FCM，流式细胞术法；BFA，荧光定量分析法；CGS，基因组测序法；FIA，福尔根染色-图像分析法。

一、长蛸基因组大小分析

以鸡血红细胞为标准，上机检测了 9 个长蛸个体（5 雄、4 雌），每个样品测定的细胞数约为 15 000，荧光强度代表相对 DNA 含量。测定结果如表 4-5 所示。

表 4-5 长蛸 C 值测定结果

	样本编号	荧光强度	C 值/pg	平均 C 值/pg
鸡血红细胞	0	10.4	1.25	1.25
长蛸 雄	1	63.5	7.63	7.85±0.47
	2	60.1	7.22	
	3	70.4	8.46	
	4	67.2	8.08	
	5	65.5	7.87	7.81±0.39
雌	6	61.3	7.37	
	7	63.5	7.63	7.76±0.32
	8	67.2	8.08	
	9	66.1	7.94	

长蛸基因组大小 C 值为（7.81±0.39）pg，其中雄性个体 C 值为（7.85±0.47）pg，雌性个体 C 值为（7.76±0.32）pg，雌雄差异不显著（$P>0.05$）。图 4-6a 表示内参鸡血红细胞参与测定的细胞数（CN=14699）和平均荧光强度（X-Mean=10.4），图 4-6b 是长蛸样品测定结果中的一个典型代表（CN=10385，X-Mean=64.5），峰图表示相应样品的相对 DNA 含量，左上角为相应的 DAPI 核型。

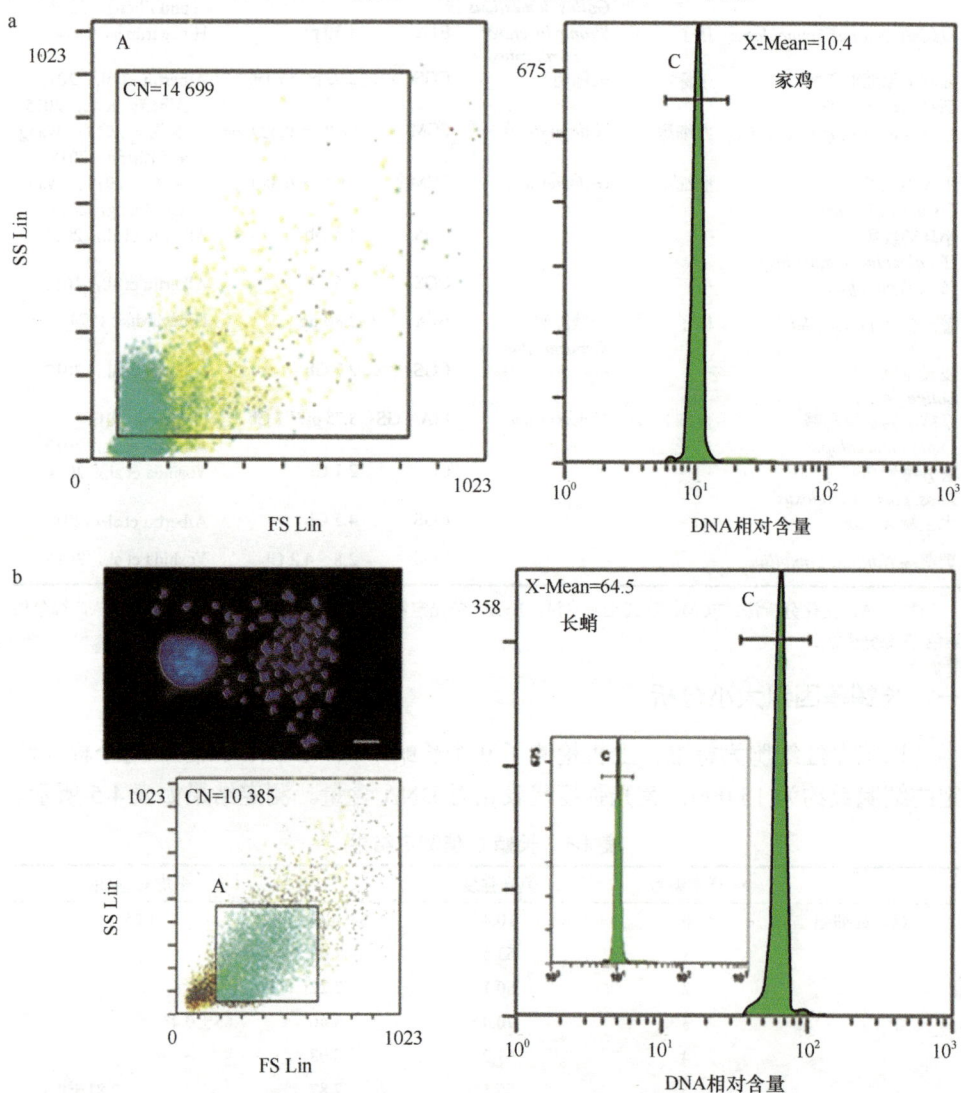

图 4-6　以鸡血红细胞为内参（a）长蛸样品（b）相对荧光强度（相对 DNA 含量）

a. 散点图分别是内参和长蛸样品细胞质量检测结果，峰图表示相应样品的相对 DNA 含量；b. 图左上角为相应的 DAPI 核型。标尺=5μm。CN，测定的细胞数；X-Mean，平均荧光强度

二、头足类基因组大小比较分析

流式细胞术检测结果显示三种蛸类间C值大小不同，长蛸、短蛸和中国小孔蛸平均C值大小分别为（7.81±0.39）pg[雄（7.85±0.47）pg，雌（7.76±0.32）pg]、（8.31±0.18）pg[雄（8.33±0.25）pg，雌（8.30±0.10）pg]和（5.29±0.10）pg[雄（5.28±0.08）pg，雌（5.29±0.12）pg]，种内雌雄C值大小均差异不显著。中国小孔蛸C值最小，显著小于长蛸和短蛸（$P<0.05$）。基于已报道的研究，长蛸、短蛸和中国小孔蛸染色体相对长度依次为112.33、122.77和139.20，三种蛸单位长度染色体的DNA含量分别为0.070pg、0.068pg和0.038pg，并且中国小孔蛸单位染色体长DNA含量显著低于长蛸（$P<0.05$）和短蛸（$P<0.05$）。初步探究发现，C值大小与染色体相对长度大小并不存在明显的正比例关系。

除此之外，本研究统计分析了已经测定的14种头足类的基因组大小。已知的14种头足类基因组大小变化范围为2.20~8.23pg（2.10~7.86Gb），其中大王鱿的基因组最小，短蛸的基因组最大。总体而言，6种蛸的平均基因组大小（3.35~8.23pg）要高于8种乌贼和枪鱿类基因组大小（2.20~4.71pg）。

我们发现中国小孔蛸基因组大小显著小于长蛸和短蛸，种间基因组大小差异通常与不同的地理分布带来的不同生存压力有关，导致生于南方的中国小孔蛸基因组大小显著小于同生于北方的长蛸和短蛸。在Adachi等（2014）的报道中，他们指出短蛸 *O. areolatus* 的基因组大小为5.47pg，当前研究显示短蛸基因组大小约8.23pg，显著高于前者。其差异的主要原因可能是所取样品的差异性，即由样品所处的生态环境差异所引起，或者是因为隐存种的存在。虽然一些研究表明基因组大小与生态因子相关，但这并非绝对。基因组大小多样性涉及多重因素的交互作用，不能单纯地将基因组大小的差异性归结于外界环境因子。

遗传物质DNA位于染色体之上，并呈线性排列，因此有研究表明基因组大小往往与细胞染色体长度存在正相关关系，这一点在真蛸和短蛸基因组大小关系中有所体现。根据Adachi等（2014）的报道，真蛸和短蛸的基因组大小及染色体相对长度存在正比例关系，他们测定短蛸 *O. areolatus* 的基因组大小为5.47pg，真蛸基因组大小为3.50pg。短蛸基因组大小约为真蛸的1.5倍，而该比值恰好与这两者间的染色体长度比值（122.60/66.30）相接近。即使这样，我们也不能简单地认为二者间存在倍性关系，因为二者的染色体数目完全一致。因此，我们推测短蛸可能在进化过程中发生了基因组复制，才导致其基因组大小与真蛸成倍性关系。相比之下，当前的研究发现长蛸、短蛸和中国小孔蛸的基因组大小与其染色体相对大小不存在明显的线性关系。

不同的检测方法往往对同一物种基因组大小表现出不同的检测结果。在已经报道的头足类基因组中，3种头足类（真蛸、加利福尼亚双斑蛸 *O. bimaculoides* 和夏威夷四盘耳乌贼 *E. scolopes*）应用了不同的检测手段测定基因组大小

（表4-4）。从已知的结果来看，不论针对哪个头足类种类，通过基因组测序获得的基因组大小普遍大于其他检测手段，例如，利用生化分析法测定真蛸基因组大小为5.15pg，而通过基因组测序的结果为2.5~5Gb（2.62~5.24pg）；通过荧光定量分析法和基因组测序检测的双斑蛸基因组大小分别为2.93pg和3.2Gb，（约3.35pg）；除此之外，福尔根染色-图像分析法测定夏威夷四盘耳乌贼 E. scolopes 的基因组大小（3.75pg）小于基因组测序结果3.7Gb（约3.87pg）。这些结果形成的主要原因是基因组测序获得的基因组大小通常包含了非编码序列在内的全套核苷酸序列信息，而非编码序列的大量增加很大程度上掩盖了基因组大小与物种进化复杂度之间的相关性。同时，关于头足类基因组大小的统计分析主要是基于现有的基础数据进行的，与该物种的多样性相比，目前所获得的基因组大小远远不能代表其实际基因组大小情况，因此有待更多头足类基因组测序研究的开展，从而进一步深入分析该群体基因组学上的特点。

参 考 文 献

谭远德, 吴昌谋. 1993. 核型似近系数的聚类分析方法. 遗传学报, 20(4): 305-311.

汪金海. 2018. 中国沿海三种常见蛸细胞遗传学研究. 青岛: 中国海洋大学硕士学位论文.

王晓华, 吴彪, 李琪, 等. 2011. 金乌贼染色体核型分析. 动物学杂志, 46(2): 77-81.

Adachi K, Ohnishi K, Kuramochi T, et al. 2014. Molecular cytogenetic study in *Octopus* (*Amphioctopus*) *areolatus* from Japan. Fisheries Science, 80(3): 445-450.

Albertin C B, Bonnaud L, Brown C T, et al. 2012. Cephalopod genomics: a plan of strategies and organization. Standards in Genomic Science, 7: 175-188.

Albertin C B, Simakov O, Mitros T, et al. 2015. The octopus genome and the evolution of cephalopod neural and morphological novelties. Nature, 524(7564): 220-224.

Beaulieu J M, Leitch I J, Patel S, et al. 2008. Genome size is a strong predictor of cell size and stomatal density in angiosperms. New Phytologist, 179(4): 975-986.

Bonnaud L, Ozouf-Costaz C, Boucher-Rodoni R. 2004. A molecular and karyological approach to the taxonomy of Nautilus. Comptes Rendus Biologies, 327(2): 133-138.

Chung K S, Hipp A L, Roalson E H. 2012. Chromosome number evolves independently of genome size in a clade with nonlocalized centromeres (Carex: Cyperaceae). Evolution, 66(9): 2708-2722.

Gao Y M, Natsukari Y. 1990. Karyological studies on seven Cephalopods. Venus (Japanese Journal of Malacology), 49(2): 126-145.

Gokhman V E, Kuhn K L, Woolley J B, et al. 2017. Variation in genome size and karyotype among closely related aphid parasitoids (Hymenoptera, Aphelinidae). Comparative Cytogenetics, 11(1): 97-117.

Gregory T R. 2013. Animal genome size database. http://www.genomesize.com.

Hinegardner R. 1974. Cellular DNA content of the Mollusca. Comparative Biochemistry and Physiology Part A: Physiology, 47(2): 447-460.

Inaba A. 1959. Notes on the chromosomes of two species of octopods (Cephalopoda, Mollusca). The Japanese Journal of Genetics, 34(5): 137-139.

Jazayeri A, Papan F, Motamedi H, et al. 2011. Karyological investigation of Persian Gulf cuttlefish (*Sepia arabica*) in the coasts of Khuzestan province. Life Science Journal, 8(2): 849-852.

Mirsky A E, Ris H. 1951. The desoxyribonucleic acid content of animal cells and its evolutionary significance. Journal of General Physiology, 34(4): 451-462.

Packard A, Albergoni V. 1970. Relative growth, nucleic acid content and cell numbers of the brain in *Octopus vulgaris* (Lamarck). Journal of Experimental Biology, 52(3): 539-552.

Papan F, Jazayeri A, Ebrahimipour M. 2010. The study of Persian Gulf cuttlefish (*Sepia pharaonis*) chromosome via incubation of blood cells. Journal of American Science, 6(2): 162-164.

Patterson C M. 1969 Chromosomes of molluscs, In: Proceedings of the 2nd Symposium of Mollusca. Marine Biological Association of India. 2: 635-689.

Vitturi R, Rasotto M B, Farinella-Ferruzza N. 1982. The chromosomes of 16 molluscan species. Italian Journal of Zoology, 49(1-2): 61-71.

Wang J, Zheng X. 2017. Comparison of the genetic relationship between nine cephalopod species based on cluster analysis of karyotype evolutionary distance. Comparative Cytogenetics, 11(3): 477-494.

Wang J, Zheng X. 2018. Cytogenetic studies in three octopods, *Octopus minor*, *Amphioctopus fangsiao*, and *Cistopus chinensis* from the coast of China. Comparative Cytogenetics, 12(3): 373-386.

Yoshida M, Ishikura Y, Moritaki T, et al. 2011. Genome structure analysis of mollusks revealed whole genome duplication and lineage specific repeat variation. Gene, 483(1-2): 63-71.

第五章 长蛸群体遗传与系统发生

群体遗传学是研究生物群体的遗传结构及其变化规律的科学，主要研究生物群体中的基因频率和基因型的变化，以及影响这些变化的环境选择效应、遗传突变作用、迁移及遗传漂变等因素与遗传结构的关系，并由此来探究生物进化的机制，为遗传育种提供理论基础。从一定程度上来说，生物进化就是群体遗传结构持续变化和演变的过程。经典遗传学主要研究群体遗传结构的短期变化，无法探究经过长期进化后群体遗传变化或基因的进化变异，只能由短期变化来推测长期进化过程（Lindgren et al.，2010；Strugnell and Nishiguchi，2007；Strugnell et al.，2005）。分子群体遗传学的发展，让人们可以从数量上精确地推知群体的进化与演变。此外，对生物群体中同源大分子变异的研究也让人们重新审视达尔文的"自然选择学说"，并提出"中性进化学说"。尽管"中性进化学说"也存在缺陷，"自然选择学说"和"中性进化学说"仍是分子群体遗传学界讨论和研究的焦点。

从 Kimura 在 1971 年提出分子群体遗传学开始，随着分子遗传学评估参数及中性平衡的相关检测方法的相继提出，分子遗传学的理论及分析方法日趋完善。多种分子标记如同工酶、微卫星序列、DNA 条形码等在群体遗传学的应用越来越广。近 30 年来，随着科学技术的不断进步，在分子群体遗传学的基础上又衍生出一些新兴学科，如分子系统地理学等，以探究物种基因谱系当前地理分布方式的历史成因，并对物种扩散、迁移等长期历史进化时间进行有效推测，对研究物种起源与扩散有重要意义。动物地理学（zoogeography）是研究现代动物的生活、分布及其与地理环境相互作用的科学，是地理学和动物学交叉形成的学科，是有关地球上动物地理分布的科学。

第一节 群体形态学差异分析

中国南北海域生态地理环境差异明显，长期栖息在不同海域的长蛸形成了表型上的差异，从而形成了长蛸形态的多样性。长蛸形态多样性的研究对长蛸隐存种的发掘及种群结构的研究极为重要。然而，关于中国沿海长蛸形态学多样性的研究却极少，长蛸形态学多样性有待评估。采用多元分析方法对中国南北沿海长蛸 11 个自然群体的形态指标进行分析，我们发现中国沿海长蛸群体形态多样性较高。

一、群体选择及形态测量指标

采集辽宁大连（DL）、山东莱州（LZ）、山东烟台（YT）、山东荣成（RC）、江苏赣榆（GY）、浙江嵊泗（SS）、浙江南麂岛（NJD）、福建连江（LJ）、福建泉港（QG）、台湾澎湖（PH）、台湾宜兰（YL）共 11 个长蛸自然野生群体（共计 344 个个体），地跨北纬 23°～39°约 16 个纬度，各群体采样信息见表 5-1。对每个群体采集 10～49 个个体，进行拍照测量，测量完成后用 10%福尔马林固定 1 周后再转至 75%乙醇中长期保存。

表 5-1 长蛸 11 个地理群体形态采样信息表

群体	缩写	地理坐标	采样时间	样本数	平均体长±标准偏差/mm
大连	DL	121°44′E，39°01′N	2013.10	36	518.06±69.55
莱州	LZ	119°76′E，37°14′N	2013.10	36	630.55±98.07
烟台	YT	121°39′E，37°52′N	2013.10	36	692.59±78.81
荣成	RC	122°42′E，37°17′N	2013.11	36	701.06±117.70
赣榆	GY	119°19′E，34°83′N	2013.11	32	641.48±117.05
嵊泗	SS	122°45′E，30°72′N	2012.04	28	667.44±101.65
南麂岛	NJD	121°05′E，27°27′N	2012.04	42	679.24±107.36
连江	LJ	119°53′E，26°20′N	2012.07	24	836.32±178.90
泉港	QG	118°58′E，24°93′N	2012.05	49	682.27±106.41
宜兰	YL	121°72′E，24°69′N	2013.08	18	424.29±102.24*
澎湖	PH	119°35′E，23°35′N	2017.03	11	218.30±34.09

*宜兰群体为 10%海水福尔马林固定 1 周后再以 75%乙醇保存后测量。

测量前对标本进行解冻处理，在室温下测量。所测形态指标有体长（TL）、胴背长（ML）、胴背宽（MW）、胴腹长（VML）、眼间距（HW）、漏斗外部长（FL）、漏斗内部长（FFL）、第 1 对腕长（L1/R1）、第 2 对腕长（L2/R2）、第 3 对腕长(L3/R3，雄性 R3 为茎化腕）、第 4 对腕长（L4/R4）、茎化腕端器长（LL，雄性）、茎化腕端器锥形突起长（CL，雄性）、腕间膜长（WD-A、B、C、D、E、F、G、H）。其中，A 表示 R1-L1、B 表示 L1-L2、C 表示 L2-L3、D 表示 L3-L4、E 表示 L4-R4、F 表示 R4-R3、G 表示 R3-R2、H 表示 R2-R1。用吸水纸将长蛸表面的水吸干后，用天平测量体重（TWt）。在解剖镜下使用解剖针对第 1 对腕至第 4 对腕的吸盘数量（SC1～SC4）进行准确计数并做好相关记录。

二、群体形态多样性差异分析

（一）群体形态差异

本文 11 个长蛸群体腕式均为 1＞2＞3＞4。这与董正之（1988）结果一致。长蛸的腕间膜式基本遵循 A＞B＞C＞D＞E、A＞H＞G＞F＞E 的规律。腕间膜长最大值出现在 A，左一腕（L1）和右一腕（R1）之间；最小值出现在 E，左四腕

(L4)与右四腕(R4)之间。A 值大于或比较接近于 B，可能是由于样本不新鲜造成测量的误差。连江群体各腕的腕间膜长度均长于其他几个群体，宜兰群体的腕间膜长度相对较短，澎湖群体各腕腕间膜长度均小于其他群体。此外，南方 4 个群体（泉港、连江、南麂岛和嵊泗）的腕间膜长度略长于北方 5 个群体。澎湖的体重均值最小 39.09g，泉港体重均值最大 248.03g。北方群体体重范围为 78.07～136.48g，宜兰群体体重均值为 64.54g，南方群体体重均值远大于北方群体，体重范围为 190.62～248.03g。不同群体体长范围之间也有较大差异，澎湖群体平均体长最小为（218.30±34.09）mm，宜兰次之为（424.29±102.24）mm，连江群体平均体长最大为（836.32±178.90）mm（表 5-1）。

（二）主成分分析

对 11 个群体的 7 个形态参数进行 KMO（Kaiser-Meyer-Olkin）检测和巴特利（Bartlett）检测，KMO 值为 0.716，Baetlett 值为 994.139，且差异显著，说明这七个参数可以进行主成分分析。主成分分析共构建两个主成分，主成分的负荷值和贡献率见表 5-2。第一主成分的贡献率为 36.979%，第二主成分的贡献率为 29.088%，累计贡献率为 60.067%，即两个主成分可以解释不同群体形态差异的 60.067%。在贡献率最大的第一主成分中，影响长蛸地理群体形态差异的指标为胴背宽/体长、眼间距/体长、漏斗内部长/体长，而第二主成分中影响群体差异的指标为体重/体长、胴背长/体长、漏斗外部长/体长。两个主成分共解释了不同群体 66.067%的形态差异，有一定的数据丢失，按照累计贡献率大于或等于 85%的要求，说明长蛸的形态差异不适合用几个相互独立的因子来解释。第一、第二主成分的散点分布如图 5-1 所示，澎湖群体与其他群体相离较远，南麂岛、连江、泉港等主要分布在左上角，与北方几个群体重叠相对较小，而北方几个群体之间主要分布在右下角且重叠部分较高，几乎难以区分，宜兰群体与北方群体更相近。

表 5-2　长蛸形态特征主成分的负荷值和贡献率

性状	负荷值 第一主成分	负荷值 第二主成分	性状	负荷值 第一主成分	负荷值 第二主成分
TWt/TL	−0.226	0.829*	FL/TL	−0.062	0.681*
ML/TL	0.043	0.388*	FFL/TL	0.423*	0.378
VML/TL	0.007	0.240	主成分值	3.237	1.388
MW/TL	0.292*	−0.073	贡献率	36.979%	29.088%
HW/TL	0.364*	−0.197	累计贡献率	66.067%	

*表示负荷值>0.7。

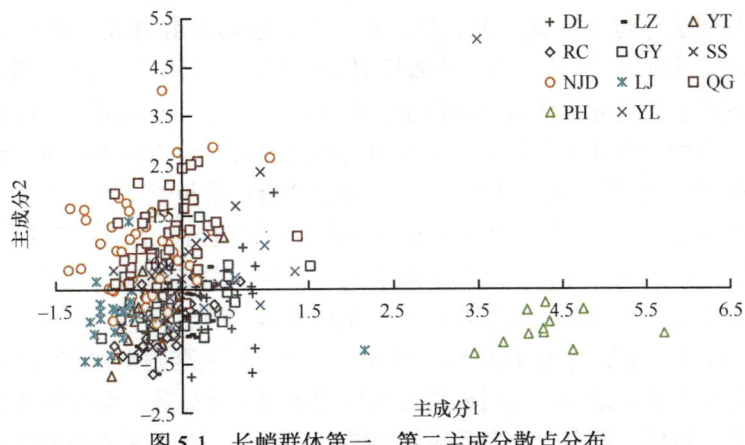

图 5-1　长蛸群体第一、第二主成分散点分布

（三）判别分析

利用逐步判别的方法得到 11 个长蛸群体的费歇尔判别公式如下：

大连群体：$Y_1=8.298X_1+414.642X_2+223.496X_3+154.472X_4+190.241X_5+161.336X_6-51.881$

莱州群体：$Y_2=4.620X_1+421.297X_2+201.096X_3130.534X_4+183.008X_5+17.779X_6-45.086$

烟台群体：$Y_3=4.8X_1+541.902X_2+41.774X_3+63.93X_4+141.532X_5-25.6X_6-47.668$

荣成群体：$Y_4=18.804X_1+353.852X_2+217.509X_3+116.402X_4+184.874X_5+88.301X_6-40.958$

赣榆群体：$Y_5=32.718X_1+362.319X_2+392.174X_3+55X_4+92.572X_5+91.850X_6-48.750$

嵊泗群体：$Y_6=52.226X_1+370.314X_2+379.591X_3+84.787X_4+131.172X_5+30.990X_6-55.180$

南麂岛群体：$Y_7=74.639X_1+425.980X_2+429.561X_3-23.233X_4+67.160X_5-129.921X_6-62.022$

连江群体：$Y_8=44.591X_1+411.124X_2+165.781X_3-101.320X_4+96.701X_5+158.987X_6-42.656$

泉港群体：$Y_9=73.115X_1+438.771X_2+411.505X_3+48.956X_4+102.39X_5-97.608X_6-67.491$

宜兰群体：$Y_{10}=4.568X_1+291.471X_2+457.328X_3+342.584X_4+429.985X_5+44.323X_6-69.483$

澎湖群体：$Y_{11}=14.76X_1+137.446X_2+1358.734X_3+734.563X_4-993.102X_5+1504.626X_6-157.228$

逐步判别法得到 X_1、X_2、X_3、X_4、X_5、X_6 分别为体重/体长、胴背长/体长、胴背宽/体长、眼间距/体长、漏斗外部长/体长、漏斗内部长/体长 6 个判别参数。将 6 个不同性状的值分别代入上述判别函数中，计算出 11 个函数值，比较函数值的大小，被判别的个体属于函数值最大的判别函数所对应的群体。判别函数系数分布及 95%椭圆置信区间见图 5-2，与主成分分析结果相似。澎湖群体可以显著与其他群体区分开，而其他群体之间存在重叠。为检验函数的判别效果，对 11 个长蛸群体样本进行预测分类，预测分析结果见表 5-3（注：为减少误差，将腕部断掉的长蛸个体去掉，故判别长蛸数略小于采样数）。判别准确率 P_1 为 43.24%～100.00%，判别准确率 P_2 为 41.03%～91.67%，综合判别准确率为 60.40%。其中，台湾澎湖判别准确率最高，表明澎湖与其他群体间差异显著。而南麂岛和泉港群体判别准确率较低，且存在较多互为判别错误，例如，42 个南麂岛个体中有 9 个被判别为泉港群体，而 37 个泉港个体中有 12 个判为南麂岛群体，表明这两个群体间形态差异不显著。

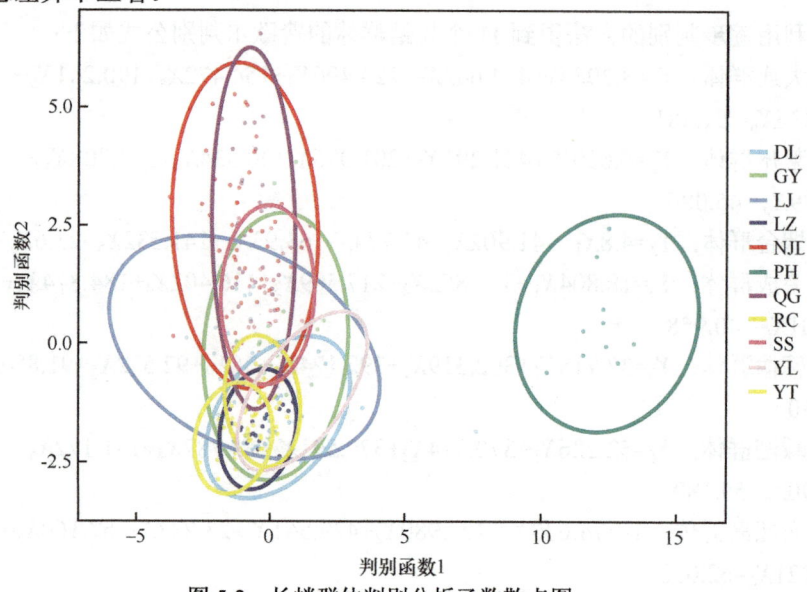

图 5-2 长蛸群体判别分析函数散点图

（四）吸盘数目及茎化腕突起差异性分析

单因素方差分析左四只腕和右三只腕的吸盘数（SCL 和 SCR）及雄性 CL/LL、CL/R3 的平均值，多重比较分析结果见表 5-4。基于 4 对腕吸盘数目的多少可以看出：大连（DL）与莱州（LZ）群体之间，烟台（YT）、荣成（RC）与赣榆（GY）群体之间吸盘数目差异很小；同样的，嵊泗（SS）、连江（LJ）与南麂岛（NJD）群体之间吸盘数差异也很小；澎湖群体吸盘数目最少。澎湖群体与其他群体在左四只腕吸盘数及 CL/LL 之间均有显著性差异，而澎湖群体与宜兰群体在右三只腕吸盘数及 CL/R3 差异不显著。各腕吸盘数及 CL/LL 值、CL/R3 差异在其他群体之间多为不显著，但各腕之间也存在差异。

表 5-3 长蛸 11 个群体判别分析结果

种群	样本数目	判别准确率/% P_1	判别准确率/% P_2	DL	LZ	YT	RC	GY	SS	NJD	LJ	QG	YL	PH
大连（DL）	35	60.00	77.78	21	2	2	4	6	0	0	0	0	0	0
莱州（LZ）	29	58.62	56.67	1	17	5	6	0	0	0	0	0	0	0
烟台（YT）	32	81.25	63.41	0	5	26	1	0	0	0	0	0	0	0
荣成（RC）	36	61.11	59.46	4	2	2	22	5	0	0	1	0	0	0
赣榆（GY）	31	48.29	44.12	1	1	2	3	15	1	1	3	1	3	0
嵊泗（SS）	27	62.96	68.00	0	0	0	0	4	17	3	0	3	0	0
南麂岛（NJD）	42	50.00	56.76	1	0	0	0	3	6	21	2	9	0	0
连江（LJ）	21	71.43	71.43	0	1	2	1	0	1	0	15	0	0	1
泉港（QG）	37	43.24	41.03	0	1	1	0	1	5	12	0	16	1	0
宜兰（YL）	7	71.43	55.56	0	0	0	0	1	0	1	0	0	5	0
澎湖（PH）	11	100	91.67	0	0	0	0	0	0	0	0	0	0	11
总计	308	60.40		28	30	40	38	34	30	37	21	29	9	12

表 5-4 长蛸不同地理群体多性状的多重比较

	SCL1	SCL2	SCL3	SCL4	SCR1	SCR2	SCR4	CL/LL	CL/R3
DL	173.773±16.964c	159.091±19.545b	143.818±17.695b	146.727±13.072b	177.000±15.191ad	158.364±18.440bc	146.909±17.191a	0.134±0.032c	0.013±0.004ab
LZ	173.773±16.965abc	179.000±8.009ab	159.333±10.356b	155.333±13.129ab	191.867±12.906abc	177.067±11.461ab	158.067±12.378a	0.111±0.019abc	0.010±0.003b
YT	192.308±15.007a	179.077±11.034ab	163.231±12.153ab	160.000±11.547ab	194.307±10.735abc	180.923±12.586ab	164.000±12.543ac	0.129±0.027ac	0.012±0.003a
RC	198.600±13.697a	185.767±13.920a	169.867±11.872a	162.933±14.081ab	199.867±13.369bc	188.133±18.352a	162.400±17.383a	0.117±0.026abc	0.014±0.003ab
GY	202.250±16.299a	181.500±17.296ab	167.500±15.991a	158.500±18.197abc	193.250±21.272abc	172.250±46.309ab	161.750±18.156ac	0.117±0.025abc	0.010±0.003b
SS	206.154±15.210b	197.038±14.506a	181.769±16.515a	181.077±13.245c	211.077±18.959c	196.769±16.325a	179.885±11.086ab	0.102±0.013a	0.013±0.002ab
NJD	200.000±19.964a	184.261±28.626a	171.217±22.536a	168.652±21.135ac	194.609±19.637abc	190.522±30.879a	160.391±21.042a	0.101±0.021b	0.014±0.003ac
LJ	204.750±20.045a	195.750±14.026a	183.00±12.066b	182.625±15.539c	207.125±14.769c	195.250±11.623a	171.500±18.540ac	0.117±0.035abc	0.015±0.002ab
QG	185.522±24.918ac	180.174±24.950a	165.826±22.659ab	161.391±27.657ab	182.043±41.454ab	179.000±19.351ab	158.696±31.656ab	0.127±0.027ac	0.019±0.005d
PH	138.000±23.210d	126.333±14.335c	110.889±21.843c	103.111±14.529c	149.778±16.169d	132.000±12.004c	107.333±14.832d	0.247±0.033d	0.022±0.004d
YL	188.667±23.007a	173.333±12.055ab	158.667±3.055ab	155.333±2.309abc	179.333±28.307abcd	160.667±25.007abc	150.000±17.776acd	0.113±0.020abc	0.023±0.003abc

注：不同群体有相同字母的表示无显著差异，标有不同字母的表示有显著差异。

（五）聚类分析

对长蛸 11 个群体所有样本校正值的平均值进行聚类，结果显示：11 个群体聚为两大类，泉港群体聚为一类，其他群体聚为另一类。其他聚为一类的群体中，北方群体莱州、烟台、大连、荣成、赣榆及台湾宜兰群体先聚为一类，再与连江、嵊泗及南麂岛聚为一类，最后与澎湖聚为一类（图5-3）。这一聚类表明宜兰与北方群体形态差异较小，南方群体与北方群体之间也有一定差异，澎湖与其他群体差异较大，泉港群体与其他 10 个长蛸群体差异较大（表5-4）。

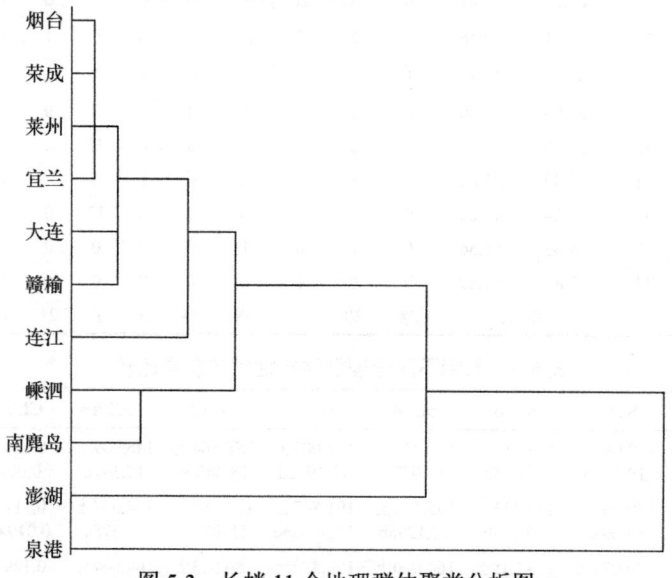

图 5-3　长蛸 11 个地理群体聚类分析图

11 个长蛸自然群体在形态上既有相似，又有一定的差异。长蛸腕式为 1＞2＞3＞4，我们通过对不同群体进行测量，进一步证实了这一指标的稳定性，而真蛸腕式为 2＞3＞4＞1。腕间膜也是衡量蛸类的一个重要指标，长蛸腕间膜式经统计为 A＞B＞C＞D＞E、A＞H＞G＞F＞E，呈现出与腕式相似的变化趋势。主成分分析发现，决定长蛸 11 个群体的形态变异的指标可综合成两个能代表各群体特点的因子。因子①：胴背宽（MW）、眼间距（HW）、漏斗内部长（FFL）；因子②：体重（TWt）、胴背长（ML）、漏斗外部长（FL）。两因子的主成分贡献率达到 66.067%。根据两个主成分构建的散点图显示，大连、莱州、烟台、荣成、赣榆等北方 5 个群体之间重叠部分较大，难以区分，说明形态差异较小；泉港、连江、南麂岛等 3 个南方群体与北方群体之间重叠部分较小，说明南、北方之间有一定的形态差异；澎湖群体与其他几个群体相离较远，说明澎湖群体与其他几个群体之间形态差异较大。11 个群体的判别分析发现，综合判别准确率为 60.40%，说明不同群体之间差异显著。吸盘数目及茎化腕突起差异性分析说明澎湖群体与其他群体（除个别腕、个别群体外）在吸盘数及茎化腕上存在显著差异。聚类分析中北方 5 个群体与宜兰群体先聚为一支，说明北方几个群体之间形态差异较小，这与主成分分析结果一致，台湾宜兰在地理上属于南方，但在形态上却与北方群体聚为一类。分子数据显示宜兰群体与其他群体之间存在显著的遗传差异。这种分子数据与形态数据差异的原因可能是因为宜兰群体为固定的样品，这可能导致测量存在一定误差。北方群体再与嵊泗、南麂岛、澎湖等 3 个南方群体聚成一支，说明南、北方之间有一定形态学差距。澎湖及泉港群体与其他群体距离较远，说明形态差异较大。

形态差异与物种的栖息环境紧密相关。由于不同海区的气候、温度、盐度等理化指标及生境存在一定的差异，造成了同种的不同群体间存在某种程度的地理隔离，从而在形态、生理及遗传上形成一定的差异。在相同或相近的地理或生态环境条件下，物种形态上有一致性，这可能是北方几个群体的形态相似性较大的原因。南、北方海域在水温、盐度、底质等方面都存在较大差异，而长蛸为底栖型种类，无浮游期，扩散能力弱，南、北方群体间地理距离较远，南北沿岸流对其影响较小，群体间基因交流少，从而产生较大的分化。澎湖与大陆之间有台湾海峡相隔，而且长蛸生存环境多为沙质底质，这可能是澎湖群体与其他群体形态上有差异的原因。

综上，长蛸群体形态多样性丰富，这可能与我国狭长多样的海岸线和海岸环境以及长蛸底栖的生活习性相关。具体来说，南方海域的长蛸群体间差异性较大，而北方群体间差异性较小，南、北方群体间存在明显差异。此外，台湾澎湖群体及福建泉港群体可能由于海峡阻隔、地理距离及环境差异等原因，与其他群体间差异较大。长蛸形态复杂，群体形态学研究具有一定困难。本研究在尽可能多地涵盖形态学信息的基础上，对各个形态指标归类，可以简化数据的处理过程，为以后的头足类群体形态多样性研究提供了依据。

第二节　群体同工酶分析

同工酶标记是指同一基因位点上不同等位基因的差异导致的在电泳迁移率上有差异的编码蛋白。同工酶是基因表达的产物，为遗传所决定的生化性状，在遗传分析中具有表达完全、无显隐性之分（共显性表达）、不受外界环境干扰等特点，因而较早成为生物群体结构的遗传标记，在 20 世纪八九十年代得到广泛应用（郑小东等，2001；Zheng et al.，2004），截至 20 世纪末，应用该标记进行研究的生物种类已超过 1200 种。但是由于同工酶对样品的质量要求比较高，所检测的位点数比较少，且难以全面反映基因组的遗传变异情况，这种标记已渐渐被 DNA 分子标记所取代。

同工酶自从 20 世纪八九十年代发展至今，已在物种鉴定、个体发育、物种的生理生化分析及群体遗传等方面广泛应用。作为早期分子标记，该标记在水产动物种质鉴定、遗传育种等方面有着广泛应用。利用同工酶进行水产动物群体遗传学的研究也有很多，如中国对虾、海湾扇贝、中华绒螯蟹、无针乌贼等。高强等（2009）利用同工酶对长蛸群体遗传进行了研究。

一、同工酶标记多样性差异分析

利用 10 种同工酶标记对三个长蛸群体进行遗传结构及多样性分析，分别为天冬氨酸转氨酶（AAT）、腺苷酸激酶（AK）、肌酸激酶（CK）、果糖二磷酸激酶（FBP）、3-磷酸甘油醛脱氢酶（G₃PDH）、6-磷酸葡萄糖异构酶（GPI）、谷胱甘肽还原酶（GRS）、异柠檬酸脱氢酶（IDH）、甘露糖-6-磷酸异构酶（MPI）和核苷磷酸化酶（NP）。长蛸群体为大连（DLC）、烟台（YTC）、莱州（LZC）三个群体，并以短蛸和针乌贼作为外群。

共检测了 5 个群体的同工酶，以等位基因频率≤99%为标准，AAT、G₃PDH、NP 在烟台长蛸（YTL）、莱州长蛸（LZC）、青岛短蛸（QDD）和湛江针乌贼（ZJM）群体为多态，其余位点均为单态（表 5-5）。长蛸三个群体多态座位比例较高（0.2～0.3，$P_{0.99}$），位点有效基因数为 1.2～1.4。除大连长蛸群体外，其他群体 Hardy-Weinberg 遗传偏离指数（d）都为正值，表明具有较高的遗传变异水平。χ^2 检验表明各群体多态座位基因频率均符合 Hardy-Weinberg 平衡。

表 5-5 5 个头足类自然种群等位基因频率和遗传变异的主要指标

位点	等位基因	长蛸 大连（DLC）	长蛸 烟台（YTC）	长蛸 莱州（LZC）	青岛短蛸（QDD）	湛江针乌贼（ZJM）
AAT	115				—	0.533
	105				—	0.467
	85	0.071	0.477	0.135		
	80	0.929	0.523	0.865		
	75				0.591	—
	70	—	—	—	0.409	
	N	42	44	37	22	30
AK	105	1	1	1	0.364	—
	100	—	—	—	0.636	—
	95				1	
	N	42	44	37	22	30

续表

位点	等位基因	长蛸 大连（DLC）	长蛸 烟台（YTC）	长蛸 莱州（LZC）	青岛短蛸（QDD）	湛江针乌贼（ZJM）
CK	115	1	1	1	—	
	105	—	—	—	1	
	100	—	—	—	—	1
	N	42	44	35	22	30
FBP	110	—	—	—	—	
	90	1	1	1	1	
	N	42	44	37	22	30
G$_3$PDH	100	—	—	—	1—	1
	95	0.024	0.025	0.068	—	—
	92	0.976	0.788	0.919	—	—
	89	—	0.187	0.013	—	—
	N	42	40	37	21	30
GPI	100	—	—	—	—	1
	90	—	—	—	1	
	80	1	1	1	—	—
	N	42	44	37	22	30
GSR	110	—	—	—	1	
	105	1	1	1	—	—
	90	—	—	—	—	1
	N	42	44	37	22	30
IDH	131	1	1	1	—	—
	125	—	—	—	1	
	100	—	—	—	—	1
	N	40	40	35	21	30
MPI	115	—	—	—	—	1
	100	1	1	1	—	—
	95	—	—	1	1	—
	N	42	44	37	22	30
NP	124	—	—	—	—	0.317
	120	—	—	—	—	0.683
	105	—	—	—	0.5	
	100	—	—	—	0.5	
	98	—	0.375	0.378	—	—
	95	1	0.625	0.622	—	—
	N	40	16	37	22	30
多态性位点比例（P）/%	$P_{0.99}$	20	30	30	30	20
	$P_{0.95}$	10	30	30	30	20
平均观察杂合度（H_O）		0.014	0.153	0.092	0.155	0.117

续表

位点	等位基因	长蛸 大连（DLC）	长蛸 烟台（YTC）	长蛸 莱州（LZC）	青岛短蛸（QDD）	湛江针乌贼（ZJM）
平均期望杂合度（H_E）		0.018	0.134	0.087	0.148	0.095
Hardy-Weinberg 遗传偏离指数（d）		−0.222	0.142	0.057	0.047	0.231
平均有效等位基因数（A_R）		1.2	1.4	1.3	1.3	1.2

二、群体遗传结构分析

长蛸遗传一致度变化范围为 0.967~0.988，遗传距离的变化范围为 0.015~0.034，远小于长蛸与短蛸及针乌贼的种间距离（表 5-6）。根据遗传距离构建聚类图（图 5-4），5 个自然群体很明显地分为两支，长蛸 3 个群体首先聚在一起，接着与同属的青岛短蛸聚为一支，分类关系更远的乌贼属针乌贼（*S. aculeata*）单独一支，与蛸属并列，支持率 100%。这个结果与其传统分类地位完全吻合。

表 5-6　5 个群体遗传一致度（I）（左下角）和遗传距离（右上角）

	大连群体	烟台群体	莱州群体	短蛸	针乌贼
大连群体		0.034	0.015	1.903	2.244
烟台群体	0.967		0.013	1.841	2.181
莱州群体	0.986	0.988		1.867	2.208
短蛸	0.149	0.159	0.155		2.173
针乌贼	0.106	0.113	0.110	0.114	

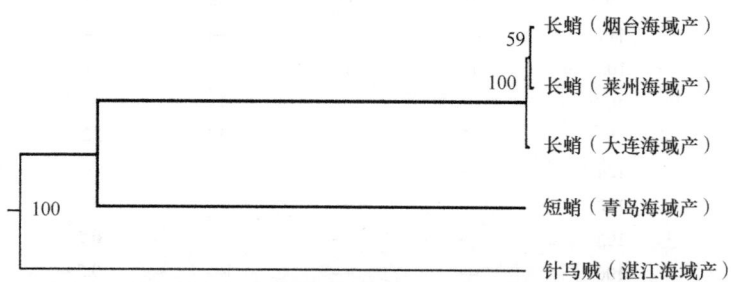

图 5-4　采用非加权配对平均法聚类法（UPGMA）构建的聚类图

第三节　群体微卫星分析

微卫星是指广泛分布于基因组中的短串联重复序列，由于重复次数不同产生位点长度的多态性。该标记具有多态性信息含量高、技术简单、共显性、重复性好、特异性强等优点，因而被广泛用于群体遗传学家系鉴定等研究中。尽管微卫星标记有开发成本高、实验周期长、无效等位基因、等位基因扩增丢失等缺点，但该技术仍是目前使用较广泛的分子标记，在海洋生物贝类中获得了广泛应用。微卫星分子标记在头足类中应用也较多，包括在乌贼（*Sepia officinalis*）、真蛸和长蛸等动物上的应用（McKeown and Shaw，2014；Zheng et al.，2009；Melis et al.，2018；Quinteiro et al. 2011）。

我们采用 8 个微卫星标记对中国南、北沿岸 10 个长蛸群体进行群体遗传结构和多样性分析。10 个长蛸野生群体地跨北纬 24°～39°约 15 个纬度，自北到南分别为辽宁大连（DL）、山东莱州（LZ）、山东烟台（YT）、山东荣成（RC）、江苏赣榆（GY）、浙江嵊泗（SS）、浙江南麂岛（NJD）、福建连江（LJ）、福建泉港（QG）、台湾宜兰（YL）。

一、群体遗传多样性分析

8 个微卫星位点在 10 个长蛸群体中检测到较高的多态性（表 5-7）。从群体来看，10 个群体中各位点平均等位基因数变化范围为 4.5～8.1。其中，连江（LJ）群体平均等位基因数最多，为 8.1；其次是赣榆、南麂岛群体，平均等位基因数均为 7.9；台湾宜兰（YL）群体最少为 4.5，表明宜兰群体遗传多样性不高。各群体等位基因丰富度同样也是连江最高，宜兰最低。Kruskal-Wallis 检验表明各群体的平均等位基因丰富度没有显著性差异。群体间平均观察杂合度范围为 0.516（莱州）～0.862（连江）；平均期望杂合度范围为 0.580（大连）～0.760（连江），连江群体杂合度较高，而大连、莱州群体杂合度较低。

二、群体遗传结构分析

10 个群体间遗传分化系数经 Bonferroni 校正之后仍显著，不同群体间遗传分化明显（表 5-8）。F_{ST} 值的范围为 0.0354～0.3594，最小值出现在烟台与荣成群体间且二者之间的地理距离也最近，最大值出现在大连与宜兰群体间且二者之间地理距离最远。烟台、荣成与大连群体三者间的 F_{ST} 值最小，而莱州群体与三者间的 F_{ST} 值相对较大。南方群体间总体遗传分化明显，嵊泗（SS）与连江（LJ）群体间遗传分化系数相对较小，表明二者之间有一定的遗传同质性；台湾宜兰群体（YL）与其他群体间遗传分化系数值均较大，特别是与大连、莱州、烟台、荣成、泉港间遗传分化系数（F_{ST}）超过 0.3，而与赣榆群体间的分化程度相对较小。遗传距离与遗传分化系数的结果基本类似，烟台与荣成群体之间出现最小值，大连与台湾群体之间遗传距离最大。台湾群体与其他群体之间遗传距离均较大，台湾群体与大陆沿岸的 9 个群体有较大的遗传分化。基于贝叶斯分析方法得到 10 个地理群体聚类分布图（图 5-5），当 k=2 即分为两组时，北方群体及台湾群体为一类，南方四个群体为一类，表明台湾群体与北方群体相似性大些；当 k=3 即分为三组时，台湾、赣榆及南麂岛群体为一类，北方其余群体为一类，南方其余群体为一类。

表 5-7 中国沿海长蛸群体 8 对微卫星位点遗传多样性参数表

项目	DL	LZ	YT	RC	GY	SS	NJD	LJ	QZ	YL	总数
OM01											
N	2	4	2	2	4	4	4	4	6	5	13
A_R	2.0	3.1	2.0	2.0	3.4	3.9	3.1	3.9	4.8	4.8	5.9
H_O	0.179	0.273	0.208	0.100	0.313	0.536	0.167	1.000	0.342	1.000	0.412
H_E	0.166	0.332	0.191	0.141	0.279	0.559	0.159	0.621	0.310	0.608	0.337
P	1.000	0.470	1.000	0.180	1.000	0.154	1.000	0.000^*	1.000	0.000^*	
R	248~260	240~260	256~260	256~260	240~260	244~264	244~260	230~260	244~270	250~260	230~270
OM02											
N	4	6	5	6	5	3	8	8	5	1	14
A_R	3.6	4.9	4.8	5.5	4.4	3	7.1	7.7	4.4	1.9	5
H_O	0.643	0.528	0.913	0.750	0.677	0.654	0.879	1.000	0.543	-	0.732
H_E	0.595	0.697	0.678	0.754	0.682	0.657	0.778	0.835	0.619	-	0.699
P	0.013	0.006	0.018	0.006	0.009	0.523	0.001^*	0.186	0.107		
R	394~408	392~410	390~408	390~408	394~408	396~408	398~414	392~410	392~404	428~428	390~414
OM03											
N	9	7	9	8	9	10	11	9	10	10	15
A_R	8.3	6.3	8.6	7.2	8.5	9.3	10.2	9.0	8.7	10.0	8.5
H_O	0.852	0.708	0.957	0.973	0.815	0.929	0.949	0.944	1.000	0.875	0.900
H_E	0.832	0.742	0.869	0.826	0.864	0.867	0.894	0.833	0.847	0.871	0.845
P	0.120	0.015	0.080	0.213	0.002^*	0.009	0.167	0.961	0.069	0.026	
R	204~220	208~220	204~220	208~222	202~220	196~216	204~224	200~218	198~218	204~224	196~224
OM05											
N	4	6	5	4	4	5	8	5	2	3	20
A_R	3.6	4.3	4.4	3.4	3.8	4.3	6.7	4.6	2.0	2.9	4.1
H_O	0.464	0.472	0.500	0.400	0.516	0.593	0.739	0.545	0.211	0.500	0.494
H_E	0.532	0.480	0.533	0.390	0.563	0.532	0.779	0.571	0.191	0.427	0.500
P	0.250	0.143	0.128	1.000	0.009	0.651	0.000^*	0.112	1.000	0.166	
R	328~380	322~384	328~382	328~380	324~380	324~388	318~384	326~382	356~380	244~324	318~388
OM07											
N	6	5	5	5	10	9	8	12	6	3	19
A_R	5.4	4.9	5.0	4.8	8.7	8.1	6.4	11.2	4.9	3.0	6.24
H_O	0.654	0.417	1.000	0.744	0.581	0.519	0.818	1.000	0.816	0.412	0.728

续表

项目	DL	LZ	YT	RC	GY	SS	NJD	LJ	QZ	YL	总数
H_E	0.567	0.632	0.735	0.715	0.802	0.771	0.734	0.876	0.667	0.570	0.707
P	0.900	0.000*	0.021	0.191	0.001*	0.000*	0.053	0.302	0.181	0.233	
R	260~288	256~282	262~288	262~288	256~288	250~286	262~286	246~280	262~286	258~266	246~288
OM08											
N	10	16	10	12	16	12	10	16	8	8	25
A_R	9.2	11.8	9.1	9.9	13.4	10.7	8.8	15.1	7.0	7.8	10.3
H_O	0.708	0.529	1.000	0.889	0.656	0.440	0.787	0.826	0.676	1.000	0.751
H_E	0.567	0.803	0.735	0.715	0.874	0.771	0.734	0.929	0.834	0.829	0.757
P	0.000*	0.000*	0.031	0.295	0.003*	0.000*	0.077	0.0123	0.000*	0.000*	
R	220~260	218~272	230~264	230~270	220~264	230~272	220~264	224~280	252~266	222~264	220~272
OM11											
N	4	5	6	3	9	6	9	6	6	2	14
A_R	3.6	4.1	5.9	3.0	7.0	5.7	8.2	5.5	4.5	2.0	4.9
H_O	1.000	0.618	1.000	0.925	0.655	1.000	1.000	1.000	0.942	0.278	0.842
H_E	0.638	0.536	0.754	0.602	0.632	0.751	0.853	0.755	0.697	0.322	0.654
P	0.000*	0.012	0.027	0.000*	0.237	0.000*	0.000*	0.006	0.001*	0.517	
R	270~282	284~292	270~282	274~282	280~298	282~292	274~290	280~290	282~274	286~290	270~292
OM12											
N	9	6	9	9	6	4	5	5	5	4	11
A_R	7.7	5.1	8.0	7.3	5.2	3.7	4.7	4.8	4.8	3.9	5.5
H_O	0.535	0.583	0.583	0.385	0.571	0.556	0.558	0.583	0.824	0.722	0.590
H_E	0.740	0.673	0.759	0.724	0.495	0.660	0.652	0.713	0.719	0.671	0.681
P	0.048	0.121	0.047	0.000*	0.602	0.010	0.005	0.655	0.017	0.018	
R	262~280	262~274	256~280	262~280	262~274	264~278	264~276	272~280	268~276	262~276	256~280
平均值											
N	6.0	6.9	6.3	6.1	7.9	6.2	7.9	8.1	6.0	4.5	
A_R	5.4	5.6	6.2	5.4	6.8	6.1	6.9	7.7	5.1	4.5	
H_O	0.629	0.516	0.770	0.637	0.598	0.614	0.737	0.862	0.669	0.684	
H_E	0.580	0.612	0.657	0.640	0.649	0.696	0.698	0.760	0.590	0.614	

注：N，等位基因数；A_R，等位基因丰富度；H_O，观察杂合度；H_E，期望杂合度；R，等位基因大小范围；*，$P<0.05$。

表 5-8　10 个长蛸群体间 F_{ST} 值及群体间遗传距离

Pop	DL	LZ	YT	RC	GY	SS	NJD	LJ	QG	YL
DL		0.4610	0.3510	0.3271	0.5581	0.6014	0.5295	0.5515	0.5346	0.7183
LZ	0.1881*		0.5092	0.4696	0.5254	0.6333	0.5722	0.5775	0.6190	0.7090
YT	0.0843*	0.1581*		0.2427	0.4991	0.5773	0.5207	0.5792	0.5045	0.6940
RC	0.0781*	0.1671*	0.0354*		0.5445	0.6026	0.5032	0.5856	0.5069	0.7145
GY	0.2133*	0.2048*	0.1561*	0.2123*		0.6349	0.5416	0.5655	0.5336	0.6043
SS	0.2086*	0.2551*	0.1849*	0.2193*	0.2406*		0.5278	0.4733	0.5002	0.7019
NJD	0.1740*	0.2106*	0.1624*	0.1622*	0.1797*	0.1659*		0.5841	0.5020	0.6584
LJ	0.1599*	0.1981*	0.1603*	0.1745*	0.1996*	0.1168*	0.1672*		0.5070	0.6535
QG	0.1903*	0.2682*	0.1674*	0.1987*	0.2129*	0.1792*	0.1609*	0.1765*		0.6470
YL	0.3594*	0.3540*	0.3232*	0.3532*	0.2447*	0.2924*	0.2900*	0.2665*	0.3324*	

*表示 $P<0.05$。

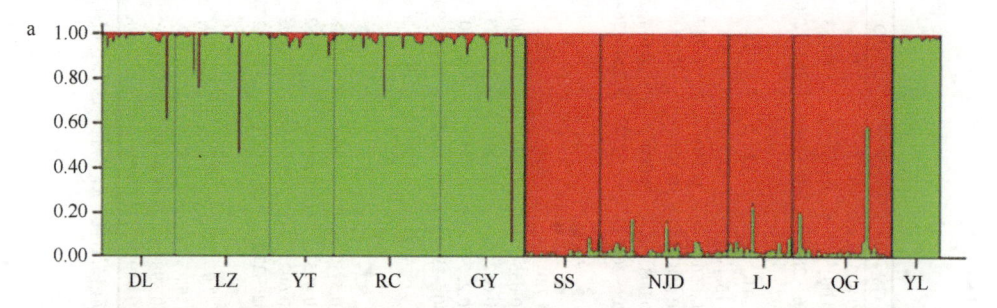

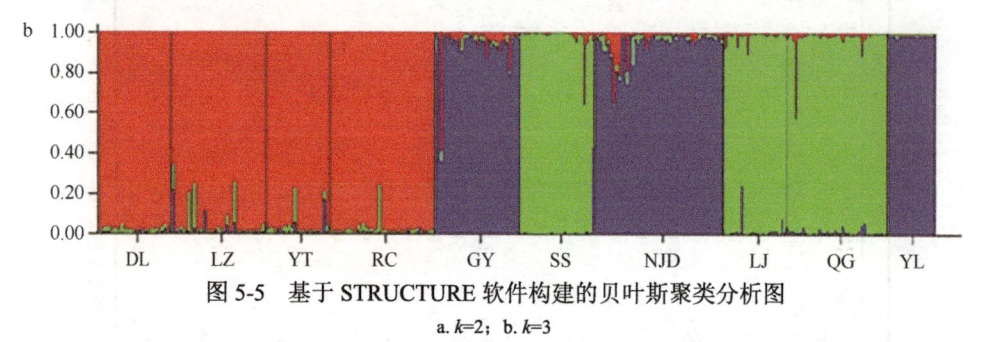

图 5-5　基于 STRUCTURE 软件构建的贝叶斯聚类分析图
a. $k=2$；b. $k=3$

第四节　群体条形码分析

　　Hebert 等（2003a）首次提出了利用线粒体细胞色素 c 氧化酶亚基Ⅰ（COⅠ）基因序列进行快速高效的物种鉴定，随后发展成为 DNA 条形码技术（DNA barcoding）。DNA 条形码技术作为一种新兴的物种识别技术，能够突破传统形态学分类的局限性，为形态学方法不容易区分的物种提供了一种简单高效的物种鉴定方法。随着 DNA 条形码技术的广泛应用，许多研究工作已经证实 DNA 条形码在物种鉴定和发现隐存种等方面具有很大的应用潜力（Hebert et al.，2003a，b；Hebert et al.，2004a；Chen et al.，2011）。

DNA 条形码的应用基于两个假设为理论基础：①种与种之间在系统发育上应互为单系群；②存在条形码间隙（barcoding gap），即种内遗传差异远小于种间遗传差异（Toffoli et al.，2008）。线粒体 CO I 基因由于其缺少重组、母性遗传、具有较好的通用性和变异度等特点，是目前应用最广的 DNA 条形码物种鉴定的标准基因，已成功应用到许多软体动物类群的物种鉴定研究中（陈军等，2010；Feng et al.，2011）。在头足类中，基于 CO I 基因的 DNA 条形码也显示了其在物种鉴定和发现隐藏种上的有效性（Allcock et al.，2010；Undheim et al.，2010）。此外，线粒体 DNA 可以全面反映种群间和种群内的遗传变异，已被广泛用于种群的历史、群体遗传结构和遗传多样性研究（Roman and Palumbi，2003）。

我们采用 CO I 和 16S rDNA 两个线粒体 DNA 条形码对中国南北沿岸 11 个长蛸群体进行群体遗传结构和多样性分析。11 个长蛸野生群体地跨北纬 24°~39°约 15 个纬度，自北到南分别为辽宁大连（DL）、山东莱州（LZ）、山东烟台（YT）、山东荣成（RC）、江苏赣榆（GY）、浙江嵊泗（SS）、浙江南麂岛（NJD）、福建连江（LJ）、福建泉港（QG）、台湾澎湖（PH）、台湾宜兰（YL）。

一、群体遗传多样性分析

在 288 条 CO I 和 180 条 16S rDNA 序列中分别发现 31 个、53 个单倍型，基于两个线粒体基因条形码均显示中国沿海不同群体遗传多样性之间存在较大差异（表 5-9）。北方群体中大连（DL）和赣榆（GY）显示出较高的遗传多样性，而荣成（RC）群体遗传多样性较低。南方群体中台湾宜兰（YL）和澎湖（PH）群体的遗传多样性较低。该结果与本章第三节微卫星结果基本一致。

表 5-9　基于 CO I 和 16S 基因的中国沿海长蛸群体遗传多样性

群体	样本数	CO I 单倍型数	单倍型多样性	核苷多样性	平均核酸差异	样本数	16S rDNA 单倍型数	单倍型多样性	核苷多样性	平均核酸差异
DL	24	7	0.7826	0.0043	2.4058	13	7	0.8846	0.0553	2.3770
LZ	30	8	0.4644	0.0026	1.4805	20	8	0.8105	0.0242	1.0388
YT	21	6	0.4667	0.0057	3.2095	14	9	0.9011	0.0506	2.1235
RC	31	2	0.0645	0.0005	0.2581	20	4	0.5579	0.0208	0.7695
GY	32	9	0.873	0.0058	3.2722	17	10	0.9265	0.0603	2.4719
SS	26	5	0.6677	0.0052	2.9262	17	11	0.9118	0.0201	0.9032
NJD	41	9	0.7768	0.0046	2.6024	15	11	0.9425	0.0302	1.3584

续表

群体	COI					16S rDNA				
	样本数	单倍型数	单倍型多样性	核酸多样性	平均核酸差异	样本数	单倍型数	单倍型多样性	核酸多样性	平均核酸差异
LJ	22	8	0.8875	0.0066	3.7446	17	11	0.9118	0.0730	3.2838
QG	34	8	0.8111	0.0050	2.8503	21	6	0.6095	0.0218	0.8957
PH	9	2	0.3980	0.0007	0.3890	7	1	0	0	0
YL	18	2	0.4248	0.0008	0.4248	18	8	0.8824	0.027	1.2163

二、群体遗传结构分析

基于线粒体 COI 和 16S 基因分析得到的长蛸群体间遗传分化系数见表 5-10 左下角和表 5-10 右上角，大部分群体之间遗传差异显著。其中，宜兰（YL）群体与其他群体之间遗传分化程度最高，泉港（QG）和澎湖（PH）群体与其他群体之间也呈现较高的遗传分化。澎湖（PH）群体与北方群体（0.6230~0.9329）的遗传分化系数略大于除宜兰以外的南方群体（0.1656~0.5975）；此外，澎湖（PH）与泉港（QG）两个群体之间遗传分化程度较低，两者地理距离也相对较近，这表明这两个群体之间遗传相似性较高。

表 5-10　基于 COI 和 16S 基因长蛸群体之间的遗传分化系数（F_{ST}）

	DL	LZ	YT	RC	GY	SS	NJD	LJ	QG	PH	YL
DL		0.2866**	0.1006*	0.4936**	0.1014	0.1383*	0.1663**	0.0774	0.3878**	0.4608**	0.8146**
LZ	0.5703*		0.0846	0.1408**	0.0377	0.1526**	0.0114	0.0383	0.2346**	0.3642**	0.8420**
YT	0.2521**	0.1283**		0.2198*	−0.0216	0.1236*	0.0503	0.0234	0.2265**	0.3425**	0.8206**
RC	0.7319**	0.0328*	0.3257**		0.2297**	0.3104**	0.1519**	0.2590**	0.4596**	0.6800**	0.8910**
GY	0.1081**	0.3349**	0.04498	0.4999**		0.1285**	0.038	−0.0248	0.1968**	0.3076**	0.8225**
SS	0.5162**	0.2139**	0.1689**	0.3667	0.2835**		0.0236	0.0515**	0.3122**	0.3425**	0.7633**
NJD	0.5414**	0.1151**	0.1733**	0.2089	0.3273**	0.0037		0.0124	0.1841**	0.2423**	0.7849**
LJ	0.1853**	0.2179**	−0.0149	0.4056*	−0.0106	0.1675	0.2061**		0.1875**	0.2472**	0.7884**
QG	0.5563**	0.4167**	0.3655**	0.5229**	0.4355**	0.3622**	0.3477**	0.3484**		0.0242	0.8787**
PH	0.7419**	0.7486**	0.6159**	0.9329**	0.6230**	0.5975**	0.5936**	0.5631**	0.1656*		0.8924**
YL	0.8982**	0.9181**	0.8655**	0.9751**	0.8516**	0.8623**	0.8566**	0.8439**	0.8167**	0.9538**	

*表示 $P<0.05$；**表示 $P<0.01$。

从 GenBank 数据库中利用序列 Blast 查询并下载西北太平洋长蛸的 COI 和 16S 序列信息，共发现 10 条 COI 单倍型序列，其中 3 条来自日本（JAP），6 条来自韩国（KOR），还有一条来自东海离岸深水区（ECS）；6 条 16S 单倍型序列，其中 5 条来自韩国（KOR），1 条来自日本（JAP）。基于 GenBank 和长蛸群体获得的 COI 和 16S 的单倍型序列构建单倍型网络图（图 5-6），结果显示，宜兰（YL）

群体的单倍型形成了一个独立簇，并与其他群体的单倍型存在较大的遗传差异；其他群体共有一个 CO I 单倍型 Hap2，因此该单倍型可能为长蛸群体的祖先单倍型。来自韩国（KOR）和日本（JAP）的单倍型与中国沿海群体遗传差异较小。来自东海离岸深水区（ECS）的单倍型与宜兰群体的单倍型一致，而 Kaneko 等（2011）根据形态数据认定该单倍型属于长蛸亚种 *Octopus minor typicus*。长蛸最早被日本学者 Sasaki（1929）分为 3 个亚种：*Octopus minor minor*，*Octopus minor typicus* 和 *Octopus minor pardalis*。三者形态特征（如体长、漏斗器的大小和形状、右三腕的吸盘数等体征）存在一定差异，但我们发现很多形态指标数据在中国沿海长蛸群体中差异极大，从现有数据较难对本研究中遗传差异较大的两个类群进行形态学区分。我们推测大陆沿岸与台湾东海岸长蛸可能分属为不同亚种，未来更细致的形态学和解剖学研究将为中国沿海长蛸的分类学研究提供依据。

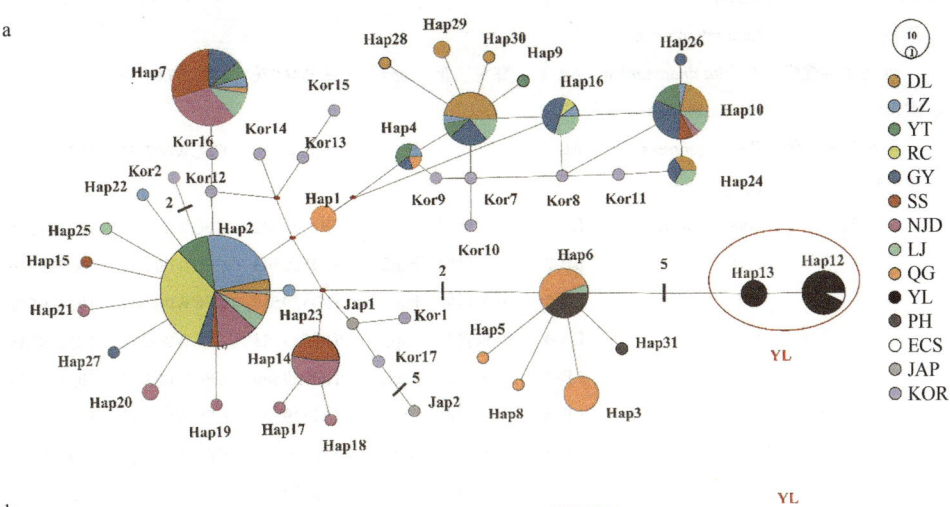

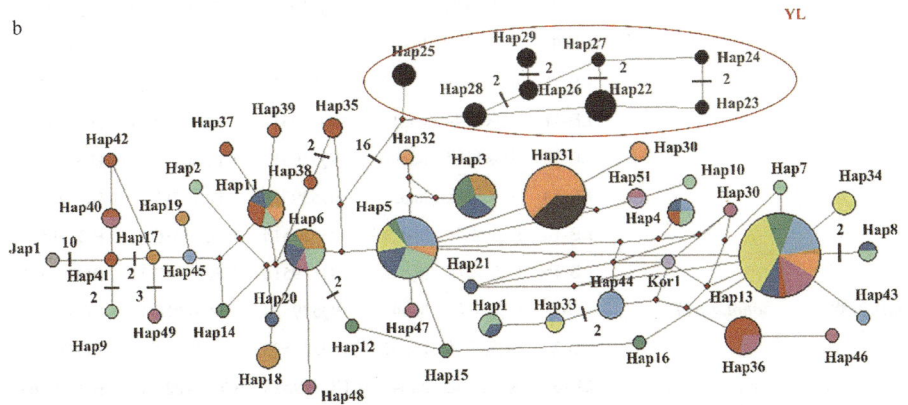

图 5-6　基于 CO I（a）和 16S（b）的长蛸单倍型网络图

第五节　长蛸系统发生学分析

一、基于 CO I 基因系统发生学研究

在中国沿海头足类中，基于 DNA 条形码技术的物种鉴定研究尚属起步阶段。为了探究 DNA 条形码在中国沿海头足类中的分类鉴定作用，我们利用 DNA 条形码标准基因线粒体 CO I 序列，分析了头足类 6 科 14 属 34 种 132 个个体（表 5-11），验证了 DNA 条形码技术应用于中国沿海头足类分类鉴定具有可行性。

表 5-11　研究样品的相关采集信息和序列号

物种	学名	样品编号	采集地	单倍型编号	CO I GenBank 序列号	CO I BOLD 样品号	16S rRNA GenBank 序列号
枪形目	Teuthida						
武装鱿科	Enoploteuthidae						
安达曼钩腕鱿	Abralia andamanica	AA-1	海南三亚	hap8	HQ846076	CFCW001-11	
柔鱼科	Ommastreohidae						
阿根廷滑柔鱼	Illex argentinus	AG-1	—	hap9	HQ846077	CFCW002-11	HQ845988
枪乌科	Loliginidae						
火枪鱿	Loliolus beka	LB-1	山东日照	hap1	HQ529502	CFCW003-11	HQ529545
		LB-2	山东日照	hap2	HQ529503	CFCW004-11	HQ529546
		LB-3	山东日照	hap3	HQ529504	CFCW005-11	HQ529547
		LB-4	山东青岛	hap5	HQ529505	CFCW006-11	HQ529548
		LB-5	山东青岛	hap6	HQ529506	CFCW007-11	HQ529549
		LB-6	山东青岛	hap3	HQ529507	CFCW008-11	HQ529550
		LB-7	山东青岛	hap7	HQ529508	CFCW009-11	HQ529551
		LB-8	山东青岛	hap6	HQ529509	CFCW010-11	HQ529552
		LB-9	山东日照	hap3	HQ529510	CFCW011-11	HQ529553
		LB-10	山东日照	hap55	HQ529511	CFCW012-11	HQ529554
		LB-11	山东日照	hap1	HQ529512	CFCW013-11	HQ529555
		LB-12	山东日照	hap56	HQ529513	CFCW014-11	HQ529556
		LB-13	山东日照	hap57	HQ529514	CFCW015-11	HQ529557
		LB-14	广东阳江	hap77	HQ529515	CFCW016-11	HQ529558
		LB-15	广东阳江	hap78	HQ529516	CFCW017-11	HQ529559
尤氏枪鱿	Loliolus uyii	LU-1	广东阳江	hap45	HQ529524	CFCW018-11	HQ529567
		LU-2	海南三亚	hap45	HQ529523	CFCW019-11	HQ529566
		LU-3	海南三亚	hap45	HQ529525	CFCW020-11	HQ529568
		LU-4	海南三亚	hap45	HQ529526	CFCW021-11	HQ529569
		LU-5	海南三亚	hap45	HQ529527	CFCW022-11	HQ529570

续表

物种	学名	样品编号	采集地	单倍型编号	CO I GenBank 序列号	BOLD 样品号	16S rRNA GenBank 序列号
日本枪乌贼	*Loliolus japonica*	LJ-1	福建厦门	hap59	HQ529517	CFCW023-11	HQ529560
		LJ-2	福建厦门	hap60	HQ529518	CFCW024-11	HQ529561
		LJ-3	福建厦门	hap59	HQ529519	CFCW025-11	HQ529562
		LJ-4	福建厦门	hap59	HQ529520	CFCW026-11	HQ529563
		LJ-5	广西钦州	Hap23	HQ529521	CFCW027-11	HQ529564
		LJ-6	广西钦州	hap24	HQ529522	CFCW028-11	HQ529565
杜氏枪乌贼	*Uroteuthis duvaucelii*	UD-1	广西钦州	hap47	HQ529529	CFCW029-11	HQ529576
		UD-2	广西钦州	hap4	HQ529530	CFCW030-11	HQ529577
		UD-3	海南三亚	hap4	HQ529531	CFCW031-11	HQ529578
		UD-4	海南三亚	hap4	HQ529532	CFCW032-11	HQ529579
		UD-5	福建平潭	hap4	HQ529533	CFCW033-11	HQ529580
		UD-6	福建平潭	hap4	HQ529534	CFCW034-11	HQ529581
		UD-7	广西北海	hap4	HQ529535	CFCW035-11	HQ529582
		UD-8	广西北海	hap4	HQ529536	CFCW036-11	HQ529583
中国枪乌贼	*Uroteuthis chinensis*	UC-1	海南三亚	hap46	HQ529528	CFCW037-11	HQ529571
		UC-2	海南三亚	—	—	—	HQ529572
		UC-3	福建平潭	—	—	—	HQ529573
		UC-4	海南三亚	—	—	—	HQ529574
		UC-5	海南三亚	—	—	—	HQ529575
剑尖枪乌贼	*Uroteuthis edulis*	UE-1	海南三亚	—	—	—	HQ529588
诗博加枪乌贼	*Uroteuthis sibogae*	US-1	福建厦门	hap61	HQ529537	CFCW038-11	HQ529585
		US-2	福建厦门	hap62	HQ529538	CFCW039-11	HQ529586
		US-3	福建厦门	hap63	HQ529539	CFCW040-11	HQ529587
莱氏拟乌贼	*Sepioteuthis lessoniana*	SL-1	山东日照	hap25	HQ529540	CFCW041-11	HQ529589
		SL-2	山东日照	hap25	HQ529541	CFCW042-11	HQ529590
		SL-3	山东日照	hap26	HQ529542	CFCW043-11	HQ529591
乌贼目	Sepiida						
乌贼科	Sepiidae						
针乌贼	*Sepia aculeate*	SA-1	广东阳江	hap13	HQ846106	CFCW044-11	HQ846017
		SA-2	广东湛江	hap13	HQ846107	CFCW045-11	HQ846018
		SA-3	广西钦州	hap13	HQ846108	CFCW046-11	HQ846019
		SA-4	福建莆田	hap13	HQ846083	CFCW047-11	HQ845994
金乌贼	*Sepia esculenta*	SE-1	广东阳江	hap14	HQ846084	CFCW048-11	HQ845995
		SE-2	浙江舟山	hap15	HQ846085	CFCW049-11	HQ845996
		SE-3	浙江舟山	hap16	HQ846086	CFCW050-11	HQ845997

续表

物种	学名	样品编号	采集地	CO I 单倍型编号	CO I GenBank序列号	CO I BOLD样品号	16S rRNA GenBank序列号
		SE-4	山东青岛	hap16	HQ846089	CFCW051-11	HQ845998
		SE-5	山东日照	hap14	HQ846087	CFCW052-11	HQ845999
		SE-6	辽宁丹东	hap16	HQ846088	CFCW053-11	HQ846000
		SE-7	广西钦州	hap17	HQ846091	CFCW054-11	HQ846069
		SE-8	广西北海	hap18	HQ846090	CFCW055-11	HQ846070
拟目乌贼	*Sepia lycidas*	SL-1	广东阳江	hap35	HQ846109	CFCW056-11	HQ846020
虎斑乌贼	*Sepia pharaonis*	SP-1	广东阳江	hap21	HQ846093	CFCW057-11	HQ846004
		SP-2	海南陵水	hap21	JN315869	CFCW058-11	JN315875
		SP-3	海南陵水	hap21	JN315870	CFCW059-11	JN315876
		SP-4	海南陵水	hap22	JN315871	CFCW060-11	JN315877
		SP-5	海南陵水	hap21	JN315872	CFCW061-11	JN315878
		SP-6	海南陵水	hap21	JN315873	CFCW062-11	JN315879
		SP-7	海南陵水	hap21	JN315874	CFCW063-11	JN315880
曲针乌贼	*Sepia recurvirostra*	SR-1	海南临高	hap19	HQ846092	CFCW064-11	HQ846001
		SR-2	海南临高	hap20	HQ846161	CFCW065-11	HQ846002
		SR-3	海南临高	hap20	HQ846162	CFCW066-11	HQ846003
		SR-4	广西北海	—	—	—	HQ846070
日本无针乌贼	*Sepiella japonica*	SJ-1	广东阳江	hap10	HQ846078	CFCW067-11	HQ845989
		SJ-2	广东阳江	hap10	HQ846079	CFCW068-11	HQ845990
		SI-3	福建莆田	hap10	HQ846082	CFCW069-11	HQ845993
尹纳无针乌贼	*Sepiella inermis*	SI-1	广东阳江	hap11	HQ846080	CFCW070-11	HQ845991
		SI-2	广东阳江	hap12	HQ846081	CFCW071-11	HQ845992
图氏后乌贼	*Metasepia tullbergi*	MT-1	广东阳江	hap43	HQ846120	CFCW072-11	HQ846029
耳乌贼目	Sepiolida						
耳乌贼科	Sepiolidae						
双喙耳乌贼	*Sepiola birostrata*	SB-1	山东日照	hap27	HQ846094	CFCW073-11	HQ846005
		SB-2	山东日照	hap28	HQ846095	CFCW074-11	HQ846006
		SB-3	山东日照	hap28	HQ846096	CFCW075-11	HQ846007
		SB-4	山东日照	hap29	HQ846097	CFCW076-11	HQ846008
		SB-5	山东日照	hap27	HQ846098	CFCW077-11	HQ846009
柏氏四盘耳乌贼	*Euprymna berryi*	EB-1	广西北海	hap30	HQ846099	CFCW078-11	HQ846010
		EB-2	广西北海	hap31	HQ846100	CFCW079-11	HQ846011
		EB-3	广东阳江	hap32	HQ846101	CFCW080-11	HQ846012
		EB-4	广东阳江	hap30	HQ846102	CFCW081-11	HQ846013

续表

物种	学名	样品编号	采集地	CO I 单倍型编号	CO I GenBank序列号	CO I BOLD样品号	16S rRNA GenBank序列号
四盘耳乌贼	*Euprymna morsei*	EM-1	山东青岛	hap33	HQ846103	CFCW082-11	HQ846014
		EM-2	山东日照	hap34	HQ846104	CFCW083-11	HQ846015
		EM-3	山东日照	hap34	HQ846105	CFCW084-11	HQ846016
蛸目	Octopoda						
蛸科	Octopodidae						
砂蛸	*Amphioctopus aegina*	OA-1	海南临高	hap64	HQ846132	CFCW085-11	HQ846041
		OA-2	海南临高	hap64	HQ846133	CFCW086-11	HQ846042
		OA-3	海南临高	hap65	HQ846134	CFCW087-11	HQ846043
		OA-4	福建厦门	hap66	HQ846135	CFCW088-11	HQ846044
		OA-5	福建厦门	hap66	HQ846136	CFCW089-11	HQ846045
		OA-6	福建厦门	hap66	HQ846137	CFCW090-11	HQ846046
短蛸	*Amphioctopus fangsiao*	AF-1	福建厦门	hap50	HQ846126	CFCW091-11	HQ846034
		AF-2	福建厦门	hap51	HQ846127	CFCW092-11	HQ846035
		AF-3	江苏连云港	hap37	HQ846114	CFCW093-11	HQ846025
		AF-4	山东日照	hap37	HQ846112	CFCW094-11	HQ846023
		AF-5	福建厦门	hap51	HQ846155	CFCW095-11	HQ846062
鹿儿岛蛸	*Amphioctopus kagoshimensis*	AK-1	福建厦门	hap48	HQ846122	CFCW096-11	HQ846030
		AK-2	福建厦门	hap49	HQ846123	CFCW097-11	HQ846031
		AK-3	福建厦门	hap49	HQ846124	CFCW098-11	HQ846032
		AK-4	福建厦门	hap49	HQ846125	CFCW099-11	HQ846033
条纹蛸	*Amphioctopus marginatus*	AM-1	福建厦门	hap67	HQ846138	CFCW100-11	HQ846047
		AM-2	福建厦门	hap68	HQ846139	CFCW101-11	HQ846048
		AM-3	福建厦门	hap69	HQ846140	CFCW102-11	HQ846049
		AM-4	福建厦门	hap70	HQ846141	CFCW103-11	HQ846050
卵蛸	*Amphioctopus ovulum*	AO-1	福建厦门	hap74	HQ846156	CFCW104-11	HQ846065
		AO-2	福建厦门	hap75	HQ846157	CFCW105-11	HQ846063
		AO-3	福建厦门	hap74	HQ846158	CFCW106-11	HQ846064
		AO-4	福建厦门	hap75	HQ846159	CFCW107-11	HQ846066
台湾小孔蛸	*Cistopus taiwanicus*	CT-1	福建厦门	hap71	HQ846142	CFCW108-11	HQ846074
		CT-2	福建厦门	hap71	HQ846143	CFCW109-11	HQ846075
未定种1	*C. sp.*	CS-1	福建厦门	hap52	HQ846128	CFCW110-11	HQ846036
		CS-2	福建厦门	hap53	HQ846129	CFCW111-11	HQ846037
		CS-3	福建厦门	hap53	HQ846130	CFCW112-11	HQ846038

续表

物种	学名	样品编号	采集地	CO I 单倍型编号	CO I GenBank序列号	CO I BOLD样品号	16S rRNA GenBank序列号
		CS-4	福建厦门	hap54	HQ846131	CFCW113-11	HQ846039
		CS-5	广东阳江	hap36	HQ846111	CFCW114-11	HQ846022
小环豹纹蛸（似）	*Hapalochlaena* cf. *maculosa*	HM-1	海南临高	hap58	HQ846163	CFCW115-11	HQ846040
长蛸	*Octopus minor*	OM-1	山东威海	hap38	HQ846113	CFCW116-11	HQ846024
		OM-2	山东威海	hap39	HQ846115	CFCW117-11	HQ846026
		OM-3	山东日照	hap40	HQ846116	CFCW118-11	HQ846027
		OM-4	山东日照	hap41	HQ846117	CFCW119-11	HQ846028
		OM-5	辽宁丹东	hap42	HQ846118	CFCW120-11	HQ846072
		OM-6	辽宁丹东	hap42	HQ846119	CFCW121-11	HQ846073
南海蛸	*Octopus nanhaiensis*	ON-1	海南三亚	hap44	HQ846121	CFCW122-11	HQ846068
真蛸	*Octopus vulgaris*	OV-1	浙江温州	hap79	HQ846110	CFCW123-11	HQ846021
		OV-2	福建厦门	hap73	HQ846154	CFCW124-11	HQ846061
未定种 2	*O.* sp. 1	OS-1	福建厦门	hap72	HQ846153	CFCW125-11	HQ846060
未定种 3	*O.* sp. 2	OS-2	海南临高	hap76	HQ846160	CFCW126-11	HQ846067

（一）序列特征与分析

除掉正、反方向引物序列，LCOI490 和 HCO2198 扩增得到长度为 658 bp 的 CO I 序列，通过多重比较，在序列中未发现插入和缺失位点（indel）。在 CO I 基因中，A、T、C、G 的平均含量分别为 29.5%、36.7%、18.6%、15.2%，其中 A+T 平均含量（66.2%）明显高于 G+C 平均含量（33.8%），表现出碱基组成的偏倚性，这一结果与无脊椎动物线粒体基因碱基组成特点相符合。3 个密码子 A+T 含量差异较大（表 5-12），第三密码子位点的 A+T 平均含量最高（84.9%），第一密码子位点 A+T 含量（56.6%）要略低于第二密码子 A+T 含量（58.2%）。

表 5-12　33 种头足类 CO I 基因序列碱基平均分布概率

碱基	总频数	第一位点	第二位点	第三位点
T	36.7	28.5	43.4	38.3
C	18.6	18.2	25.0	12.5
A	29.5	27.1	14.8	46.6
G	15.2	26.1	16.9	2.6

所获得 33 个种的 126 条线粒体 CO I 基因序列共定义了 79 个单倍型。表 5-13 列出了 CO I 基因序列的核苷酸变异情况。在 CO I 基因序列的 658 个位点中，有

保守位点（conserved site）369 个，变异位点（variable site）289 个，其中简约信息位点（parsimony informative site）277 个，序列变异主要发生在密码子的第三位点，约占变异位点的 73.7%。CO I 基因序列所有位点的转换（transition，T）、颠换（tranvertion，V）频率比值为 1.86。CO I 基因碱基替换饱和性分析（图 5-7）表明头足类 CO I 序列之间的颠换未出现饱和现象，但转换在序列分化达到 5%～12% 时即到达饱和。

表 5-13　33 种头足类 CO I 基因序列的核苷酸变异情况

	保守位点/个	变异位点/个	简约信息位点/个
第一位点	154	65	59
第二位点	208	11	8
第三位点	7	213	210
全部位点	369	289	277

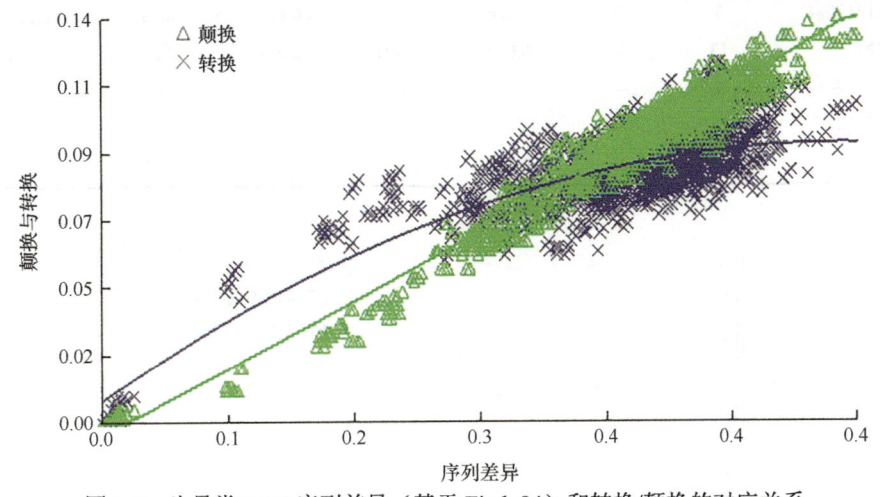

图 5-7　头足类 CO I 序列差异（基于 Fitch 84）和转换/颠换的对应关系

（二）遗传距离与系统发生

1. 总体情况

条形码间隙即种间最小遗传距离大于种内最大遗传距离，条形码间隙的存在是 DNA 条形码能否有效进行物种鉴定的一个关键因素。研究通过 MEGA 4.1 软件使用 K2P 模型计算遗传距离，评估了分属于 6 科 14 属 33 种的 126 个头足类样品的种内遗传距离和科内不同种个体间遗传距离水平。基于 CO I 序列计算出的种内遗传距离与科内种间遗传距离的变化范围分别为 0.000～0.068（平均值 0.013）和 0.062～0.221（平均值 0.166）。K2P 遗传距离在各科内分布情况见表 5-14。种内个体间最大遗传距离为 0.068，发生于火枪鱿内；科内种间最小遗传距离为 0.062，发生于日本无针乌贼（*Sepiella japonica*）与尹纳无针乌贼（*S. inermis*）之间。由于火枪鱿的种内遗传距离较大，致使种内遗传距离和种间遗传距离发生重叠，没有形成明显的条形码间隙（图5-8）。当去除火枪鱿的全部个体重新进行种内遗传距离和种间遗传距离的计算时，种内遗传距离与科内种间遗传距离的变化范围分别为0.000~0.014（平均值0.002）和0.062~0.216（平均值0.171），科内不同种个体间遗传距离远远大于种内不同个体间遗传距离，存在明显的条形码间隙（图5-9）。

表5-14 基于CO I序列数据的33种头足类样品不同个体间的K2P遗传距离

科名	种数	种内个体间遗传距离			科内不同种个体间遗传距离		
		最小值	最大值	平均值	最小值	最大值	平均值
枪鱿科	7	0	0.068	0.023	0.100	0.221	0.159
乌贼科	8	0	0.009	0.002	0.062	0.201	0.162
耳乌贼科	3	0	0.006	0.002	0.115	0.182	0.152
蛸科	13	0	0.014	0.004	0.098	0.216	0.174
武装鱿科	1	—	—	—	—	—	—
柔鱼科	1	—	—	—	—	—	—
总计	33	0	0.068	0.013	0.062	0.221	0.166

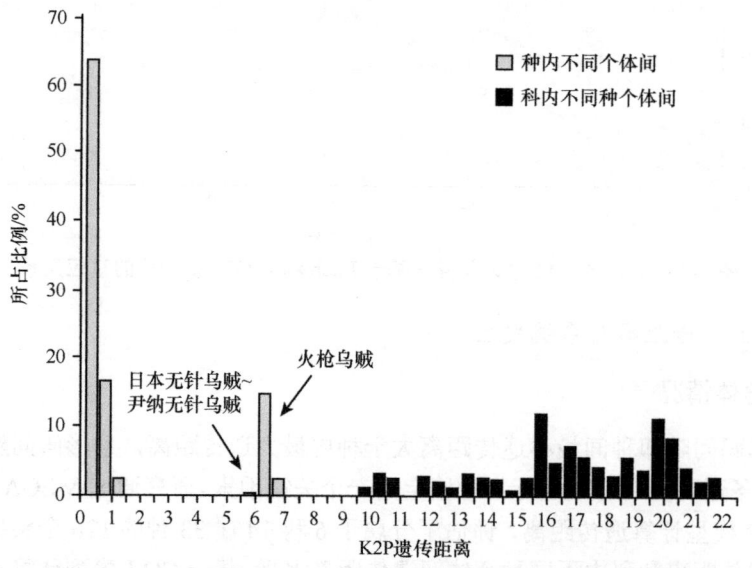

图5-8 32个头足类物种CO I基因科内和种内遗传距离分布情况

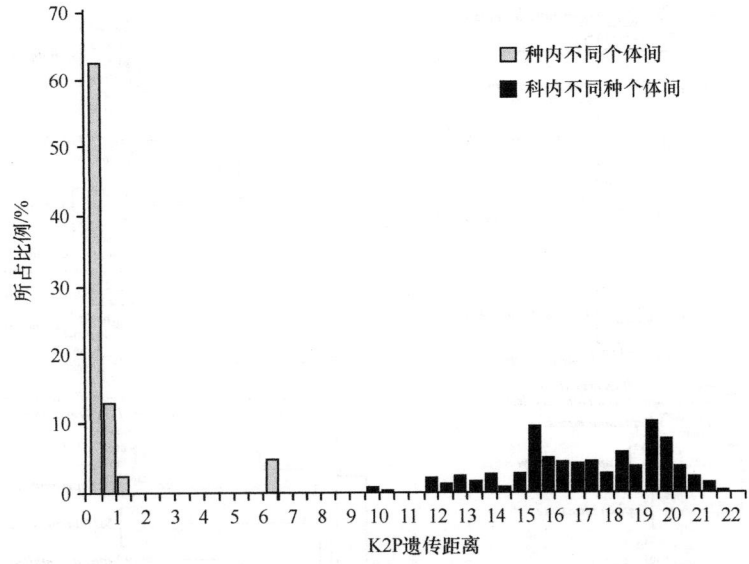

图 5-9 32个头足类物种的CO I基因遗传距离分布情况（去除火枪鱿个体）

同一物种的条形码序列能否在系统树上形成独立的单系群是 DNA 条形码能否进行有效的物种鉴定的另一个关键因素。采用单一方法来构建系统发育树可能会由于运算方法而产生误差，所以本研究构建了头足类的邻接（NJ）树和贝叶斯（BI）树。在 NJ 和 BI 两种系统发育树上，除火枪鱿外，其余头足类物种均单独形成单系群，且具有较高的支持度。基于 CO I 基因序列构建的 NJ 树中，在种水平上形成的单系节点处自检举值为 97%～100%（图 5-10a）；而在基于 CO I 基因序列构建的 BI 树中，在种水平形成的单系节点处后验概率值为 98%～100%（图 5-10b），其在种水平上的拓扑结构与 NJ 树的拓扑结构一致。

2. 不同科的系统发生

1）枪鱿科

分属于 3 属 7 种的 41 个枪鱿获得了 CO I 基因序列。其中，除火枪鱿外的 6 个种均在 NJ 和 BI 系统发育树上形成单系群。火枪鱿的最大种内距离为 0.068，并在两个系统发育树上均形成两个分支。计算由 15 个火枪鱿聚类形成的两个分支间的遗传距离和分支内不同个体间的遗传距离，结果显示分支内的遗传距离为 0.003～0.004，分支间的平均遗传距离为 0.063，是分支内遗传距离的至少 20 倍。尽管两个分支的火枪鱿具有较大的遗传距离，但相比较本研究的其他种群，两个分支聚类在一起并有较高的支持率（NJ：97%；BI：100%）。

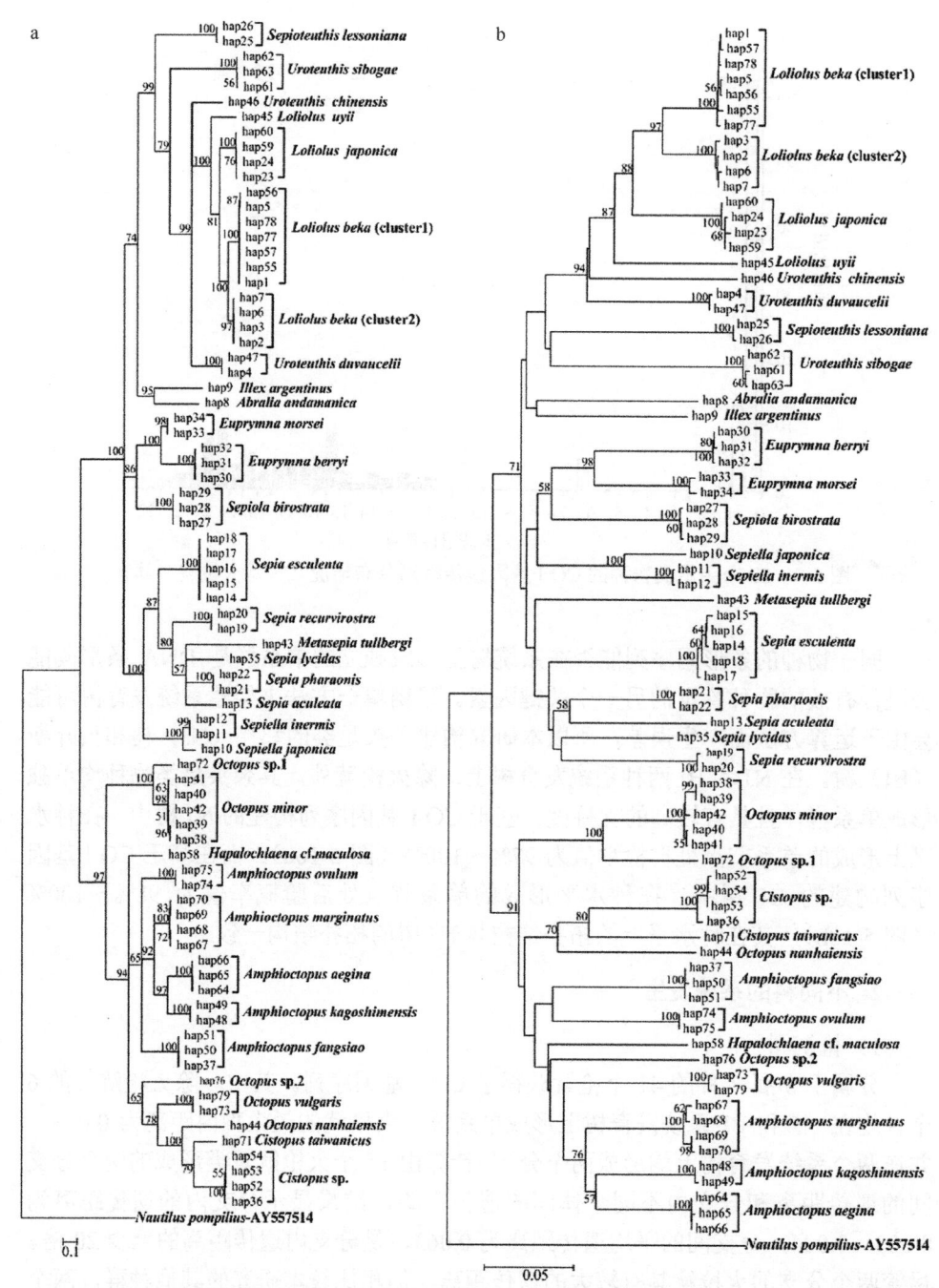

图 5-10 基于 CO I 基因构建的邻接（NJ）树（a）和贝叶斯（BI）树（b）概率值

2）乌贼科

研究中，共获得了 8 个种 28 个乌贼的 CO I 基因序列数据。8 个种均在 NJ 和

BI 树上形成相互独立的单系，支持率为 98%～100%。最小的种间个体遗传距离发生在日本无针乌贼与尹纳无针乌贼之间，这两个种在系统发育树上形成姐妹群，支持率为 100%。尹纳无针乌贼是近期才被记录分布在中国海域的（Lu et al.，2012）。通过 BLAST 工具搜索，显示本研究的尹纳无针乌贼 CO I 基因序列与 GenBank 中尹纳无针乌贼 CO I 序列的匹配率为 100%。

3）蛸科

研究中所涉及的 13 种蛸在 NJ 树和 BI 树上都形成了置信度很高的单系群。三个未定种蛸没有与研究中其他蛸形成聚类，其中 *Octopus* sp.1 和长蛸的亲缘关系较近，5 个 *Cistopus* sp.在系统树上形成了独立的单系，这与根据形态法进行的初步物种分类结果相一致。

我们通过 DNA 研究分析发现，头足类 CO I 基因不存在碱基插入缺失现象，呈现 A+T 含量偏高的情况。A+T 含量高的偏倚现象不仅在虾蟹类、鱼类以及贝类等水产动物中常见，在已有的报道中也显示头足类的 CO I 基因碱基组成普遍存在着 A+T 含量偏倚现象，如长蛸和日本无针乌贼 A+T 含量分别为 67.17%和 68.40%（郑小东，2001；孙宝超等，2010），而这一特点也符合无脊椎动物线粒体 DNA 碱基组成的特点。

利用 DNA 条形码技术不仅可以进行快速、高效的物种鉴定，还能加速自然界中新种的发现。蛸科存在着大量未被描述的新种，而且有些蛸类物种的分类还存在着争议（Lu，2000；Söller et al.，2000）。以真蛸为例，关于它是一个世界范围的物种还是被错认为一个种的复合种，至今还是一个有争议的问题（Guerra et al.，2010）。中国在西太平洋拥有广阔的海岸线和丰富的本地物种资源。Lu（2000）指出，在中国南海至少有 40 种蛸，其中只有不到 20 种被描述过，我们发现了 3 个未定种蛸。发现新种是 DNA 条形码的另一个重要应用，这不仅需要足够的系统发育学基础，还需要依据坚实的形态学分类基础，所以 3 个未定种蛸的分类地位的确定还需要结合形态、生态等多方面的生物数据加以研究。

DNA 条形码技术获得了很多学者的认可并被广泛推广应用，但它不能完全取代传统的形态学鉴定方法。DNA 条形码技术并不是基于 DNA 条形码序列而创建的一种新的分类系统，也不是部分学者认为的可以取代林奈分类系统，而是一种快速物种识别和辅助传统分类法进行物种鉴定、发现新种的分类技术。

DNA 条形码技术除了能进行高效的物种鉴定，还能揭示传统生物鉴定中难于发现的隐存种的存在。我们发现火枪鱿在 NJ 和 BI 系统发育树上均形成两个分支，其种内遗传距离大于 2%，显示了较大的分化。Hebert 等（2003b）对 11 个动物门的 13 320 个物种进行了遗传差异统计分析，结果显示大部分物种的种内遗传距离很少大于 2%。火枪鱿分布于西太平洋、日本南部海域和中国沿海（董正之，1988），通过我们的研究发现，火枪鱿内可能存在隐存种。Yeatman 和 Benzie（1992）同样认为火枪鱿可能含有丰富的隐存种。头足类生活在庞大的海洋中,可能会导致形态上的趋同进化。目前已有不少研究证明了头足类存在数量较大的隐存种(Brieley et al., 1993; Allcock et al., 2010)。隐存种的形态学特征十分相似,很难根据表面形态学特征把它们识别出来,但可以在分子水平上表现出明显的差异,因此 DNA 条形码相对于传统的分类方法具有可以揭示隐存种的优势。

二、基于线粒体全基因组的系统发生研究

头足类物种繁多,在过去的一个世纪里,长蛸所在八腕总目的分子系统发生研究中,物种间进化关系和物种分类历来都是人们争论的焦点。蛸科是八腕目中较为复杂的一个类群,它拥有来自八腕目 90%的物种,目前很难对该科物种进行划分。Voight (1997) 从形态上对蛸科进行界定,认为蛸科是单系群。Carlini 等(2006)基于线粒体 CO I 基因对蛸科 28 种的系统发生关系进行探究,系统树显示蛸科不是呈单系发生的,并讨论了 Voight (1997) 对蛸科进行划分的形态特征,认为这些特征不是蛸科物种所特有的特征。随着分子系统分类学研究的进一步深入,越来越多的证据支持蛸科为单系发生而蛸属为并系发生的观点。

分子系统学的研究,一方面可以验证传统分类系统已经得出的结论,另一方面也可以对传统分类不能解决的、形态学系统发育研究中尚存疑问的类群的系统发育关系进行分析和探讨。由于蛸类表型可塑性大,同时有一些形态相近的亲缘关系存在,给传统的形态学物种鉴定及蛸类进化时间的确定带来挑战。近年来,不同学者先后通过线粒体的 CO I 基因序列、16S rRNA 序列、ND5 等基因序列,以及线粒体全序列等核苷酸及氨基酸数据,对蛸科甚至头足类的系统进化关系进行了建树及分析。

动物线粒体 DNA(mtDNA)因其进化速率快、结构简单、含量丰富等特点被广泛用于物种鉴定及分子系统学的研究中。mtDNA 序列中又以 CO I、CO II、12S rRNA 和 16S rRNA 应用频率较高,利用线粒体 DNA 进行长蛸群体遗传分析的研究也较多。一般而言,CO I 的进化速率要高于 16S rRNA,但在长蛸个体中,因 16S rRNA 序列中存在插入和缺失的差异,因此 16S rRNA 的变异要略高于 CO I。

长蛸的线粒体全基因组在 2012 年已测得,在早期基于线粒体全基因组的系统发生树中可以看出,蛸属中的短蛸和真蛸亲缘关系较近,且与长蛸构成姐妹群。进化树的拓扑结构支持了八腕目为单系发生。同时,上述三个物种的关系也从形态及生态的角度得到进一步印证。首先,茎化腕的特征是形态方面一个重要的分类指标,长蛸因茎化腕较大且呈勺状而显著区别于短蛸和真蛸两个物种。此外,长蛸生活在泥质底地带,而短蛸和真蛸喜欢沙质底或岩礁地带,生态栖息环境的不同也支持长蛸相对于短蛸和真蛸亲缘关系远一些的观点。尽管线粒体全基因组作为完整的细胞器基因组,具有长度较小、组成稳定、基因间隔较短、极少发生重组以及进化速率快等特点,但在发展初期,其全序列测序速度相对较慢,因此利用线粒体全基因组

探究物种分类地位及系统进化关系受到了很大的限制，早期关于长蛸系统进化的研究也仅仅是基于短蛸和真蛸两个八腕类物种，因而可信度较低。

随着线粒体全基因组传统测序手段的成熟和二代测序技术的发展，大量蛸科物种的线粒体全基因组已获得。由于线粒体全基因组相对于传统的分子标记，涵盖了更为丰富的信息，在序列长度及基因丰富度上都具有明显的优势，因而为解决过去不同单一基因导致系统发生关系相互矛盾的遗留问题提供了可靠的技术支撑（Allcock et al., 2015）。

基于 13 个蛋白编码基因的核苷酸序列对 43 种头足类进行的最大似然和贝叶斯系统发生分析（图 5-11），结果以高支持值显示长蛸最先与丽蛸属红蛸（*Callistoctopus lutues*）聚为一支，并继栗色蛸（*Octopus conispadiceus*）之后较早分化出来。从系统发生树的拓扑结构可以看出，长蛸与拟蛸属中的短蛸亲缘关系相对较远，与早期基于线粒体全基因组对长蛸系统发生分析（Cheng et al., 2013）的结果相差较远，这种差异与物种数目的增加密切相关，进一步体现了线粒体全基因组数据库的扩充在系统发生分析中的重要性。

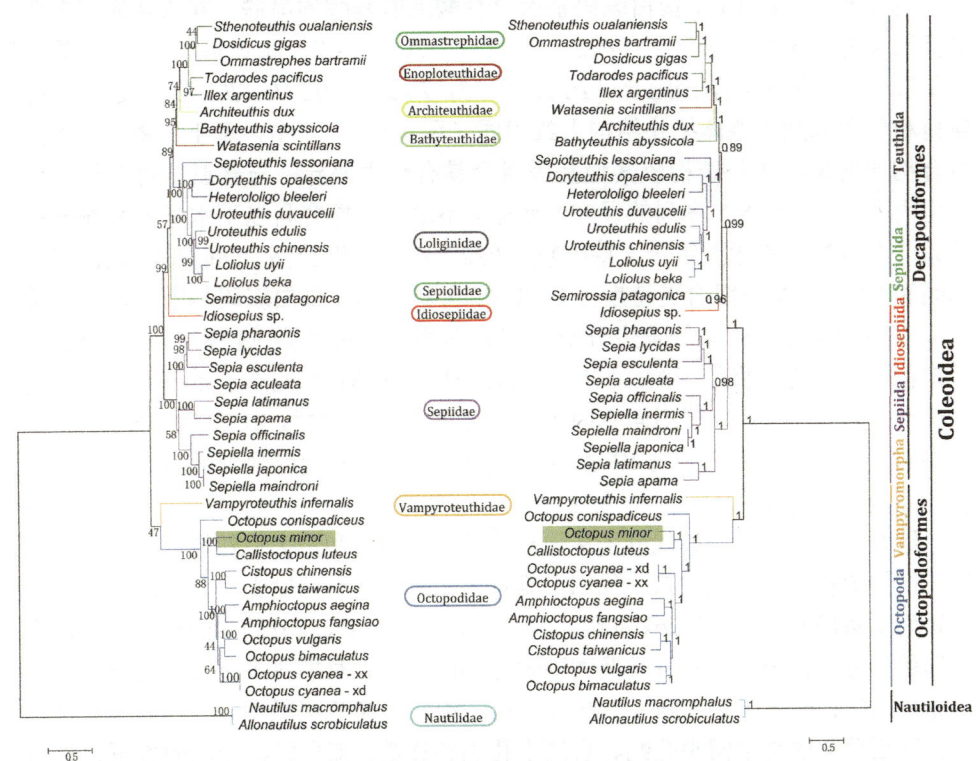

图 5-11　43 种头足类蛋白编码基因 ML 及贝叶斯树

左侧为 ML 系统发生树，节点处数值为置信度；右侧为贝叶斯系统发生树，节点处为后验概率

分子系统学通过不同的方法得出的结论虽然存在着少许差异，但这些差异往往也是传统分类中存在争议的地方。近年来有关长蛸分类地位及系统进化方面的研究结论基本一致，即长蛸是蛸科中分化较早的物种，长蛸所在的蛸属并非单系发生，且长蛸相对于其他属与丽蛸属物种具有较近的亲缘关系。一直以来，长蛸被认为隶属于蛸属（*Octopus*），然而分子数据显示长蛸与丽蛸属（*Callistoctopus*）的红蛸亲缘关系较近，因而不少学者提出长蛸所在属应为丽蛸属。近年来，随着丽蛸属更多的物种被发掘出来，我们发现丽蛸属的物种多为长腿蛸类，皮肤光滑，表面具有色素斑，这些形态特征与长蛸的形态非常相似。我们认为长蛸极有可能隶属于丽蛸属，然而究竟长蛸的分类地位是否该归于丽蛸属，仍有待于进一步的探究和讨论。综上，基于不同方法对头足类系统发生的研究在整个头足类分类及进化研究中起到了很好的补充和验证作用。

针对系统发生结果中存在的种种争议，有关研究试图在线粒体全基因组的基础上寻找更加精确的分子标记，打破串联蛋白编码基因构建系统进化树的固有手段，增添 RNA 基因及 RNA 基因与蛋白编码基因联合建树的方法，而不再简单地拘泥于传统 13 个蛋白编码基因核苷酸或氨基酸的串联，并成功应用在头足类物种的系统发生研究中（Hassanin et al.，2005；Allcock et al.，2015）。研究结果表明，5 种不同基因组合（*P12*，*P123*，*P12R*，*P123R*，*RNA*）构建的贝叶斯树和最大似然树整体拓扑结构大致相同（图 5-12）。其中，基于"*RNA*"基因组合构建的树的拓扑结构较其他基因组合具有较大差异，与普遍认可的结果有一定出入。推测 tRNA 序列的保守性较强，不适用于探究科以下水平的系统发生关系。"*P123*"的基因组合支持度较"*P12*"的基因组合高，同时串联蛋白编码基因和 RNA 的基因组合支持度亦是如此。分析认为，蛋白编码基因的密码子第三位对整个头足类的系统发生分析无较大影响，但包含第三位密码子的分析在一定程度上具有积极的影响。同时，在某种程度上 RNA 提高了系统发生分析的准确性。因此，综合分析不同基因组合构建的系统发生树，"*P123R*"即 13 个蛋白编码基因的三位密码子与 RNA 基因的串联方式，最能准确表达当今头足纲物种的系统发生关系。

结合研究中选取的最优分子标记构建的贝叶斯树和最大似然树，重新探讨长蛸所在的蛸科系统发生关系，我们不难看出，研究结果高度支持了传统发生学中蛸科为单系群的观点（Guzik et al.，2005；Cheng et al.，2013）。而在这之前，由于选用的分子标记、物种种类及物种数等不同，前人对蛸科系统发生的描述也不尽相同（Carlini et al.，2006；Jofré et al.，2012）。栗色蛸最早分化，紧接着是长蛸，随后分化的是中国小孔蛸、台湾小孔蛸和真蛸、双斑蛸组成的姐妹群，最后为拟蛸属各物种。蛸科的单系发生、蛸科物种的进化、蛸属的非单系发生以及长蛸的分类地位，在综合多种线粒体全基因组不同基因组合的系统发生分析中得到了进一步的印证，为今后对长蛸分类地位及所在蛸科甚至头足纲的系统发生研究提供了更为确凿的理论支撑。

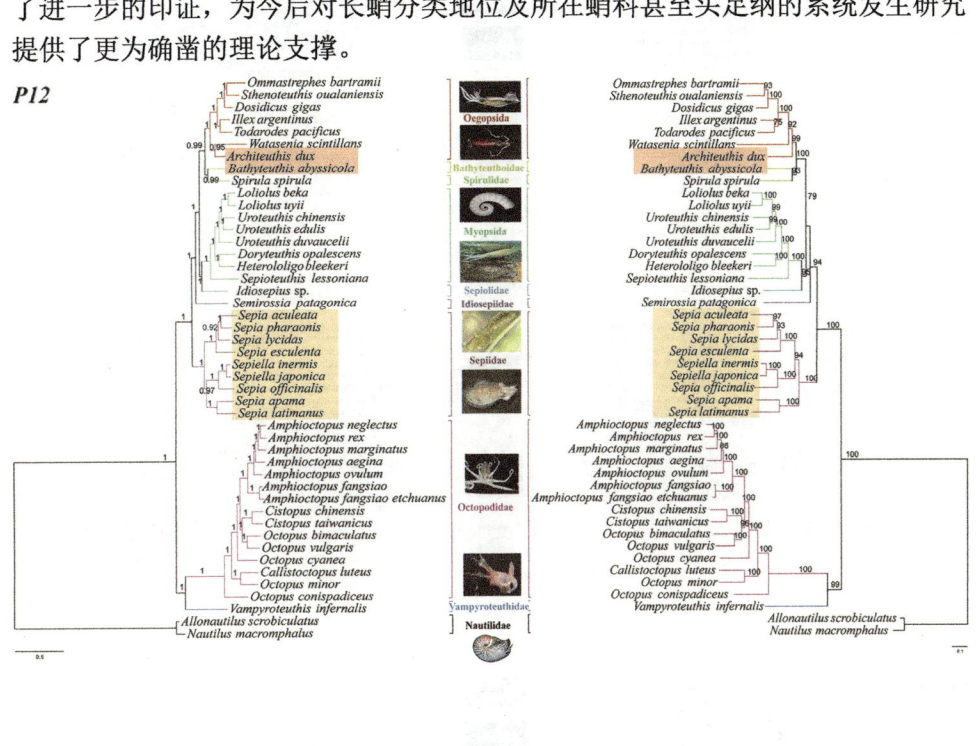

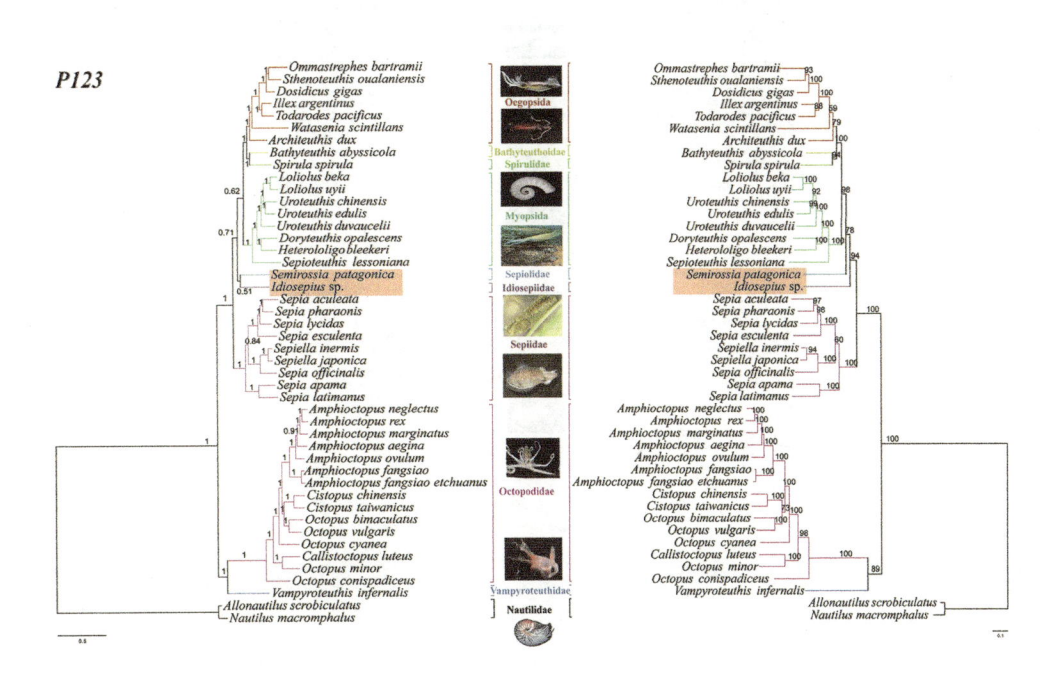

P12R

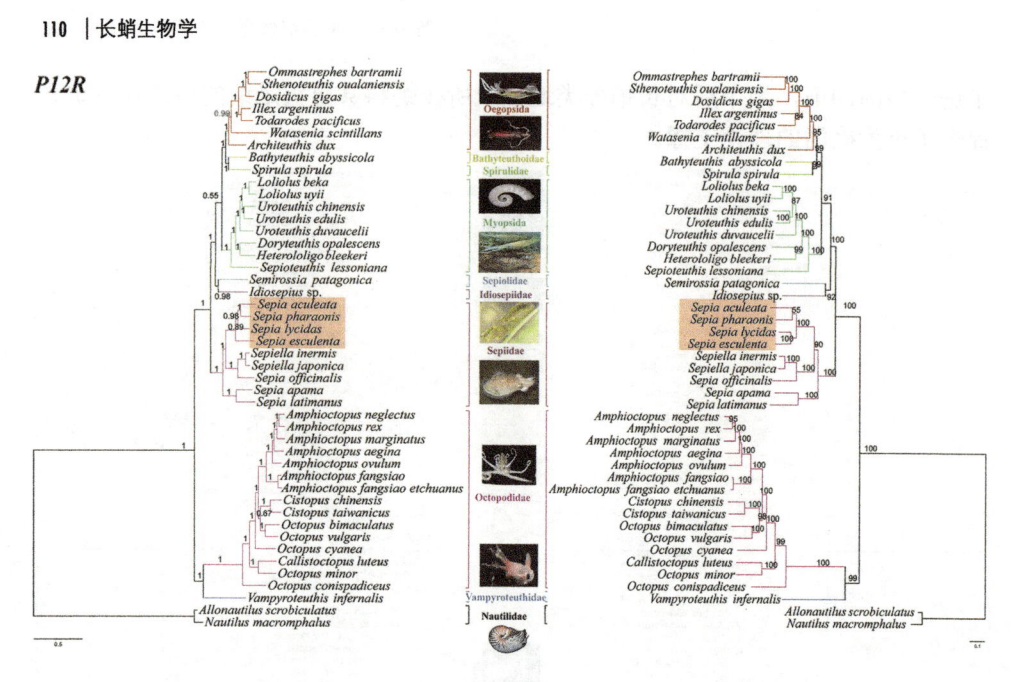

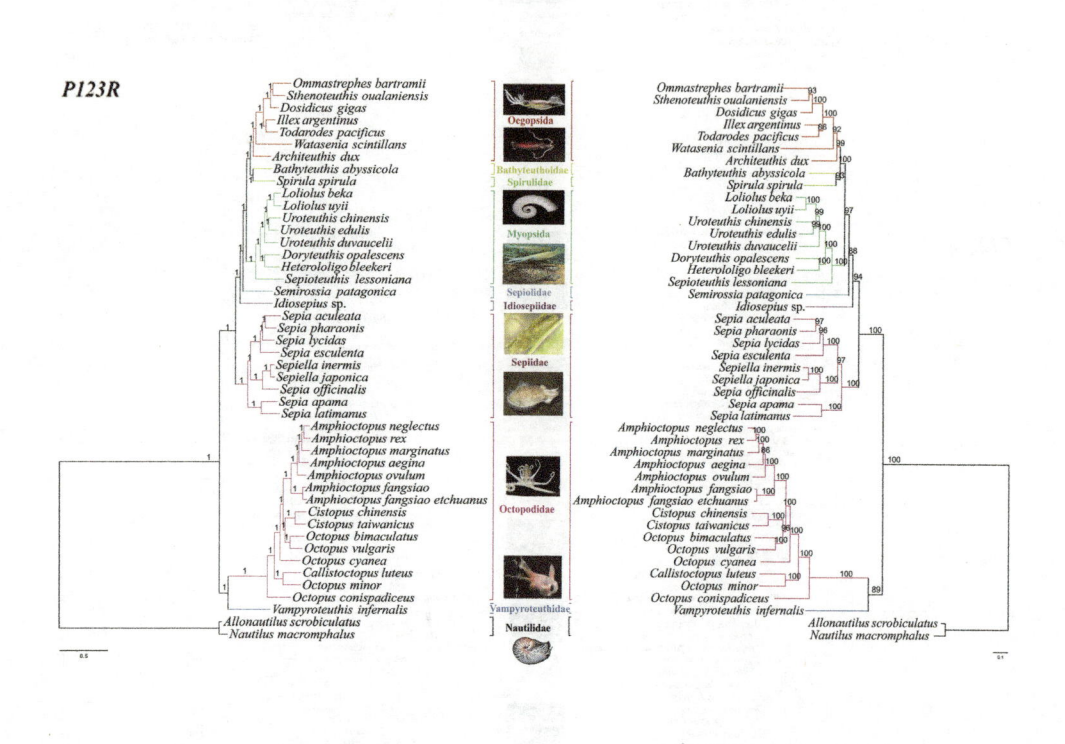

P123R

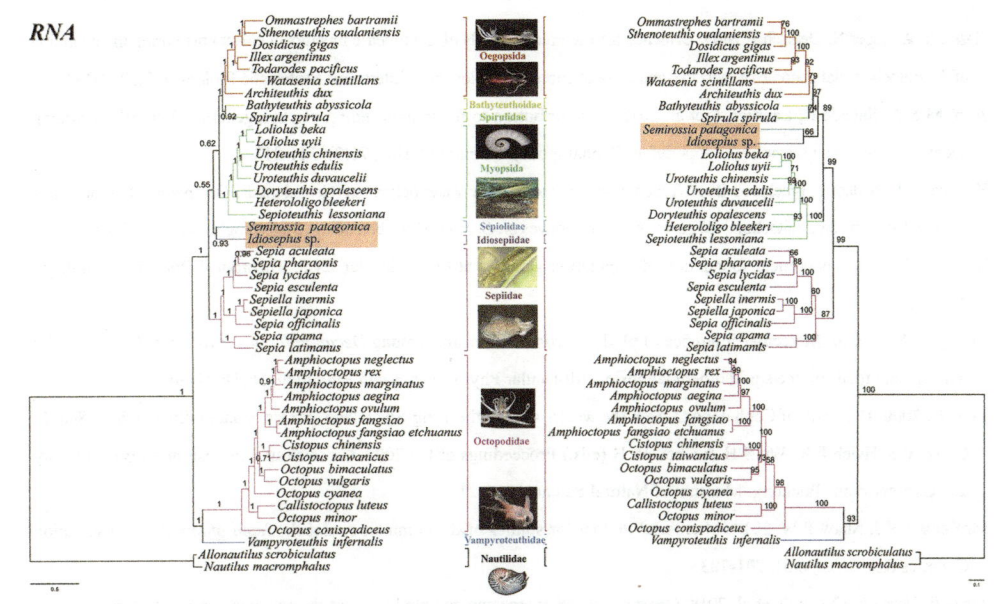

图 5-12　基于全基因组不同基因串联组合构建的头足纲贝叶斯进化树（左侧，节点处为贝叶斯后验概率）和最大似然树（右侧，节点处为自检举值）

P 表示蛋白编码基因，*R* 表示转运 RNA，1、2、3 分别表示蛋白编码基因的三位密码子

参 考 文 献

董正之. 1988. 中国动物志　软体动物门　头足纲. 北京：科学出版社：174-176, 181-182.

高强, 郑小东, 孔令锋, 等. 2009. 长蛸 *Octopus variabilis* 自然群体生化遗传学研究. 中国海洋大学学报 (自然科学版), 39(6): 1193-1197.

高晓蕾. 2014. 中国沿海长蛸群体遗传学研究. 青岛：中国海洋大学硕士学位论文.

孙宝超, 杨建敏, 孙国华, 等. 2010. 中国沿海长蛸 (*Octopus variabilis*) 自然群体线粒体 CO I 基因遗传多样性研究. 海洋与湖沼, 41(2): 259-265.

郑小东, 王如才, 王昭萍. 2001. 头足类遗传变异研究进展. 水产学报, 25(1): 84-89.

Allcock A L, Cooke I R, Strugnell J M. 2015. What can the mitochondrial genome reveal about higher-level phylogeny of the molluscan class Cephalopoda. Zoological Journal of the Linnean Society, 161(3): 573-586.

Brierley A S, Rodhouse P G, Thorpe J P, et al. 1993. Genetic evidence of population heterogeneity and cryptic speciation in the ommastrephid squid *Martialia hyadesi* from the Patagonian Shelf and Antarctic Polar Frontal Zone. Marine Biology, 116: 593-602.

Carlini D B, Kunkle L K, Vecchione M. 2006. A molecular systematic evaluation of the squid genus *Illex* (Cephalopoda: Ommastrephidae) in the North Atlantic Ocean and Mediterranean Sea. Molecular Phylogenetics and Evolution, 41(2): 496-502.

Cheng R, Zheng X, Ma Y, et al. 2013. The complete mitochondrial genomes of two octopods *Cistopus chinensis* and *Cistopus taiwanicus*: revealing the phylogenetic position of the genus *Cistopus* within the order Octopoda. PLoS One, 8(12): e84216.

Guzik M T, Norman M D, Crozier R H. 2005. Molecular phylogeny of the benthic shallow-water octopuses (Cephalopoda: Octopodinae). Molecular Phylogenetics & Evolution, 37(1): 35-248.

Hassanin A, Léger N, Deutsch J. 2005. Evidence for multiple reversals of asymmetric mutational constraints during the evolution of the mitochondrial genome of metazoa, and consequences for phylogenetic inferences. Systematic Biology, 4(2): 277-298.

Jofré M S A, Sahade R, Laudien J, et al. 2012. A contribution to the understanding of phylogenetic relationships among species of the genus *Octopus* (Octopodidae: Cephalopoda). Scientia Marina, 76(2): 311-318.

Kaneko N, Kubodera T, Iguchis A. 2011. Taxonomic study of shallow-water octopuses (Cephalopoda: Octopodidae) in Japan and Adjacent Waters using mitochondrial genes with perspectives on *Octopus* DNA barcoding. Malacologia, 54(1-2): 97-108.

Kimura M. 1971. Theoretical foundation of population genetics at the molecular level. Theoretical Population Biology, 2(2): 174-208.

Lindgren A R. 2010. Molecular inference of phylogenetic relationships among *Decapodiformes* (Mollusca: Cephalopoda) with special focus on the squid order Oegopsida. Molecular Phylogenetics and Evolution, 56(1): 77-90.

Lu C C. 2000. Diversity of Cephalopoda from the waters around the Tong-Sha Island (Pratas Islands), South China Sea. In: Chow Y S, Hsieh F K, Wu S H & Chou W H (eds.) Proceedings of the 2000' Cross-strait Symposium on Bio-diversity and Conservation. Taichung: Museum of Natural Science: 201-214.

McKeown N J, Shaw P W. 2014. Microsatellite loci for studies of the common cuttlefish, *Sepia officinalis*. Conservation Genetics Resources, 6(3): 701-703.

Melis R, Vacca L, Cuccu D, et al. 2018. Genetic population structure and phylogeny of the common octopus *Octopus vulgaris* Cuvier, 1797 in the western Mediterranean Sea through nuclear and mitochondrial markers. Hydrobiologia, 807: 277-296.

Pérez-Losada, M, Guerra A, Carvalho G, et al. 2002. Extensive population subdivision of the cuttlefish *Sepia officinalis* (Mollusca: Cephalopoda) around the Iberian Peninsula indicated by microsatellite DNA variation. Heredity, 89(6): 417-424.

Piertney S B, Hudelot C, Hochberg F G, et al. 2003. Phylogenetic relationships among cirrate octopods (Mollusca: Cephalopoda) resolved using mitochondrial 16S ribosomal DNA sequences. Molecular Phylogenetics and Evolution, 27(2): 348-353.

Quinteiro J, Baibai T, Oukhattar L, et al. 2011. Multiple paternity in the common octopus *Octopus vulgaris* (Cuvier, 1797), as revealed by microsatellite DNA analysis. Molluscan Research, 31(1): 15-20.

Roman J, Palumbi S. 2003. Whales before whaling in the north Atlantic. Science, 301: 508-510.

Sasaki M. 1929. A monograph of the dibranchiate cephalopods of the Japanese and adjacent waters. Journal of the College of Agriculture, Hokkaido Imperial University, 20(suppl.), 1-357.

Strugnell J, Nishiguchi M K. 2007. Molecular phylogeny of coleoid cephalopods (Mollusca: Cephalopoda) inferred from three mitochondrial and six nuclear loci: A comparison of alignment, implied alignment and analysis methods. Journal of Molluscan Studies, 73(4): 399-410.

Strugnell J, Norman M, Jackson J, et al. 2005. Molecular phylogeny of coleoid cephalopods (Mollusca: Cephalopoda) using a multigene approach; the effect of data partitioning on resolving phylogenies in a bayesian framework. Molecular Phylogenetic Evolution, 37(2): 426-441.

Voight J R, Feldheim K A. 2009. Microsatellite inheritance and multiple paternity in the deep-sea octopus *Graneledone boreopacifica* (Mollusca: Cephalopoda). Invertebrate Biology, 128(1): 26-30.

Voight J R. 1997. Cladistic analysis of the octopods based on anatomical characters. Journal of Molluscan Studies, 63(3): 311-325.

Zheng X D, Ikeda M, Kong L F, et al. 2009. Genetic diversity and population structure of the golden cuttlefish, *Sepia esculenta* (Cephalopoda: Sepiidae) indicated by microsatellite DNA variations. Marine Ecology, 30(4): 448-454.

Zheng X D, Zhao J M, Xiao S, et al. 2004. Isozymes Analysis of the Golden Cuttlefish *Sepia esculenta* (Cephalopoda: Sepiidae). Journal of Ocean University of China, 3(1): 48-52.

第六章　长蛸繁殖生物学

头足类为雌雄异体，性成熟个体会通过配偶选择、争斗与展示、精子移除和替代、护卫等一系列复杂的求偶行为来完成交配。雄性柔鱼、枪乌贼、乌贼和蛸类等使用茎化腕传递精荚；雄性鹦鹉螺部分腹腕愈合形成肉穗传递精荚；水孔蛸和船蛸极为特殊，在交配中雄性个体的茎化腕自动脱落于雌性的外套腔中，完成精荚的传递。头足类的受精方式，大体上可分成两种类型。①口膜附近受精：主要受精部位在口膜附近，鹦鹉螺、柔鱼、枪乌贼和乌贼均行这种方式。雌性柔鱼、枪乌贼和乌贼的口膜腹面具一纳精囊，能够储存精子，精子在其中可以存活一段时间；精子和卵子可能在口膜附近相遇而受精。雌性鹦鹉螺虽不具有纳精囊，但雄性鹦鹉螺可以通过肉穗将精荚附于雌性漏斗后的须腕上，位置接近于口膜。②输卵管受精：主要受精部位在输卵管内，蛸类行这种方式（林祥志等，2006；张秀梅和王展，2019）。雄性个体使用茎化腕将精荚输入外套腔内的输卵管中。

动物精子的形态结构和精子发生过程是繁殖生物学研究的重要内容，与动物的受精、增殖密切相关。在生物类群中，不同科精子形态结构及精子发生存在很大差异，同科不同种也存在差异，所以精子在物种分类和系统进化上具有重要意义。有关蛸类精子超微结构、胚胎发育的研究已有报道（Enric et al.，2002；Ignatius，2006；Yang et al.，2011；王卫军等，2010；郑小东等，2011）。

尽管 Yamamoto（1942）对长蛸的胚胎发育做了初步研究，但尚存在诸多问题未解决，如胚胎发育阶段的界定、翻转以及多次翻转的原因。本章将对长蛸生殖系统、精子形态及其受精卵发生、胚胎发育和交配模式等方面进行介绍（钱耀森等，2013；薄其康，2015；Qian et al.，2016；Bo et al.，2016），旨在丰富长蛸的繁殖生物学，为其苗种繁育、增养殖工作提供基础性资料。

第一节　长蛸生殖细胞特征

一、长蛸精子特征及发生

长蛸精子细长，全长 390~650 μm，由头部、颈部和尾部三部分组成，整个精子包被在双层质膜内，精子发生过程中经历精母细胞、初级精母细胞、次级精母细胞、精细胞，最后形成精子。

（一）精荚与精子的光镜观察

成熟的精子位于精荚中，精荚储存于精荚囊中且外有膜包被，膜内部主要由精团、结合部和弹射装置三部分组成,弹射装置位于前端,连有长达 15cm 的"帽-线"结构(图 6-1a~d)。海水激活的精子运动活跃,10×20 倍光镜下观察发现精子前端呈杆状,后端为长长的尾(图 6-1e),在低浓度情况下,精子可充分舒展开,高浓度时,可能由于尾部的摆动,精子相互缠绕,形成网状结构(图 6-1f)。

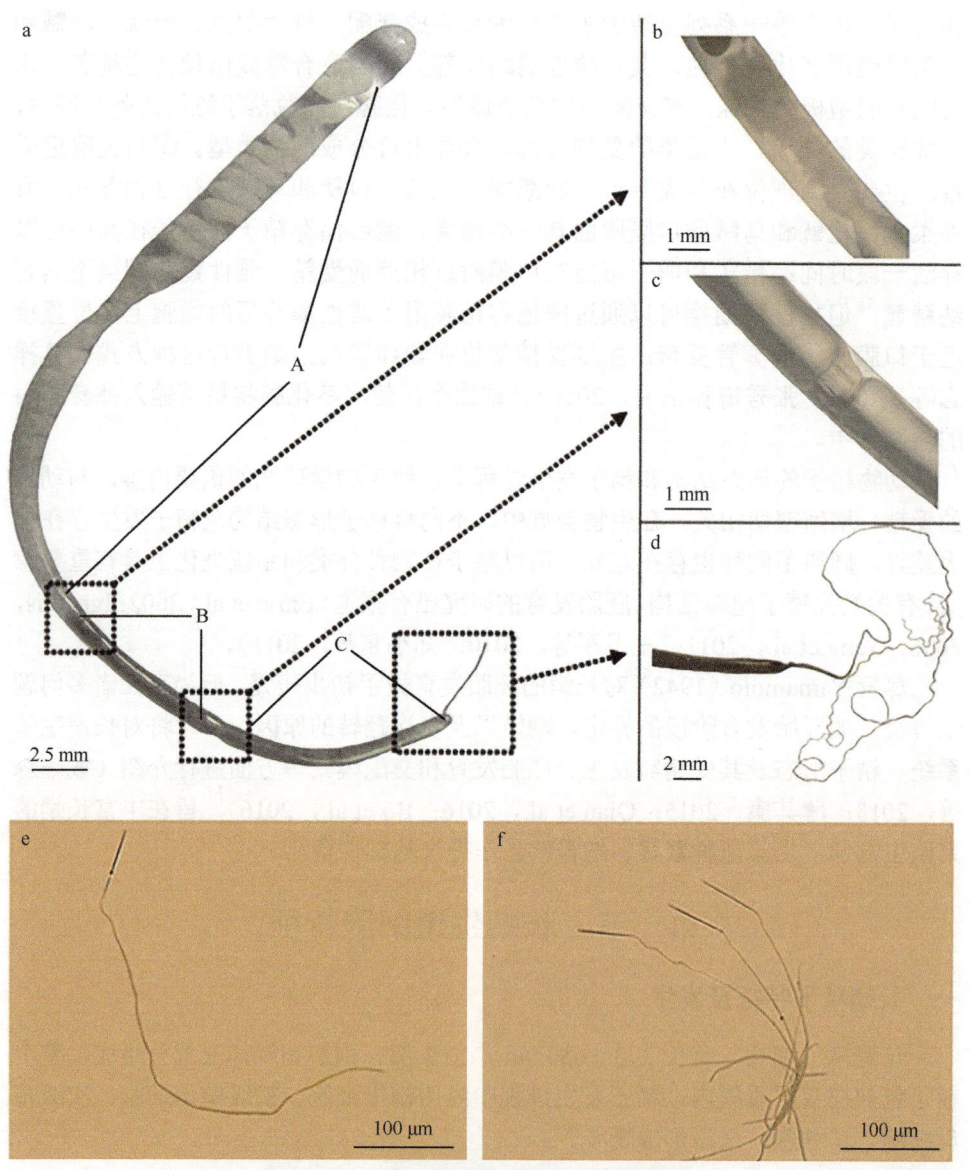

图 6-1 光镜下长蛸精荚和精子外部形态
a. 长蛸精荚;b. 结合部与精团连接处;c. 结合部与弹射装置连接处;d. 精荚的弹射装置及鞭毛;e. 游离精子的外部形态;f. 精子缠绕在一起。A,精荚内螺旋状精团;B,结合部;C,弹射装置

（二）精子的组织学发生观察

观察到精巢发育的四个阶段：

第Ⅱ期（发育期）：精小叶清晰可见，存在精原细胞、大量初级精母细胞、次级精母细胞、少量精细胞，未见精子（图6-2 a）。

第Ⅲ期（成熟早期）：精原细胞、初级精母细胞、次级精母细胞和精母细胞均可观察到，精子明显可见（图6-2 b）。

第Ⅳ期（成熟期）：精小叶大，细胞之间没有间隙，所有类型的细胞均存在，精小叶中央有丰富的精子（图6-2 c）。

第Ⅴ期（衰退期）：只有少量初级和次级精母细胞、精母细胞和精子（图6-2 d）。

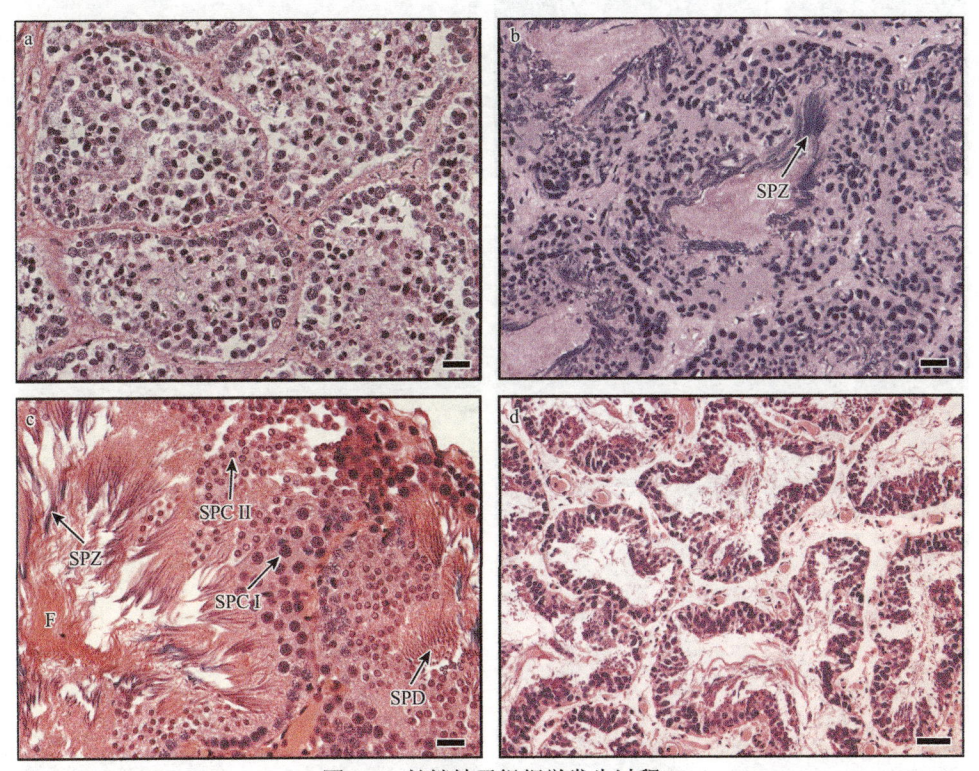

图6-2 长蛸精子组织学发生过程
a. 发育期；b. 成熟早期；c. 成熟期；d. 衰退期
SPC I，初级精母细胞；SPC II，次级精母细胞；SPD，精细胞；SPZ，精子；F，鞭毛
a～c. 标尺=20μm；d. 标尺=100μm

（三）精子的扫描电镜观察

扫描电镜下，长蛸精团呈网状（图6-3a），精子细长（图6-3b，c），全长390~650μm，包括头部、颈部和尾部三部分，最前端为顶体复合体，外观呈螺旋形的钻头状，中部略前最宽，约1.3μm，两头较细，顶端最细，螺旋部（图6-3e，f）长约5μm，螺旋数6~9个。长蛸精子顶体复合体以下部分并非粗细均匀，表面上有两个明显粗细过度的特征（图6-3b~d）。

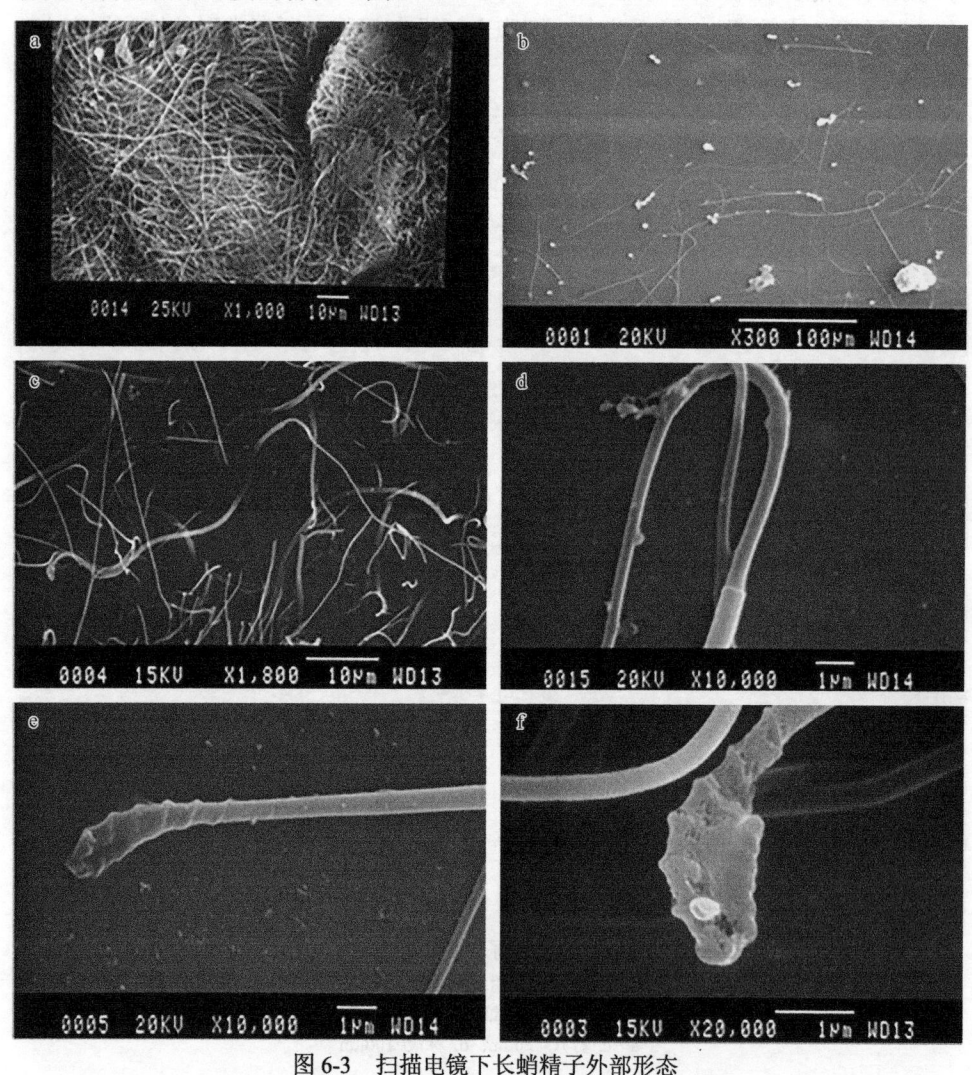

图6-3 扫描电镜下长蛸精子外部形态

a. 精团外部形态；b、c. 精子整体外部形态；d. 精子外形上的两个标志；e、f. 精子头部顶体钻头状螺旋结构

（四）精子的透射电镜观察

1. 精子发生

由精巢透射电镜超薄切片观察发现，长蛸精子发生是连续的。精子由精原细胞分裂形成，精原细胞细胞质少，核占比大，核内染色质呈块状或颗粒状散布在核膜的周围，高尔基体可见（图6-4a）。

初级精母细胞比精原细胞稍大，核内染色质在靠近核膜处进一步凝集，线粒体呈椭圆形分布于胞质中（图6-4b）。

次级精母细胞（图6-4c）由初级精母细胞分裂而来，此时细胞核一分为二，胞质尚未分开（图6-4d），所以次级精母细胞大小较初级精母细胞的一半稍大。次级精母细胞经减数分裂产生精细胞，此时两次细胞分裂已经完成，精细胞再经变态分化，形态结构变化进而形成精子。

根据顶体的演变、核形、染色质形态变化及线粒体等细胞器的演化，将精子形成分为6个时期。

（1）精细胞Ⅰ期：胞体椭圆形或不规则形，靠近核膜处开始形成近圆形的顶体囊，内部充满电子密度较低的物质，在顶体囊对侧出现囊状凹陷，形成核后窝。核由两层均质的染色质构成，外层较内部电子密度低（图6-4e）。

（2）精细胞Ⅱ期：核内染色质呈颗粒状分布，部分染色质凝集在一块，核后窝内出现中心粒形成的基体，核后窝电子密度较高，环绕在核膜外周的微管可见（图6-4f）。

（3）精细胞Ⅲ期：胞体及核继续伸长，核周微管清晰可见，染色质凝集。在透射镜下观察到电子密度很高，颗粒状的染色质开始增大（图6-4g）。

（4）精细胞Ⅳ期：胞体仍然不断伸长，核内染色质呈细长纤维状，顶体凸入纤维状染色体中，呈锥状，称为顶体锥，线粒体不均匀排列在核周围并开始向后迁移（图6-4h~j）。

（5）精细胞Ⅴ期：核内染色质凝集进一步加强。核中央可见电子密度低的空腔，形成核空泡，线粒体排列在精细胞周围，一般是10或11个，有的不均匀分布，且继续向后方迁移（图6-4k，l）。

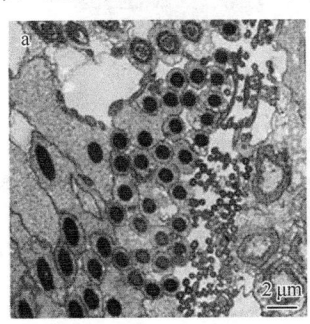

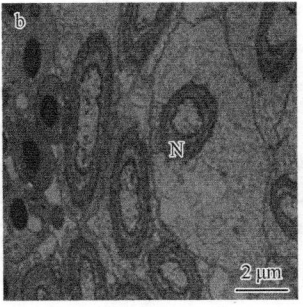

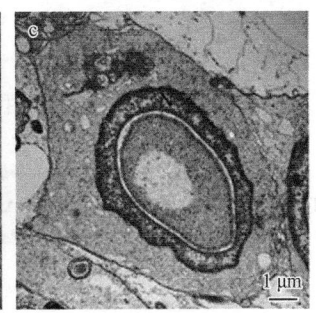

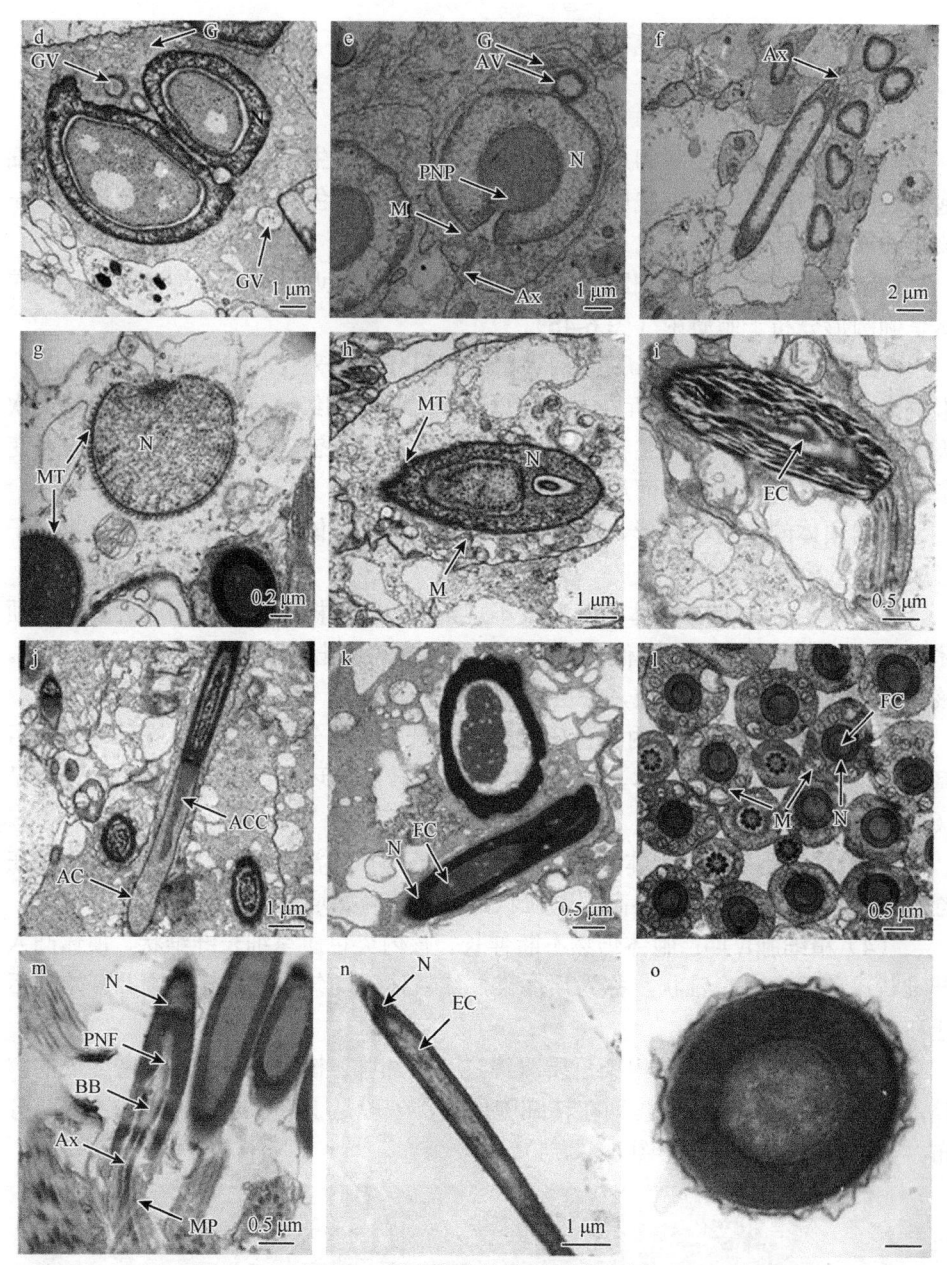

图 6-4 精子发生的透射电镜观察

a. 长蛸精子发生；b. 初级精母细胞；c. 次级精母细胞；d. 双核期次级精母细胞；e. 精细胞Ⅰ期；f. 精细胞Ⅱ期；g. 精细胞Ⅲ期；h-j. 精细胞Ⅳ期；k. 精细胞Ⅴ期纵切；l. 精细胞Ⅴ期横切；m. 精细胞Ⅵ期颈部纵切；n. 精细胞Ⅵ期精核纵切；o. 精细胞精核横切。Ax，轴丝；AC，顶体；ACC，顶体锥；AV，顶体囊泡；BB，基体；EC，核内沟；G，高尔基体；GV，高尔基体囊泡；M，线粒体；MP，中段；MT，微管；N，核；PNF，核后沟；PNP，核后窝

（6）精细胞Ⅵ期：核内染色质凝集成高密度均质状态，核内沟物质电子密度明显低于核物质，顶体发育成长锥状，其上具等间距的横纹，顶体囊和顶体腔中的电子密度低于核物质，很窄且染色稍浅的亚顶体腔将两者分开，线粒体迁移到核后端，形成精子中段的线粒体鞘（图6-4m～o），随着精子细胞延伸形成精子，核周微管随之消失。

2. 成熟精子

透射电镜下，成熟的长蛸精子分为头部、颈部和尾部三部分。头部由不规则的裙边状质膜包裹，前端顶体复合体（图6-5a～d）由顶体囊腔和顶体囊组成，顶体囊位于中央，电子密度较高，由电子密度较低的顶体囊腔包围，最大直径约0.5μm，顶体复合体最大直径达1μm。从纵切面（图6-5a，b）观察顶体囊，周围布有电子密度较高的小颗粒物质，可能是糖原颗粒。顶体囊具许多刺突（图6-5a～d）和界限分明的等距横纹（图6-5a，b）。顶体复合体基部和精核之间有一电子密度稍低的结构，称为亚顶体腔（图6-5a，b）。顶体复合体之后为精核，呈圆筒状，直径600nm左右，与顶体囊相比，精核的电子密度高且分布均匀，其后端中央有一空腔，称为核内沟（图6-5b～d，g，h），核内沟电子密度和顶体囊相当且均匀填充于精核内部，与周围的精核物质区分明显。

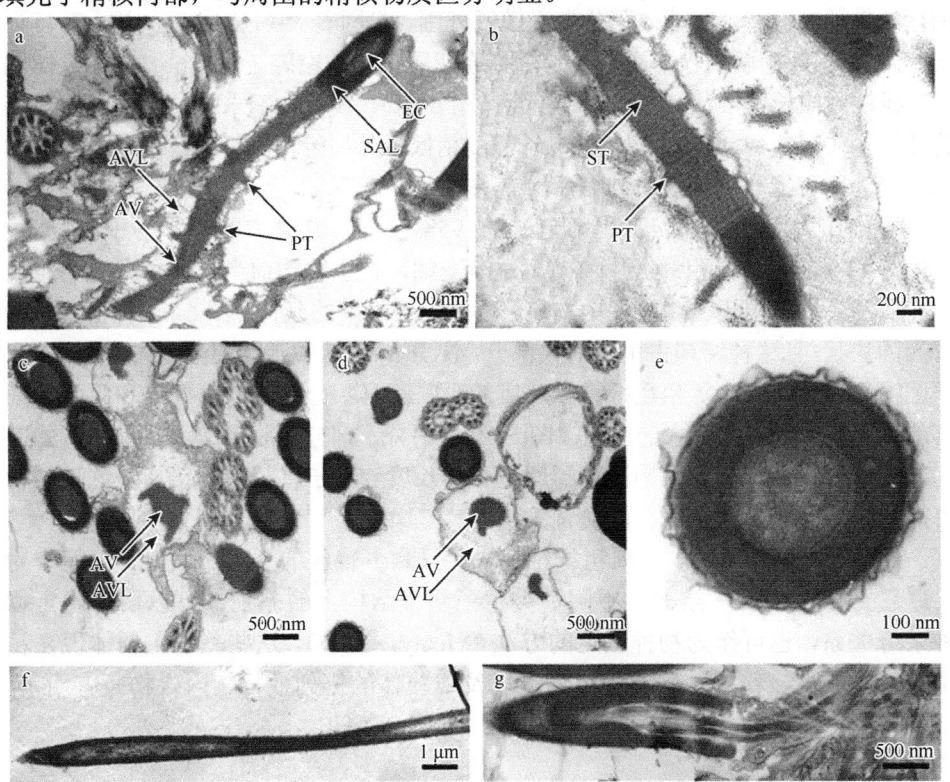

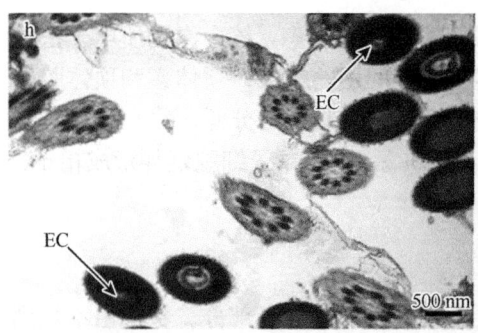

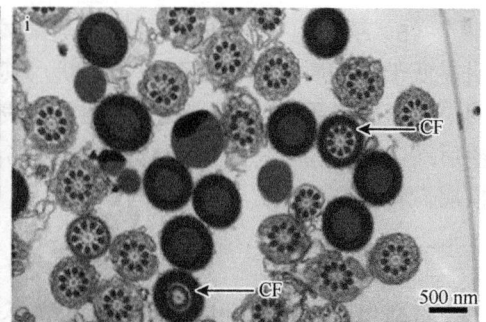

图 6-5 透射电镜下长蛸成熟精子头部和颈部结构

a, b. 成熟精子顶体及精核前端纵切；c, d. 成熟精子顶体横切；e～g. 成熟精子头部精核、核内沟和颈部纵切；h. 成熟精子精核前端横切；i. 成熟精子精核后端横切。AV, 顶体囊；AVL, 顶体囊腔；CF, 外周粗纤维；EC, 核内通道；PT, 刺突；SAL, 亚顶体腔；ST, 横纹；箭头示粗纤维结构

颈部（图 6-5g）很短，连接头和尾部，长 50～100nm，外有双层质膜包被，中间有轴丝和粗纤维（图 6-5d）穿过。

尾部分为中段、主段和末段三部分。中段主要由轴丝、外周等粗粗纤维、线粒体鞘等构成（图 6-6b, e），为精子提供动力。横切观察，轴丝外周由 9 条等粗粗纤维所包围，每条纤维与其内侧相对的 9 条轴丝二微管平行，中央有 2 条纵向平行的轴丝二微管，线粒体鞘分布于精子外围，包围着"9+9+2"结构，数目为 10 或 11，相邻的两线粒体融合、紧密相连或隔有大的空腔（图 6-6b, e）。纵切观察，线粒体伸长呈条状，与粗纤维平行（图 6-6a），线粒体鞘末端与电子密度较高的纤维鞘（图 6-6a, b）相连，其电子密度稍低于外周等粗粗纤维，内部由三层构成，其功能可能与阻止线粒体鞘后滑有关。

主段作为主体部分，占尾部全长的 95%以上，具典型的"9+9+2"结构（图 6-6f～h），外周粗纤维由前向后逐渐变细，在主段的前半部分每个外周粗纤维和质膜之间具电子密度较低的物质，可能是纤维鞘的延伸（图 6-6g），由片层状变为团块状，且这种结构占主段的大部分，继续往后，这种延伸逐渐消失（图 6-6h）。精团横切观察，每个等粗粗纤维相对应的质膜都具部分突起，粗纤维和质膜之间有的结合紧密，有的具大的空腔（图 6-6f）。另外，部分质膜形成很多呈指状的突起（图 6-6b, c），伸入到周围精子间，有的长度为精子直径的 2 倍多，这种结构可能与精子间的信息交流、活动有关。

尾部末段（图 6-6i）外周粗纤维消失，只剩下轴丝的 9 组二联管，中间一对二联管形成"9+2"结构。不同种类精子超微结构上的差别，可以用于确定物种亲缘关系，也可作为物种鉴定的方法（Healy, 1990）。这些差别主要体现在精子长度、顶体、精核、轴丝等结构，以及线粒体的排列数目、内含物等方面。

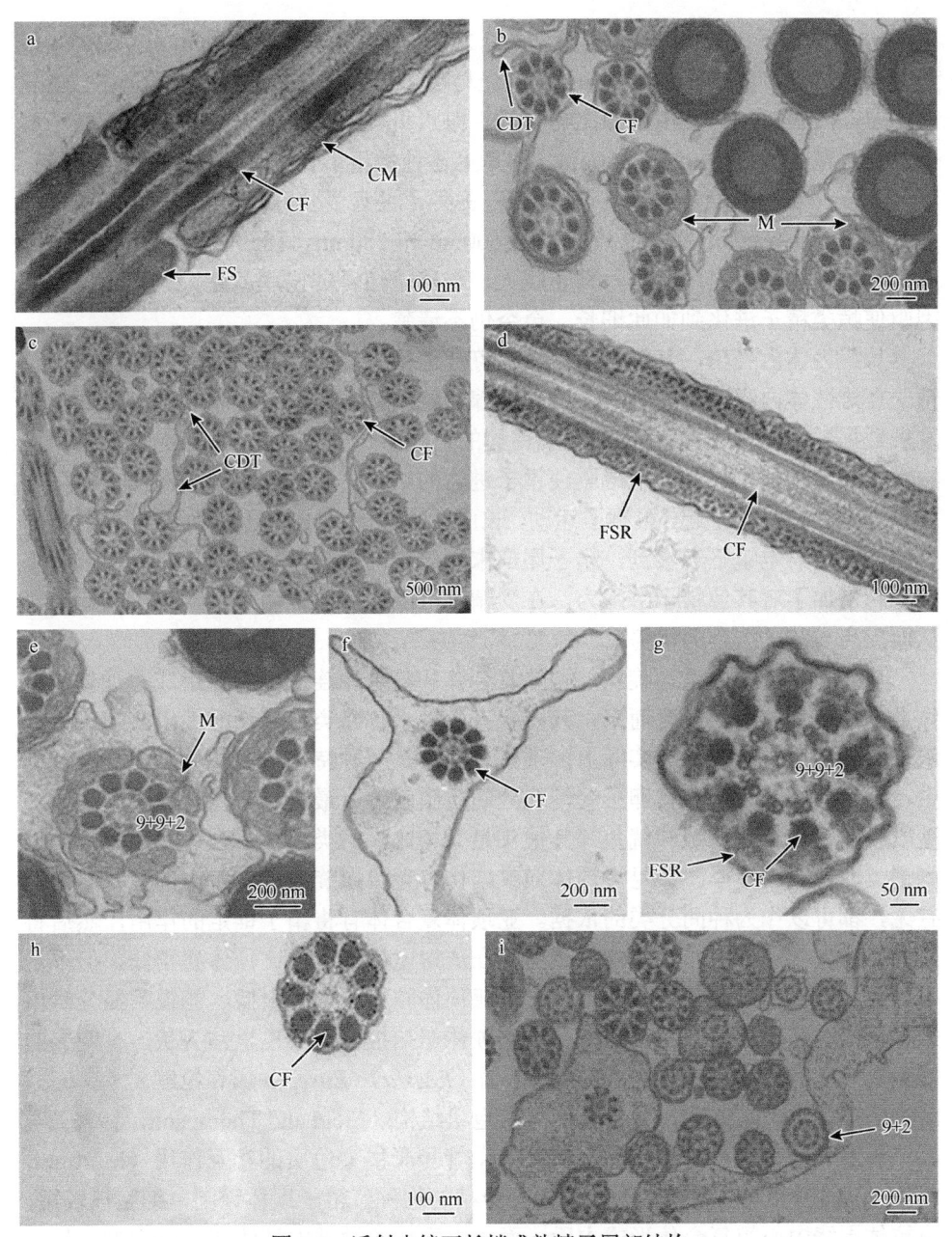

图 6-6 透射电镜下长蛸成熟精子尾部结构

a. 精子尾部中段线粒体鞘和纤维鞘纵切；b. 尾部中段线粒体鞘和纤维鞘横切；c. 尾部主段横切；d. 尾部主段纵切；e. 尾部中段线粒体鞘横切；f~h. 尾部主段不同部位的横切；i. 尾部末端横切。CM, 线粒体鞘；CF, 外周粗纤维；CDT, 精子双层质膜指状突起；FS, 纤维鞘；FSR, 纤维鞘残余部分；M, 线粒体

人类精子长约 60μm（李云龙和刘春巧，2005），半滑舌鳎（*Cynoglossus*

semilaevis) 精子仅长 45μm（吴莹莹等，2007），栉孔扇贝（*Chlamys farreri*）（任素莲等，1998）精子长 60～70μm，旋壳乌贼（*Spirula spirula*）精子长约 120μm（Healy，1990）。蛸类精子相比哺乳类、海水贝类、鱼类以及其他头足类精子要长，长蛸精子长度为 390～650μm，约是上述种类精子长度的 10 倍，短蛸精子长度为 600～700μm（Yang et al., 2011）。另外，尖盘爱尔斗蛸 *Eledone cirrhosa* 和爱尔斗蛸 *E. moschata* 精子长度分别是 600μm 和 280μm。1859 年，达尔文在提出的"性别选择理论"中指出，精子越大，与卵子结合的概率就越大。至于什么原因驱使蛸类精子进化到如此细长，至今仍不清楚。

长蛸为体内受精，其精子超微结构符合进化型精子结构（叶素兰等，2009）。精子在雌性体内经过输卵管进入输卵管腺的纳精囊中，最终将精子储存于此（未发表数据）。精子从输卵管末端到纳精囊的过程中，经过长约 4cm 的输卵管，推测精子如此细长可能是生殖道驱使精子进化的结果。精子在海水中激活后，精子尾末端相互缠绕在一起，限制了运动，长而活力强的精子就更容易得到受精机会。另外，在透射电镜下观察到，精子尾部末端质膜向外分出很多指状突起，这些小的突起增加了对其他精子的阻力，在受精时可能会有效地阻止其他精子的运动，从而提高与卵子结合的优势。

长蛸精子头部由呈螺旋状的顶体复合体和与之相连的细胞核组成。顶体复合体是由高尔基体小泡发育而来，其内含有各种水解酶类，包括酸性磷酸酶、蛋白水解酶、透明质酸酶等。实际上，顶体复合体是一种特化的溶酶体。在受精过程中，顶体囊内的各种酶将卵子受精孔处的质膜水解，最终导致精细胞质膜与卵细胞质膜的融合。与乌贼和鱿鱼等其他头足类相比，蛸类顶体复合体明显拉长，推测蛸类卵子质膜更厚。头足类顶体横纹结构有无、螺旋的层数、内部泡状结构的有无，都可以作为种间分类的依据。亚顶体复合体有将精子锚定的作用，然后将核物质释放到卵子中，长蛸的亚顶体腔在透射电镜下密度比顶体囊稍低，但不是很明显，短蛸（杨建敏等，2011）中的亚顶体腔电子密度很低，能很明显分辨出来，这两种蛸等距横纹都很明显；真蛸顶体在扫描电镜下也呈钻头状，有明显的等距离排列的横纹；枪形目的僧头乌贼属（*Rossia*）、*Eusepia* 属和枪鱿属（*Loligo*）动物的顶体也呈螺旋形，并且顶体内有泡状结构（Field and Thompson，1976）。

头足类动物精核的形成源于核外周微管和凝集染色质的相互作用（Martínez-Soler et al., 2007）。通常认为，营体外受精的物种，精子顶体钝圆，细胞核较短，线粒体围绕中心粒复合体形成中段。而体内受精的种类则顶体和精核均被拉长，线粒体拉长形成线粒体鞘。前者为原生型精子，后者为修饰型精子（Maxwell，1983）。长蛸的精核呈长筒状，线粒体鞘位于尾部中段，属于修饰型精子，与短蛸一样（杨建敏等，2011），这一点与体内受精的机制相符合。双壳类的栉孔扇贝为体外受精，精核呈长柱状，上端稍窄，下端较宽，染色质致密，核前端有较大的马蹄形凹陷，即核前窝（任素莲等，1998）；腹足类东风螺精子精核呈细长圆筒状，核的后方有一较深的核内沟，整个核的电子密度高且均匀（柯才焕和李复雪，1992）。精核长度的差异与受精机制有一定关系，也可作为物种鉴定的依据之一。精核结构与其生理功能是相适应的，如表面的螺旋状突起能增强精子的运动能力，"钻头"状的前端能够帮助精子更有效地通过雌性身体上的孔道，是迫于受精压力而产生的一种对栖息地的进化适应。

头足类精核形态主要分为"弯"核和"直"核两种，其差异既可作为物种鉴别的依据，又可用于研究物种间的进化关系。乌贼和枪乌贼等十腕类，主要是"弯"核，八腕类是"直"核，一般认为"直"核是由"弯"核发展而来的（Healy，1990）。长蛸具有明显的长筒状直核，属进化的类群。

线粒体作为精子运动的供能细胞器，其大小和数量与精子运动、穿透能力息息相关。线粒体与垂直的一对中心粒构成了长蛸精子尾部中段。长蛸精子发生过程中，线粒体数目、形态、出现位置等随发育而变化；线粒体鞘随着精子成熟，从精核的位置向后移动，到达精子尾部中段，排列在9+9+2结构周围，数目多为10～11个，相邻的线粒体有融合现象。深海鱿属的 *Bathypolybus bairdii*、*B. sponsalis* 精子中部也存在线粒体鞘，具有9个"豆"形线粒体，线粒体鞘平行于粗纤维延伸的方向（Roura，2009）；短蛸线粒体数目多在9～10个（杨建敏等，2011）；比较原始的鹦鹉螺，其精子线粒体融合成两个拉长的大线粒体，围绕核后端的中心粒复合体，形成精子中段（Arnold and Williams，1978）；乌贼目 *Eusepia* 及枪形目枪乌贼属、异尾鱿属 *Alloteuthis*（Maxwell，1975）都拥有一个长柱状的线粒体鞘，围绕"9+9+2"结构的鞭毛，形成精子尾部中段；八腕目的蛸属和爱尔斗蛸属具有真正的线粒体鞘，位于精子尾部中段（Healy，1990）。长蛸精子虽有部分线粒体均匀分布在粗纤维外围，但也发现有一侧未有线粒体分布的情况。

头足类中不同种类的线粒体在精子鞭毛中的排列方式、数目、形态有所不同，其与精子的运动能力、受精机制之间的相关性等尚需深入研究。

二、长蛸卵子的结构特点

根据显微镜观察结果，确定了卵母细胞的9个发育阶段，特征描述如下：

第Ⅰ期卵原细胞期（OO）：卵原细胞小而圆，直径11.3～26.9μm，细胞质极少，附着在生殖上皮（图6-7a）。

第Ⅱ期早期卵母细胞期（EPO）：卵母细胞与一个或几个滤泡结合，卵母细胞直径33.8～74.7μm（图6-7b）。

第Ⅲ期晚期卵母细胞期（LPO）：卵母细胞周围有一层扁平的滤泡细胞。卵母细胞的直径97.1～194.0μm。细胞质所占的部分比细胞核所占的部分大（图6-7c）。

第Ⅳ期卵黄合成前卵母细胞（PVO）：卵母细胞上皮由两层滤泡细胞组成，滤泡细胞大量增殖，形成皱褶并深入细胞内部。卵母细胞直径增加（179.6~394.2μm），核仁变性开始，卵黄颗粒开始产生（图6-7d）。

第V期卵黄合成期卵母细胞（VO）：卵母细胞的直径大大增加，直径235.3~735.2μm。滤泡上皮在卵黄和卵膜形成中过程中活跃。滤泡形成的皱褶通过卵黄的形成迁移到卵母细胞外围（图6-7e）。

第VI期卵黄合成后期卵母细胞（AVO）：卵母细胞规格达到最大（1246.1~3144.7μm），细胞质充满卵黄颗粒，被卵膜包围（图6-7f）。

第VII期成熟卵母细胞（RO）：卵母细胞由排卵前卵泡产生。卵黄颗粒充满细胞质，皱褶被完全重吸收。这些卵母细胞已为排卵做好准备。卵母细胞直径2187.1~3405.9μm（图6-7g）。

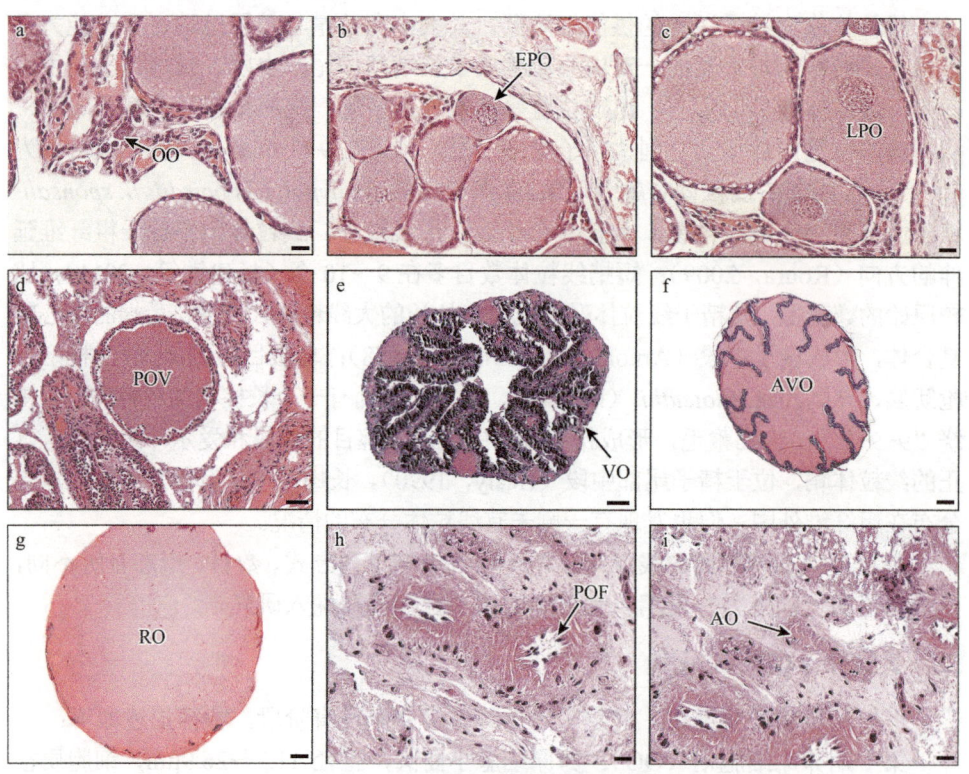

图6-7 长蛸卵子组织学发生过程

a. 卵原细胞（OO）；b. 早期初级卵母细胞（EPO）；c. 晚期初级卵母细胞（LPO）；d. 卵黄合成前卵母细胞（PVO）；e. 卵黄合成期卵母细胞（VO）；f. 卵黄合成后期卵母细胞（AVO）；g. 成熟卵母细胞（RO）；h. 产后滤泡细胞（POF）；i. 退化卵母细胞（AO）。

a~c, h, i. 标尺=20μm；d, e. 标尺=50μm；f, g. 标尺=200μm

第Ⅷ期产后滤泡细胞（POF）：卵泡上皮在排卵后产生排卵后卵泡。卵泡形状不规则，管腔呈星形，内含纤维样物质，有高度无定形和嗜碱性小体（图 6-7h）。

第Ⅸ期退化卵母细胞（AO）：卵母细胞的滤泡上皮组织紊乱。纤维结缔组织被胶原纤维所取代。卵膜分解成碎片（图 6-7i）。

第二节　长蛸的交配模式

一、头足类交配模式对群体的影响

头足类一般采取独居生活方式和一生繁殖一次的繁殖方式，精子在雌性体内可以长期储存，这些特征满足了头足类具备多雄交配特征的条件（Hanlon and Messenger，1996）。多雄交配繁殖策略在枪乌（Buresch et al.，2001；Shaw and Sauer，2004；Iwata et al.，2005；Iwata et al.，2011）、乌贼（Naud et al.，2005）和蛸类（Cigliano，1995；Voight and Feldheim，2009）已经被证明，更有意思的是，同一卵袋中的幼体也不共有同一父本，而共有同一父本的幼体在卵袋中的位置和分布频率也不一样（Buresch et al.，2001）。

多父本婚配制度，又称一雌多雄交配制度，是物种众多交配系统中的一种。后代的多雄交配影响有效种群数量（Karl，2008），同时为下一代提供诸多的遗传效益（Zeh and Zeh，2001；Neff and Pitcher，2005）。由于有多个父本参与同一母本的繁殖过程，保证了充足的精子来源，促进精子竞争从而产生更优质的后代，后代获得了争取更优秀遗传基因的机会，并有足够的变异从而适应环境的变化等（Uller and Olsson，2008）。多父本婚配制度一般具有降低物种有效群体数（N_e）及遗传多样性的作用，Parker 和 Waite（1997）在比较几种交配模式对群体有效等位基因数影响时发现，一雄多雌和一雌多雄的交配模式对繁育群体的有效群体大小影响最大。Karl 等（2008）和 Lotterhos 等（2011）通过数值模拟认为，相对于一雌一雄的婚配制度，多父本婚配制度下的雄性个体不仅要参与雌体交配权的竞争，还要参与同一批卵受精权份额的竞争，因而总体上增加了雄性繁殖成功的变异程度，从而减小了 N_e，降低了物种的遗传变异。物种交配系统的这些特性增加了特定物种有效群体大小的预测难度，同时也增加了人工繁育群体近交及遗传衰退的风险。但这也反过来使得通过环境调节改变交配系统从而改变物种有效群体大小、保护遗传多样性成为可能（Castro et al.，2004），因而成为遗传学家和保护生物学家的重要研究课题。

然而，近年来，有关多父本婚配制度可增加群体的 N_e、增加物种的遗传变异和环境适应性方面的报道逐渐增多。Pearse 和 Anderson（2009）表述了多父本婚配制度与有效群体大小的关系：当一个随机交配的理想化群体，在没有突变、群体大小保持恒定时，它的实际群体大小接近 Ne；相反，当非随机交配发生时，如一个雌体所产的所有子代只被一个雄性受精，则群体的 Ne 大大减小；当多父本婚配制度存在时，一个雌体所产的子代可被多个雄性受精，减少了不同雄体繁殖成功的差异，从而可增加 Ne。Sugg 和 Chesser（1994）也证实多父本婚配制度使参与繁殖的有效雄性数量达到最大化，有效地降低了遗传变异丧失速度，从而保持物种遗传多样性；Martinez 等（2000）证实大西洋鲑的多父本婚配制度显著增加了其有效群体大小，从而增加了后代群体的遗传变异，防止了近交效应的快速积累。多父本婚配制度对种群遗传多样性的积极贡献在更多其他物种中均已得到证实（Shurtliff et al., 2005; Davis et al., 2001; Huo et al., 2010）。Lotterhos（2011）最终通过数值模拟证实多父本婚配制度对 Ne 的影响具有双向性，其影响大小和方向与世代间隔、多父本交配频率、同窝子代父本贡献均匀度、母本子代数目变异等相关，但多父本婚配制度对物种 Ne 及遗传多样性的巨大影响已是不争的事实。在人工繁殖中有效地利用多雄交配遗传规律可以为渔业管理提供理论支持，从而缓解由于过度捕捞带来的资源枯竭。

微卫星技术在实际繁殖和受精结果鉴定上的使用十分普遍（Buresch et al., 2001; Shaw and Sauer, 2004; Voight and Feldheim, 2009），且效果显著。Zuo 等（2011）开发了 12 对长蛸微卫星，可用于长蛸多雄交配策略的检测。

亲本重建法（parental reconstruction）是指实验中参照半同胞或全同胞家系的子代基因型来重新建构未知亲本的基因型。其条件是半同胞或全同胞家系中的子代至少共有一个亲本，即所有子代至少都能遗传到已知亲本各个等位基因中的一个，其中共有的亲本基因型将在采样检测或家系重建中得到。未知亲本的基因型则可以通过子代中每个位点等位基因除去已知亲本相对应位点等位基因再重组来获得。简约法（parsimony）可推算亲本数最小值。最简单的是单位点简约法（the single-locus minimum method）（Fiumera et al., 2001）。算法①：多样性最高的位点上未知亲本的等位基因数除以 2 后四舍五入得出未知亲本数，这样得出的结果最小，其缺点是只运用一个位点信息，忽略了其他位点的信息。算法②：各个位点未知亲本的等位基因数相加总和被 $2L$（L，位点数）除后四舍五入得出亲本数，其缺点是要求子代采样数多、运用的位点多样性好。

GERUD 软件计算时运用到全部位点信息（Jones, 2005）。GERUD 方法先获得未知亲本各位点的等位基因，然后按照子代和已知亲本的基因型来重建未知亲本基因型，子代都有与之对应的亲本组合，还可以按照等位基因频率和孟德尔分离组合定律将可能的未知亲本数进行排序（DeWoody et al., 2000）。

二、长蛸交配模式研究

这一节将讨论运用微卫星技术来研究和证实多雄交配繁殖策略是否存在于长蛸中（Bo et al., 2016）。我们使用 CERVUS v3.0 计算亲本、子代和群体的等位基因频率、杂合度（Het）和纯合度（Hom）。群体的哈迪-温伯格平衡（HWE）检测使用 Genepop ver 4.3。基因型的连锁不平衡（LD）使用 Arlequin ver 3.5 检测。推断位点存在父本等位基因的条件：子代中含有母本没有的等位基因、子代在该位点为纯合子，或者子代在该位点基因型是与母本相同的杂合子。当某位点经推断存在多于两个父本等位基因时，则可以说明存在多雄交配策略。使用 GERUD v2.0 计算父本数的最小值，同样也通过单位点简约法。

我们使用 10 组家系（每个家系包括 1 个母本和 15 个对应子代）和 6 对引物进行了长蛸交配模式的鉴定。所有的个体都能为 6 对引物所扩增。表 6-1 中显示了亲本、子代和群体的基因频率、杂合度及纯合度。检测到位点 *OM02* 多样性最差，存在无效等位基因，且和 *OM05* 显著连锁不平衡（表 6-2）。在后面的数据分析中只用其他 5 个位点，排除了位点 *OM02* 的干扰。在一个已知的亲本条件下，5 个位点的总排除概率为 0.97，因此实验中对现场交配的雄性父系之间误认和混淆的可能性极低。

表 6-1　长蛸 6 个位点等位基因扩增结果的检测

位点	等位基因数（N）	个体数（n）	杂合子数（Het）	纯合子数（Hom）	观察杂合度（H_O）	期望杂合度（H_E）	HWE	F（Null）
群体样本								
OM02	3	41	19	22	0.463	0.607	0.021	0.1139
OM03	7	39	39	0	1.000	0.787	0.057	−0.1303
OM04	5	43	28	15	0.651	0.701	0.344	0.0234
OM05	5	41	24	17	0.585	0.531	0.820	−0.0705
OM07	5	43	34	9	0.791	0.716	0.345	−0.0733
OM08	10	37	27	10	0.730	0.835	0.008	0.0630
家系样本								
OM02	3	160	55	105	0.344	0.630	ND	0.2890
OM03	7	158	127	31	0.804	0.778	ND	−0.0196
OM04	5	159	129	30	0.811	0.715	ND	−0.0703
OM05	4	160	82	78	0.513	0.523	ND	0.0171
OM07	5	160	115	45	0.719	0.734	ND	0.0024
OM08	10	158	129	29	0.816	0.815	ND	−0.0048

注：ND 表示没有执行计算。

表 6-2　长蛸 6 个位点的连锁不平衡检测

位点	*OM02*	*OM03*	*OM04*	*OM05*	*OM07*	*OM08*
OM02	×	−	−	+	−	−

续表

位点	OM02	OM03	OM04	OM05	OM07	OM08
OM03	0.631	×	-	-	-	-
OM04	0.504	0.439	×	-	-	-
OM05	0.004	0.015	0.034	×	-	-
OM07	0.933	0.142	0.697	0.388	×	-
OM08	0.127	0.504	0.192	0.017	0.499	×

10 组家系中有 6 组是具有多父性的，占到 60%（表 6-3 和图 6-8）。使用 GERUD 计算得到的结果显示：长蛸最小父本数为 1～3 个不等，各父亲的基因型不同；在 B2、B3、B4 和 B9 中子代共享同一个父本，其余组家系存在多雄交配策略。

表 6-3 长蛸 10 组家系中最小父本数

| 家系 | 子代数 | GERUD 方法 ||||| S-LM 方法的结果 |
		最小父本数	F_1	F_2	F_3	freq+seg	二项式偏斜指数	
B1	15	2	12	3		1.33×10^{-23}	0.175	2
B2	15	1	15				NA	1
B3	15	1	15				NA	1
B4	15	1	15				NA	1
B5	15	3	5	5	5	3.44×10^{-34}	−0.067	3
B6	15	2	13	2		1.53×10^{-28}	0.269	2
B7	15	3	6	5	4	7.14×10^{-36}	0.002	3
B8	15	2	12	3		5.27×10^{-25}	0.175	2
B9	15	1	15				NA	1
B10	15	3	7	4	4	6.25×10^{-3}	0.214	2

注：freq+seg，基于频率和孟德尔分离的父本可能性。

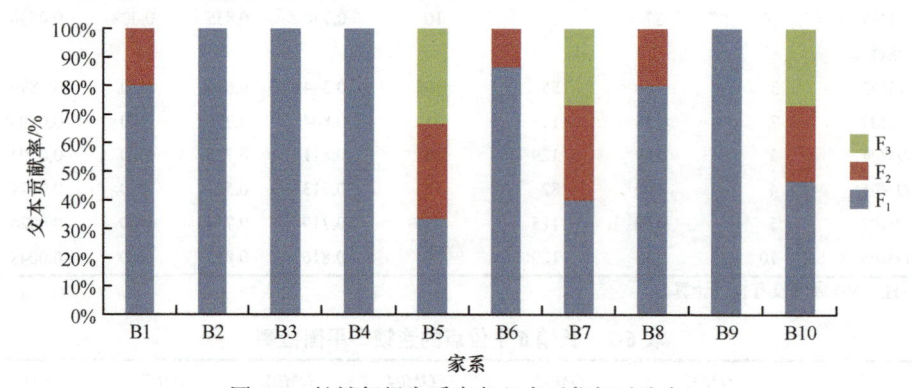

图 6-8 长蛸每组家系中各父本子代相对分布

多父家系中有 4 组（占多父组 66.7%）出现显著的繁殖偏歧（表 6-3），并且在这 4 组中有一个父本的子代占到组中子代总数的 50%以上。使用单一位点简约法计算得到的最小父本数与 GERUD 结果几乎一致，仅在第 10 组中不同。

软件 GERUD 以增加父本基因型的组合数来满足全部子代相对应的亲本基因型组合，这也是 GERUD 方法得到父本数较多的原因（在 B10 中，表 6-3）。这一节的研究证明了多雄交配模式的确存在于长蛸的繁殖策略中。研究结果表明：在家系 B2、B3、B4 和 B9 中最小父本数为 1，在 B1、B6 和 B8 中存在最小父本数 2，在 B5、B7 和 B10 中最小父本数是 3。因为已交配的长蛸亲体在捕入室内后不久就开始产卵，所以实验中得到的最小父本数、出现频率的规律及其子代在全部子代中所占比例呈现了长蛸在自然界中普遍的规律。

一些学者研究了蛸类的交配及精荚的传输过程。其大概过程是：雄蛸靠近雌蛸，将其茎化腕插入雌性胴体腔的输卵管中；精荚由端器送出经漏斗导入茎化腕精沟中，然后精荚会随茎化腕精沟的连续波状起伏进入雌性体中的输卵管中；精荚中的高密度液体吸水膨胀使精荚外翻，引起精子的释放；精子最终进入并储备在纳精囊中。雌蛸可以进行多次交配，交配后雄性精子在精荚囊中可以存储几个月，这也为多雄交配繁殖策略的产生创造了条件。长蛸的精子在雌性体内可存活 15 天左右，交配后到产卵间隔一段时间，这也给长蛸多父性存在创造了条件。

长蛸的交配活动不像其他种类那样容易观察，因此微卫星标记法是一种揭开其多雄交配谜团的很好工具。研究显示，66.7%的家系组产生了繁殖偏歧，这种偏歧也存在于真蛸 *O. vulgaris*、北太平洋谷蛸 *Graneledone boreopacifica*、皮氏枪乌贼 *Doryteuthis pealeii*、枪乌贼 *Loligo vulgaris*、长枪乌贼 *Heterololigo bleekeri* 中。繁殖偏歧可能是由雄性间的精子竞争或雌性对精子喜好选择引起的。蛸类不同个体间的交配是存在的，精子竞争是否存在尚未被证明。Cigliano（1995）在研究中发现雄蛸与在 24h 内交配过的雌蛸交配时，会因要移去上个雄蛸的精子而增加交配时间。

第三节 长蛸的胚胎发育

头足类产端黄卵，在发育过程中，卵黄越聚越多，把卵质挤到动物极，最后形成一层薄薄的盘状层。在软体动物门中，仅头足类进行盘状卵裂，与其他各纲的螺旋卵裂迥然不同。头足类卵的外边除包有透明的卵膜外，还有黏状胶质的三级卵膜，具保护作用。在乌贼卵的发育过程中，三级卵膜由松变紧，然后由小胀大，以未出膜幼体背面处的卵膜首先变薄，然后破裂，小乌贼乃破膜而出。由于胚胎期中获得丰富的卵黄营养，再加以厚层卵膜的保护，头足类卵的孵化率甚高，一般可达 70%～80%，当环境条件良好时，孵化率还会增高（宋旻鹏等，2018）。

大多数软体动物的幼虫发生类型不同，甚至存在一些大洋性种类，在个体发育中或具有某些特殊结构，或某些形态有所变化，不完全相同于成体的形态，甚至呈现较大的差别，因而被误认为不同的种、属；但头足类为直接发生，不经过幼虫变态阶段。大多数浅海性种类如长蛸、短蛸，在刚刚孵出后，即与亲体的形态接近，在发育的过程中，其他外部形态也没有什么变化；但也有少数种类，如真蛸，在发育过程中，腕的长度从占胴体部长度的 2/3，变成相当于胴体部的 4~5 倍，吸盘相差不大，卵形的大色素斑变成细点状的小色素斑，并间杂着灰白斑点（林祥志等，2006）。

钱耀森等（2013）对山东荣成天鹅湖盛产的长蛸进行了人工繁育研究，并采用显微观察和数码拍照等方法，观察了其胚胎发育，详细描述长蛸各发育期的特征。在室温 21~25℃下，长蛸胚胎发育期 72~89d，依次经历卵裂期、囊胚期、原肠期、器官形成期和孵化期，伴有红珠、黑珠和胚胎翻转等现象。据 Naef（1928）划分标准，胚胎发育详细划分为 20 期（图 6-9），各期主要特征如下。

第 1 期（1~8d）：刚产的受精卵呈米黄色，随后逐渐变浅。受精后胚细胞经数次分裂，动物极一端（对卵柄侧）形成盘状胚盘（图 6-9-1）。

第 2 期（9~10d）：内中胚层开始形成，动物极颜色较深，分裂的细胞体积变小，仅比卵黄颗粒稍大（图 6-9-2）。

第 3 期（11~13d）：卵黄上皮在未分裂的卵黄上缓慢向中心扩散，外观颜色逐渐变深，此时卵黄上皮开始外包形成原肠胚。外周中胚层细胞开始形成外卵黄囊组织（图 6-9-3）。

第 4 期（14~16d）：卵黄上皮细胞均匀地向植物极扩散，轮廓更加清晰明显，此时胚盘在卵黄顶部呈帽子形状（图 6-9-4）。

第 5 期（17~18d）：胚盘在卵黄囊上继续扩散，约为卵黄囊长径的 1/4，但横向直径仍然小于卵黄囊直径（图 6-9-5）。

第 6 期（19~20d）：卵黄上皮继续向植物极分裂，可以看出外弧面细胞快于内弧面，此时卵黄上皮已经下包到卵黄的一半。第 20d 开始在动物极 1/5 处可以模糊看到腕原基，随后看到眼原基和圆形胴体原基，8 个腕原基排成几何圆形，眼原基和胴体原基位于中间，被腕原基环绕，眼原基颜色为浅橘黄色（图 6-9-6）。

第 7 期（21~23d）：漏斗原基、口原基出现，卵黄囊从口周围开始节律性收缩。胚胎由对卵柄端逐步翻转到卵柄端，此过程需 2~3h。当翻转到卵柄端时，8个腕呈圆球状紧贴在卵黄囊上，眼睛瘪瘦，内部呈橘黄色，胴体扁平，与腕靠在一起突出于卵黄囊外，与卵黄囊垂直。卵黄囊收缩缓慢，频率约 10 次/min（图 6-9-7）。

第 8 期（24~25d）：眼睛开始变圆，腕伸长，末端钝圆，胴体部开始拉长，内部出现某些组织或器官，如鳃。胴体和腕原基分开。腕不能活动。卵黄囊收缩频率约 7 次/min（图 6-9-8）。

第 9 期（26～27d）：腕末端仍为钝圆，可在卵黄囊上微微摆动。眼睛颜色仍为橘黄色，平衡囊形成，胴体继续伸长，卵黄剩下 4/5，卵黄囊收缩频率约 5 次/min（图 6-9-9）。

第 10 期（28～30d）：眼大而圆，颜色为变为红色，腕末端变尖，摆动幅度变大，胴体部饱满；卵黄囊有节律地收缩，频率约 9 次/min（图 6-9-10）。

第 11 期（31～32d）：眼红褐色，腕末端变得尖细，胴体变大、变圆；胴体部中间位置出现颜色较深的肝结构；卵黄囊收缩频率有所增加，频率约 11 次/min（图 6-9-11）。

第 12 期（33～35d）：眼变为黑色，出现微弱转动；两眼间有 2～3 个色素斑；腕变长，第 1 对腕出现单行吸盘；胴体变大变圆；外卵黄囊有节律地收缩，一部分外卵黄由口进入胴体内，形成内卵黄。内卵黄位于胴体后方，光镜下呈淡黄色；胴背部出现多个黄色的色素细胞；外卵黄囊收缩频率约 4 次/min，收缩明显变慢，左、右鳃心出现有规律地交互收缩，频率约 40 次/min；可以观察到胴体的收缩，鳃清晰可见（图 6-9-12）。

第 13 期（36～38d）：眼为黑色，第一对腕背面出现 5～8 个色素斑，腕可自由活动；胴体腹部两侧各出现 2～3 个色素细胞；外卵黄囊有规律地收缩，频率约 4 次/min；左右鳃心有规律地交互跳动，频率约 50 次/min（图 6-9-13）。

第 14 期（39～41d）：眼仍为黑色；腕可以在卵内自由活动；墨囊位于内卵黄囊腹侧，开始生成墨汁；外卵黄囊有节律地收缩变慢，3～4 次/min；两侧的鳃心有规律地交互跳动，频率约 60 次/min（图 6-9-14）。

第 15 期（42～45d）：眼呈黑色；腕可以在卵子内自由活动，此时第一对腕的吸盘数约 25 个；胴体进一步变大，肝上色素细胞数目进一步增大、增多，在外部光源的照射下，色素斑出现大小变化；外卵黄囊收缩更慢，几乎观察不到；鳃心有规律地交互跳动，频率约 62 次/min（图 6-9-15）。

第 16 期（46～48d）：眼呈金属光泽，内卵黄体积继续变大，外卵黄囊体积逐渐变小，外卵黄还剩下原来的 3/5；外卵黄囊不再收缩，鳃心有规律地交互跳动，频率约 59 次/min，胴体部后方出现 5～6 个大小不同的色素斑，每个腕上都分布有色素斑，第一对腕的吸盘数 28～30 个（图 6-9-16）。

第 17 期（49～51d）：腕上出现两行皮下色素细胞；内卵黄继续变大，外卵黄进一步消耗，体积约为原来的 1/2；皮下色素细胞因环境变化而变化；胚胎在卵内活跃，左右鳃心同时跳动，频率约 64 次/min（图 6-9-17）。

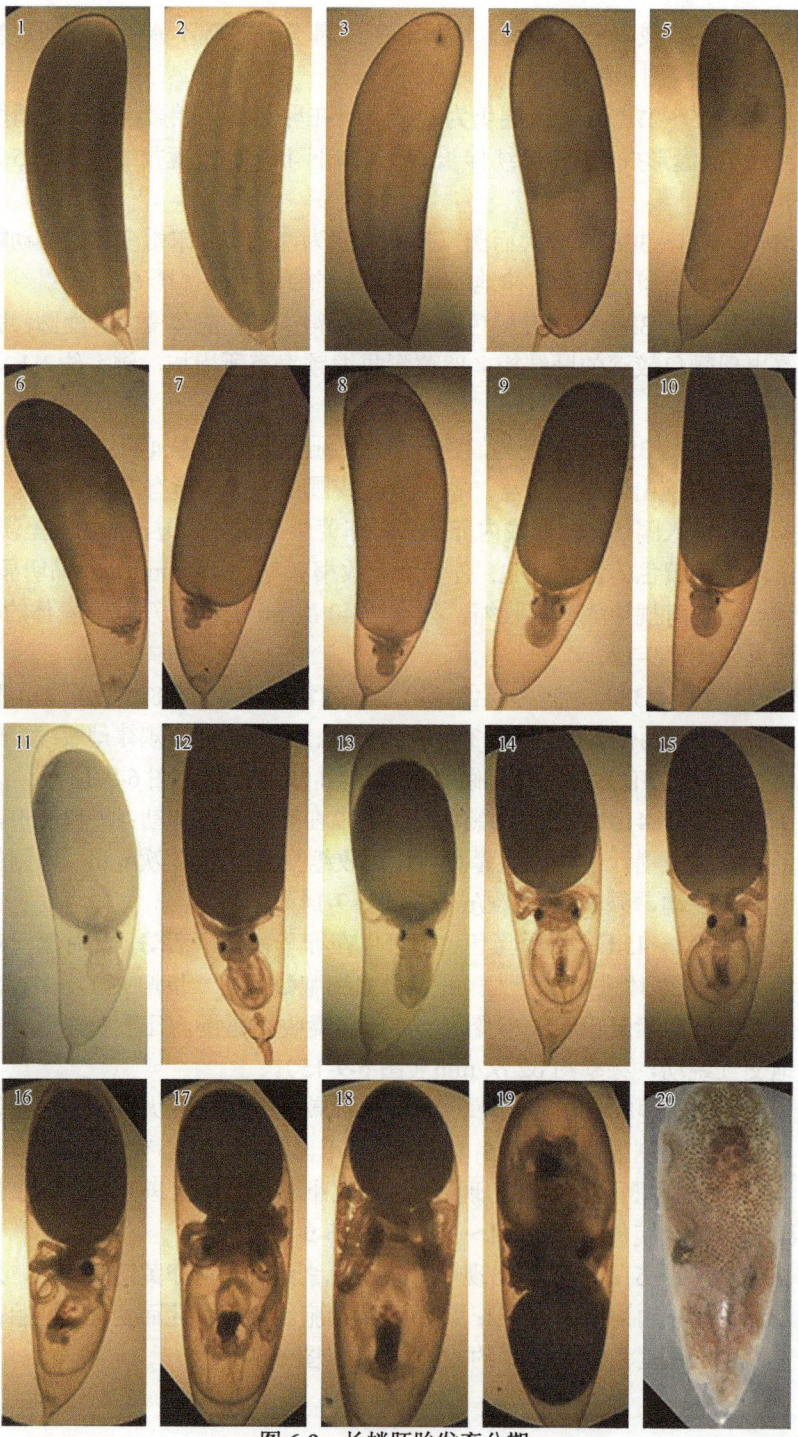

图 6-9 长蛸胚胎发育分期

第 18 期（52~64d）：内卵黄变大，外卵黄囊进一步缩小，体积为原来的 1/3；卵体积变大，体积比刚产出的卵子约大 2/3，可为第二次胚胎翻转提供空间；胚胎活跃；胴体表面星罗分布着细小的黄色色素斑；鳃心跳动频率约 60 次/min，第 1 对腕的吸盘数为 35~45 个（图 6-9-18）。

第 19 期（约 65d）：胚胎发生二次翻转，由卵柄端翻转到对卵柄端，胴体布满色素斑，颜色发生变化。外卵黄仅剩约 1/6，卵重量和体积进一步增大，心跳频率约 60 次/min（图 6-9-19）。

第 20 期（66~89d）：胚胎翻转后，剩余的外卵黄逐步消耗殆尽。胴体表面色素斑具大小变化，大部分为细小色素斑。此时，胴体会出现微弱且有节律地收缩，8~14 次/min，心跳频率约 58 次/min，第 1 对腕的吸盘数为 62~65 个（图 6-9-20）。外卵黄消耗完后，大部分胚胎仍留在卵内 6~15d。72d 后开始陆续破膜而出，整个过程 1~2s 内完成。有少数孵化出的幼体留有外卵黄，通常经 8~10h 吸收完毕。

人工条件下，卵黄消耗完后幼体能够在卵内相对静止 5~15d，期间外套膜收缩频率约 14 次/min，心跳频率约 64 次/min，刚孵化的幼体体重 0.17~0.34g，胴长 0.85~1.15cm，胴宽 0.55~0.80cm，第 1 对腕上的吸盘数 71~75 个，全身布满大而深的褐色色素斑或呈连续的褐色，其外套腔内有大的内卵黄，外观呈白色，与腹部的墨囊对比特别明显，腕上的吸盘从第 4 个开始为两行，第 1 对腕的吸盘数达到 71~75 个，刚孵化的幼体可以自由活动，外界有较强的刺激时很容易喷墨，随后体色变白，活力明显降低。

长蛸和其他蛸类一样，在胚胎发育过程中存在翻转现象。开始盘形胚囊出现在动物极附近卵孔处，22~24.5℃的温度下，胚胎第一次翻转的时间大约在发育的第 22d，从卵的动物极翻转到卵柄一侧，所用时间为 2~3h。但并不是所有的胚胎都发生翻转，大约 1/10 至 1/15 比例的胚胎未发生翻转或翻转不完全，但这些卵仍然能够继续发育（图 6-10），如在卵的动物极、中间、靠近植物极。观察中发现，卵在管里面横放或倾斜时，未发生翻转的比例就会增加。可以看出，翻转的动力可能是胚胎的比重小于卵黄而向上翻转，是被动发生的。

长蛸的第二次胚胎翻转发生在 65d 左右，这时胚胎的外形和成体基本一致，第 1 对腕较长、较粗，胴体部色素斑能够发生颜色变化，外卵黄还没有吸收完，剩余大小如绿豆粒。在此次研究中，未观察到如何进行翻转。当外卵黄吸收完成后，观察到长蛸幼体在卵内再次发生了翻转，从卵柄一侧再次翻转到对卵柄一侧，即多次翻转。

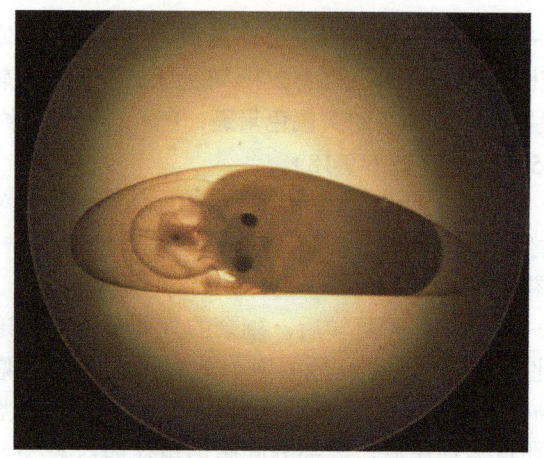

图 6-10　第一次未翻转的卵

参 考 文 献

薄其康. 2015. 长蛸饵料分子学鉴定与人工繁育研究. 青岛：中国海洋大学硕士学位论文.

柯才焕, 李复雪. 1992. 台湾东风螺精子发生和精子形态的超微结构研究. 动物学报, 38(3): 233-240.

李云龙, 刘春苓. 2005. 动物发育学. 济南: 山东科学技术出版社.

林祥志, 郑小东, 苏永全, 等. 2006. 蛸类养殖生物学研究现状及展望. 厦门大学学报（自然科学版), S2: 213-218.

钱耀森, 郑小东, 刘畅, 等. 2013. 人工条件下长蛸 (*Octopus minor*) 繁殖习性及胚胎发育研究. 海洋与湖沼, 44(1): 165-170.

任素莲, 王如才, 王德秀. 1998. 栉孔扇贝精子超微结构的研究. 青岛海洋大学学报, 28(3): 387-392.

宋旻鹏, 汪金海, 郑小东. 2018. 中国经济头足类增养殖现状及展望. 海洋科学, 42(3): 149-156.

王卫军, 杨建敏, 周全利, 等. 2010. 短蛸繁殖行为及胚胎发育过程. 中国水产科学, 17(6):1157-1162.

吴莹莹, 柳学周, 王清印, 等. 2007. 半滑舌鳎精子的超微结构. 海洋学报（中文版), 29(6): 167-171.

杨建敏, 王卫军, 郑小东, 等. 2011. 短蛸精子的超微结构. 海洋资源科学利用论坛论文集: 188-203.

叶素兰, 吴常文, 傅正伟, 等. 2009. 曼氏无针乌贼精子的超微结构. 中国水产科学, 16(1): 8-14.

张秀梅, 王展. 2019. 头足类独特的精子转运方式. 中国海洋大学学报（自然科学版), 49(10): 18-27.

郑小东, 刘兆胜, 赵娜, 等. 2011. 真蛸(*Octopus vulgaris*)胚胎发育及浮游期幼体生长研究. 海洋与湖沼, 42(2): 317-323.

Arnold J M, Williams A L D. 1978. Spermiogenesis of *Nautilus pompilius*. I. General Survey. Journal of Experimental Zoology, 205(1): 13-25.

Bo Q K, Zheng X D, Gao X L, et al. 2016. Multiple paternity in the common long-armed octopus *Octopus minor* (Sasaki, 1920) (Cephalopoda: Octopoda) as revealed by microsatellite DNA analysis. Marine Ecology, 37(5): 1073-1078.

Buresch K M, Hanlon R T, Maxwell M R, et al. 2001. Microsatellite DNA markers indicate a high frequency of multiple paternity within individual field-collected egg capsules of the squid *Loligo pealeii*. Marine Ecology Progress Series, 210: 161-165.

Castro I, Mason K M, Armstong D P, et al. 2004. Effect of extra-pair paternity oneffective population size in a reintroduced population of the endangered hihi, and potentialfor behavioural management. Conservation Genetics, 5: 381-393

Cigliano J A. 1995. Assessment of the mating history of female pygmy octopuses and a possible sperm competition mechanism. Animal Behaviour, 49(3): 849-851.

Davis L M, Glenn T C, Elsey R M, et al. 2001. Multiple paternity and matingpatterns in the American alligator, *Alligator mississippiensis*. Molecular Ecology, 10(4): 1011-1024.

DeWoody J A, Walker D, Avise J C. 2000. Genetic parentage in large half-sib clutches: theoretical estimates and empirical appraisals. Genetics, 154(4): 1907-1912.

Enic R, Pepita G B, Maria J Z, et al. 2002. Evolution of Octopode sperm II :comparison of acrosomal morphogenesis in *Eledone* and *Octopus*. Molecular Reproduction and Development, 62(3): 363-367.

Fields W G, Thompson K A. 1976. Ultrastructure and functional morphology of spermatozoa of *Rossia pacifica* (Cephalopoda, Decapoda). Canadian Journal of Zoology, 54(6): 908-932.

Fiumera A, DeWoody Y, DeWoody J, et al. 2001. Accuracy and precision of methods to estimate the number of parents contributing to a half-sib progeny array. Journal of Heredity, 92(2): 120-126.

Hanlon R T, Messenger J B. 1996. Cephalopod behaviour. Cambridge: Cambridge University Press: 71-73, 114-118.

Healy J M. 1990. Ultrastructure of spermatozoa and spermiogenesis in *Spirula spirula* (L.): systematic importance and comparison with other cephalopods. Helgoländer Meeresuntersuchungen, 44(1): 109-123.

Huo Y J, Wana X R, Wolffc J O, et al. 2010. Multiple paternities increase genetic diversity of offspring in Brandt's voles. Behavioural Processes, 84(3): 745-749.

Ignatius B, Srinivasan M. 2006. Embryonic development in *Octopus aegina* Gray,1849. Current Science, 91(8): 1089-1092.

Iwata Y, Munehara H, Sakurai Y. 2005. Dependence of paternity rates on alternative reproductive behaviors in the squid *Loligo bleekeri*. Marine Ecology Progress Series, 298: 219-228.

Iwata Y, Shaw P, Fujiwara E, et al. 2011. Why small males have big sperm: dimorphic squid sperm linked to alternative mating behaviours. BMC Evolutionary Biology, 11: 236.

Jones A G. 2005. Gerud 2. 0: a computer program for the reconstruction of parental genotypes from half-sib progeny arrays with known or unknown parents. Molecular Ecology Notes, 5(3): 708-711.

Karl S A. 2008. The effect of multiple paternity on the genetically effective size of a population. Molecular Ecology, 17(18): 3973-3977.

Lotterhos K. 2011. The context-dependent effect of multiple paternity on effective population size. Evolution, 65(6): 1693-1706.

Martinez J L, Moran P, Perez J, et al. 2000. Multiple paternity increases effective size of southern Atlantic salmon populations. Molecular Ecology, 9(3): 293-298.

Martínez-Soler F, Kurtz K, Chiva M. 2007. Sperm nucleomorphogenesis in the cephalopod *Sepia officinalis*. Tissue and Cell, 39(2): 99-108.

Maxwell W L. 1975. Spermiogenesis of *Eusepia officinalis* (L), *Loligo forbesi* (Steenstrup) and *Alloteuthis subulata* (L.) (Cephalopoda, Decapoda). Proceedings of the Royal Society B: Biological Sciences, 191(1105): 527-535.

Maxwell W L. 1983. Spermatogenesis and sperm function (Mollusca). In: Adiyodi K G, Adiyodi R G. Repoduction Biology of Invertebrates Vol. Ⅱ. New York: John Wiley and Sons: 275-319.

Naef A. 1928. Die Cephalopoden (Embryologie). Fauna flora Golf Neapel, 35(2): 1-357.

Naud M J, Shaw P W, Hanlon R T, et al. 2005. Evidence for biased use of sperm sources in wild female giant cuttlefish (*Sepia apama*). Proceedings of the Royal Society B: Biological Sciences, 272(1567): 1047-1051.

Neff B D, Pitcher T E. 2005. Genetic quality and sexual selection: an integrated framework for good genes and compatible genes. Molecular Ecology, 14(1): 19-38.

Parker P G, Waite T A. 1997. Mating systems, effective population size, and conservation of natural populations. Behavioral approaches to conservation in the wild. Cambridge: Cambridge University Press: 243-261.

Pearse D E, Anderson E C. 2009. Multiple paternity increases effective population size. Molecular Ecology, 15(8): 3124-3127.

Qian Y S, Zheng X D, Wang W J, et al. 2016. Ultrastructure of spermatozoa and spermatogenesis in *Octopus minor* (Sasaki, 1920) (Cephalopoda: Octopoda). Journal of Natural History, 50: 31-32, 2037-2047.

Roura A, Guerra A, Gonzalez A F, et al. 2009. Sperm ultrastructural features of the bathyal octopod *Graneledone gonzalezi*. Vie Et Milieu-Life and Environment, 59: 301-305.

Shaw P W, Sauer W H H. 2004. Multiple paternity and complex fertilisation dynamics in the squid *Loligo vulgaris reynaudii*. Marine Ecology Progress Series, 270: 173-179.

Shurtliff Q R, Pearse D E, Rogers D S. 2005. Parentage analysis of the canyon mouse (*Peromyscus crinitus*): evidence for multiple paternity. Journal of Mammalogy, 86: 531-540.

Sugg D W, Chesser R K. 1994. Effective population sizes with multiple paternity. Genetics, 137(4): 1147-1155.

Uller T, Olsson M. 2008. Multiple paternity in reptiles: patterns and processes. Molecular Ecology, 17(11): 2566-2580.

Voight J R, Feldheim K A. 2009. Microsatellite inheritance and multiple paternity in the deepsea octopus *Graneledone boreopacifica* (Mollusca: Cephalopoda). Invertebrate Biology, 128(1): 26-30.

Yamamoto T. 1942. On the ecology of *Octopus variabilis typicus* (Sasaki), with special reference to its breeding habits. The Malacological Society of Japan, 12: 9-20.

Yang J, Wang W, Zheng X, et al. 2011. The ultrastructure of the spermatozoon of *Octopus ocellatus* Gray, 1849 (Cephalopoda: Octopoda). Chinese Journal of Oceanology and Limnology, 29(1): 199-205.

Zeh J A, Zeh D W. 2001. Reproductive mode and the genetic benefits of polyandry. Animal Behaviour, 61(6): 1051-1063.

Zuo Z R, Zheng X D, Yuan Y. 2011. Development and characterization of 12 polymorphic microsatellite loci in *Octopus minor* (Sasaki, 1920). Conservation Genetics Resources, 3(3): 489-491.

第七章 长蛸摄食与营养

饵料不经济性和不持续性是制约蛸类等头足类产业化养殖的直接因素，目前有些蛸类动物幼体的合适开口饵料，以及不同发育阶段合理的饵料搭配方案甚至无法找到。虽然长蛸、短蛸、真蛸等的全生活史养殖已取得成功，但尚不能大规模产业化生产。因此，有些研究者认为蛸类养殖的未来方向是开发幼体可行性活体饵料或者人工饵料，以实现蛸类的大规模养殖。

大多数头足类动物在各个阶段都表现出很强的摄食能力，其饵料种类很广泛，主要包括甲壳类、贝类等在内的小规格无脊椎动物以及鱼类（董正之，1988；Rodhouse and Nigmatullin，1996）。黄美珍（2004）对台湾海峡及邻近海域头足类动物营养级和食性进行了研究，发现所研究的 4 种头足类均处于第三营养层次，属于营养级较高的掠食性动物，且它们的胃饱满系数明显呈现季节性变化，食物谱重叠明显，激烈地竞争该海域的鱼类、头足类、甲壳动物、端足类、腹足类、糠虾类、樱虾类等饵料生物。吴常文和吕永林（1995）认为长蛸食性凶猛，饵料种类较广，主要摄食虾、鱼、蟹、贝等，尤其是虾蟹类。招潮蟹和脊尾白虾等动物经常出现在长蛸胃容物中。

目前，对真蛸幼体的饵料研究较详细，一般认为卤虫幼体是真蛸育苗培育中最常使用的饵料（Navarro and Villanueva，2003；Iglesias et al.，2004；Okumura et al.，2005）。研究人员在卤虫品系、强化方式、个体大小和营养价值等方面做了大量研究，但还是没能解决真蛸幼体培育中出现的高死亡率问题，迄今为止，真蛸规模化人工繁育技术尚未突破；虽然卤虫幼体作为有效开口饵料已被大量采用，但单一使用卤虫无法让幼体顺利渡过浮游期（Hamasaki，1991；Hamasaki and Takeuchi，2000），原因在于饵料中缺乏 n-3 高度不饱和脂肪酸，特别缺乏 DHA，或者是由于饵料中 DHA/EPA 比例失衡（Hamasaki and Takeuchi，2000；Navarro and Villanueva，2003）。Navarro 和 Villanueva（2000，2003）认为当饵料中添加蟹幼体时，真蛸幼体死亡率显著降低。Iglesias 等（2004）以卤虫为主，添加蜘蛛蟹（*Maja brachydactyla*）幼体为辅食培育真蛸幼体，40d 幼体成活率为 31.5%。然而，Carrasco 等（2003）以卤虫和玛雅蟹幼体培育真蛸，60d 幼体成活率为 3.4%。Roura 等（2012）在研究野外真蛸初孵幼体饵料组成时，发现幼体对饵料具有选择偏好性，这也证明了为幼体筛选适口饵料的艰难性。桡足类、贝类、糠虾和对虾苗等也被尝试作为蛸类幼体饵料（Koueta and Boucaud-Camou，2001；薄其康等，2014）。

相比于幼体，养成阶段的稚体对饵料要求较宽泛，食物中甚至可以添加部分冰鲜饵料。Smale 和 Buchan（1981）对南非东海岸真蛸进行调查，取真蛸胃中食物进行鉴定，发现当地的股贻贝 *Perna perna* 是真蛸最重要的饵料，106 只真蛸中有 100 只摄食了该种食物，饵料中除股贻贝外还包括所占比例很小的四类食物，分别是腹足类、甲壳类、长尾类和短尾类。Rodríguez 等（2006）使用鱼、蟹和贝类在网箱中进行真蛸的养成实验。Biandolino 等（2010）分别使用蟹、鱼和双壳贝类中任一饵料及混合饵料喂养真蛸，发现混合饵料投喂结果并不是最好的。Cortez 等（1999）使用双壳贝类作为饵料研究了多变蛸 *Octopus mimus* 的生长曲线。Koueta 和 Boucaud-Camou（1999）使用冰鲜的糠虾等来投喂乌贼 *Sepia officinalis*，观察了其生长特点。

第一节 长蛸的摄食

研究食物链关系有助于人们掌握海洋生态系统的结构、稳定和功能（Hindell et al., 2003; Beckerman et al., 2006）。饵料组成鉴定工作就是研究食物链关系的一种方法，其主要是通过分析捕食者胃含物组成来完成的。而实际中往往由于食物被捕食者捕食后经过物理或化学等消化过程，其形态、结构等特征遭到破坏，很难进行准确的种类鉴定。当捕食者为头足类时，其饵料组成更难进行辨认，因为头足类消化速度快（2~6 h），食物在消化道储存时间短（Altman and Nixon, 1970; Andrews and Tansey, 1983）；而且由于食管穿过脑部，头足类会使用喙和齿舌将食物切得非常细小，并去除坚硬部分。头足类动物的这些特点不仅影响了食糜样本的获得，还会造成缺乏坚硬组织作为鉴定参照进行饵料种类鉴定的困难，因为坚硬的部位是辨认食物种类的有力依据（Roura et al., 2012）。另外，头足类动物还有特殊的体外消化方式，其在摄取虾蟹类时会将消化液注入虾蟹体内完成体外消化。以上头足类动物的摄食和消化特点也导致了 Smale 和 Buchan（1981）对南非东海岸真蛸胃中饵料进行鉴定研究中存在很多难以确定或无法确定的种类。

基于分子手段的鉴定无疑给开展海洋摄食生态学调查提供了一条很好的解决途径（Symondson, 2002）。DNA 条形码技术可以根据简短的序列给出准确的鉴定结果（Sheppard and Harwood, 2005），据有关研究，在使用 100bp 序列的情况下，物种区分效率就可以达到 90%（Meusnier et al., 2008）。与传统的形态学分类相比，DNA 条形码不仅快捷，还具有以下明显优点（Witt et al., 2006；莫帮辉等，2008；Tautz et al., 2003）：①准确性高；②可以有效地鉴定传统形态学分类学难以分辨与区分很小个体或者形态极为相似的物种；③不受个体发育阶段影响；④区别和鉴定物种快捷、效率高；⑤样品要求低；⑥可鉴定、发现新种与隐存种（Schlei et al., 2008；陈军等，2010）。目前，利用 DNA 条形码技术已经开展了许多相关饵料的组成鉴定工作（Valdez-Moreno et al., 2012；Carreon-Martinez and

Heath，2010；Paquin et al.，2014；纪东平等，2014）。

亲体暂养阶段的饵料选择、饵料投喂强度和投喂时机等是人工繁育中重要的一环，其直接影响亲体的促熟、优质受精卵和幼体的获得。4~7 月是长蛸性成熟季节，研究此期间长蛸生态饵料组成及摄食情况，有助于确定亲体暂养期间饵料种类及投喂饵料强度，可以为亲体促熟确定合理的饵料搭配。

一、摄食强度

研究很少关注长蛸摄食生态学，目前大致认为长蛸在自然中的食物种类为甲壳类、贝类、多毛类和鱼类（董正之，1988；薄其康等，2014）。为了研究长蛸摄食生态学，2014 年 4~7 月，我们每个月使用地笼在荣成天鹅湖采捕长蛸，傍晚放置地笼，第二天早上收起地笼，将采捕的长蛸低温运回实验室，进行解剖。观察长蛸胃饱和程度，并收集胃含物进行称重。胃饱和程度用来测定长蛸摄食状态（Pillay，1952），依据胃的饱和程度将摄食等级分为 0~6 级：0 级，胃中无食物；1 级，胃中有一点食物（<1/4 胃体积）；2 级，胃中有少量食物（1/4 胃体积左右）；3 级，胃中有适量食物（1/2 胃体积左右）；4 级，胃中几乎充满食物（3/4 胃体积）；5 级，胃中充满食物，胃壁不明显膨大；6 级，胃中充满食物并且胃壁明显膨大。摄食等级处在 0~2 级的长蛸摄食不活跃，处在 3~6 级认为摄食活跃（AF）。去除胃壁，取全部胃含物称总质量。

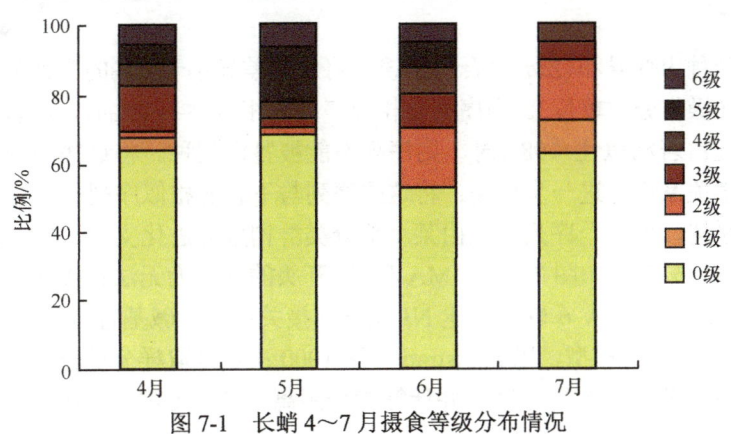

图 7-1 长蛸 4~7 月摄食等级分布情况

172 只长蛸中有 66 只（38%）含有胃含物。就摄食活跃（摄食等级处在 3~6 级）而言，长蛸在 4~6 月摄食活力基本相同（图 7-1）；但在雌、雄性别之间存在差异。雌性长蛸摄食活跃度显著强于雄性长蛸（表 7-1）；雌性长蛸的摄食活跃度在 4~7 月逐渐降低，而雄性长蛸的摄食活跃度在 4~6 月增加，在 7 月下降。

表 7-1 长蛸 4～7 月摄食活跃所占比例以及在群体水平和性别水平差异检验

月份	摄食活跃（AF）/%			显著水平
	群体水平	雌性	雄性	
4 月	30.8a	50a	11.5bc	$P<0.05$, **
5 月	29.5a	45ab	15.25ab	$P<0.05$, **
6 月	30a	35b	25a	$P>0.05$, NS
7 月	10b	20c	5c	$P<0.05$, **

注：性别间差异显著水平由卡方检验进行检测。纵列中不同小写字母表示差异显著（$P<0.05$）；**和 NS 分别表示性别之间存在显著性差异和不存在差异。

二、饵料组成与鉴定

研究中使用的引物 LCO1490 和 HCO2198（Folmer et al.，1994）能很好地扩增出食物中各组成物种的 mtCO I 部分序列，序列长度 556～708bp，成功率达 87.88%。所有 PCR 产物电泳检测结果只有一条明显清楚的条带，并且测序得到的碱基峰图未出现套峰或者杂峰现象，表明胃含物样本中只有一种饵料。将得到的序列用 DNASTAR 软件包进行编辑、比对，之后人工仔细检查结果的可靠性，然后提交网上基因数据库，分别通过 NCBI 的 BLAST（Basic Local Alignment Seatch Tool）工具和 Barcode of Life Database（BOLD, www.boldsystems.org）的 Identification System（IDS）工具进行序列数据库的比对，并下载最接近的物种序列。

考虑到种内变异和 *Taq* 聚合酶错误，将序列差异小于 1%的序列分配为同一"OTU"（操作分类单位）。当序列与相似序列的相似性≥98%时，可以将序列鉴定到种阶元；若相似性＜98%时，则序列不能被鉴定到种。将这些序列通过分子系统发生学关系进行进一步分类：将这些序列与下载的相似序列一同构建 NJ 无根邻接关系树，使每个序列嵌入由某个单分类群构成的进化支中，然后根据这个单分类群进行分类（如图 7-2，以 MA 和 JU 开头的样品为无法直接进行鉴定到种的序列）。使用 MEGA 6 软件构建 NJ 无根邻接关系树，碱基替代模型为 Kimura 2-parameter（K2P）模型，以 bootstrap 方法 1000 次重复取样分析分支支持度，以评估树的每个节点上的可靠性，并计算遗传距离。从 NCBI 和 Barcode of Life Database（BOLD，www.boldsystems.org）两个数据库中下载的比对相近序列（表 7-2），与本实验扩增得到的序列在 NJ 无根邻接关系树中相互聚合靠拢，并且序列差异小于 1%（图 7-2）。

表 7-2 相应较近物种名称及对应 GenBank 号

序号	物种学名	物种中文名	GenBank 号
1	*Acanthogobius flavimanus*	黄鳍刺虾虎鱼	AF391381.1，KF558279.1
2	*Acanthogobius hasta*	矛尾复虾虎鱼	AY486321.1，HQ536244.1

续表

序号	物种学名	物种中文名	GenBank 号
3	*Tridentiger bifasciatus*	纹缟虾虎鱼	JN244650.1，KF558278.1
4	*Amblychaeturichthys hexanema*	六丝钝尾虾虎鱼	JQ738606.1
5	*Chaeturichthys stigmatias*	矛尾虾虎鱼	KC495071.1
6	*Gymnogobius mororanus*	网纹裸头虾虎鱼	JX679033.1
7	*Pholis nebulosa*	云鳚	HM180567.1
8	*Pholis crassispina*	粗棘云鳚	AP004449.1，KC748107.1
9	*Charybdis japonica*	日本蟳	EU586120.1，FJ460517.1
10	*Oratosquilla oratoria*	口虾蛄	GQ292769.1，HM180739.1
11	*Alpheus japonicus*	日本鼓虾	HQ700926.1
12	*Alpheus distinguendus*	鲜明鼓虾	GQ892049.1
13	*Alpheus brevicristatus*	短脊鼓虾	HM180433.1
14	*Diopatra* sp. 1	巢沙蚕	JQ769509.1
15	*Octopus minor*	长蛸	FJ800370.1，HQ638215.1
16	*Hysterothyl aciumaduncum*	内弯宫脂线虫	FJ907319.1，KJ748537.1

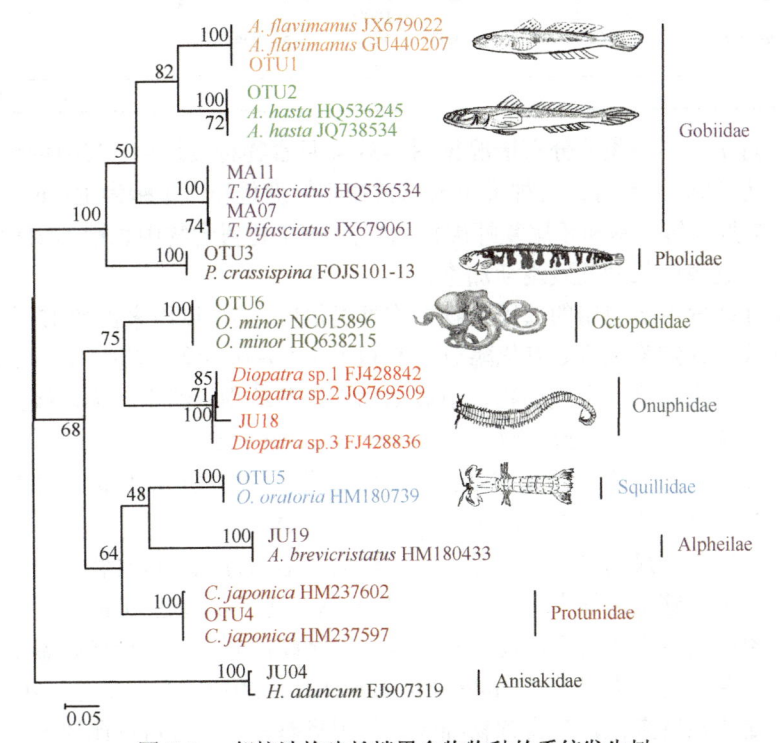

图 7-2　邻接法构建长蛸胃含物物种的系统发生树

差异小于 1% 的序列分配为同一 "OTU"（操作分类单位）。"MA" 和 "JU" 分别代表 5 月和 6 月的不可鉴定到种阶元的样品编号

我们共检测了 59 个胃含物样品，结果显示长蛸饵料由 9 个种类组成，包含鲈

形目中的 4 种鱼、十足目中的 2 种甲壳动物、口足目中的 1 种甲壳动物、1 种沙蚕和自身物种。在检测中还发现了一种寄生虫（表 7-3）。除了种内互残和寄生虫外，最多的饵料种类是黄鳍刺虾虎鱼（占 31.03%），其次是矛尾复虾虎鱼（12.07%），其余的 6 种类占 18.97%。

表 7-3　长蛸成体饵料种类鉴定及在各月份出现频率

序号	物种	物种	所属目	BLAST 相似率	扩增片段大小	4月	5月	6月	7月	总计
1	*Acanthogobius flavimanus*	黄鳍刺虾虎鱼	鲈形目	99%～100%	558～700	14	3		1	18
2	*Acanthogobius hasta*	矛尾复虾虎鱼		99%	640～697			4	3	7
3	*Pholis crassispina*	粗棘云鳚		99%	556～694			3		3
4	*Tridentiger bifasciatus*	纹缟虾虎鱼		99%	684		2			2
5	*Diopatra* sp. 1	巢沙蚕	矶沙蚕目	98%	682			1		1
6	*Hysterothyl aciumaduncum*	内弯宫脂线虫	蛔目	98%	679			1		1
7	*Alpheus brevicristatus*	短脊鼓虾	十足目	99%	620			1		1
8	*Charybdis japonica*	日本蟳		99%	633～687		3	2	3	8
9	*Oratosquill aoratoria*	口虾蛄	口足目	99%～100%	572～587	3				3
10	*Octopus minor*	长蛸	八腕目	99%～100%	562～708	1	3	4	6	15
	合计					18	11	16	13	58

不同月份饵料种类的分布情况见图 7-3：4 月食物种类最少，其中黄鳍刺虾虎鱼最多，达 77.8%；5 月饵料种类主要以黄鳍刺虾虎鱼和日本蟳为主；6 月饵料种类最多；7 月以日本蟳和矛尾复虾虎鱼为主；4～7 月胃含物中长蛸本物种的比例逐步增加，这表明长蛸互残逐渐加重。

我们在研究中所使用的通用引物扩增种类很广，其可以用来扩增 12 个无脊椎动物门的线粒体细胞色素 c 氧化酶亚基Ⅰ（COⅠ）基因片段，其中有：棘皮动物，软体动物，星虫动物，须腕动物，节肢动物，环节动物，纽虫动物，螠虫动物，扁形动物，缓步动物，腔肠动物，被腕动物（Folmer et al., 1994）。实验中扩增效果良好，66 个样品中有 7 个未成功扩增，而造成未扩增成功的原因可能是食物摄食后已经被高度消化，无法提取出足量较完整的 DNA。

分子鉴定方法最明显的优点是，当无法通过形态方法辨认食物碎屑组织所属物种时，只要能够从组织中提取到足够的 DNA，就可以通过 PCR 扩增进行分子鉴别。鱼类摄食生态研究中，通过对胃含物中坚硬部分组织进行形态鉴定，可以较准确地判断食物种类组成（Valdez-Moreno et al., 2012；纪东平等，2014）；然而对于头足类动物来说，其胃含物细碎，使用形态方法进行辨认比较难。本实验长蛸胃含物中仅仅可以观察到部分吸盘（图 7-4a）、腕尖（图 7-4b）和少量鱼骨（图 7-4c）等比较坚韧、较难消化的组织，依据这些组织可以判断存在互残现象和摄食鱼类作为饵料。

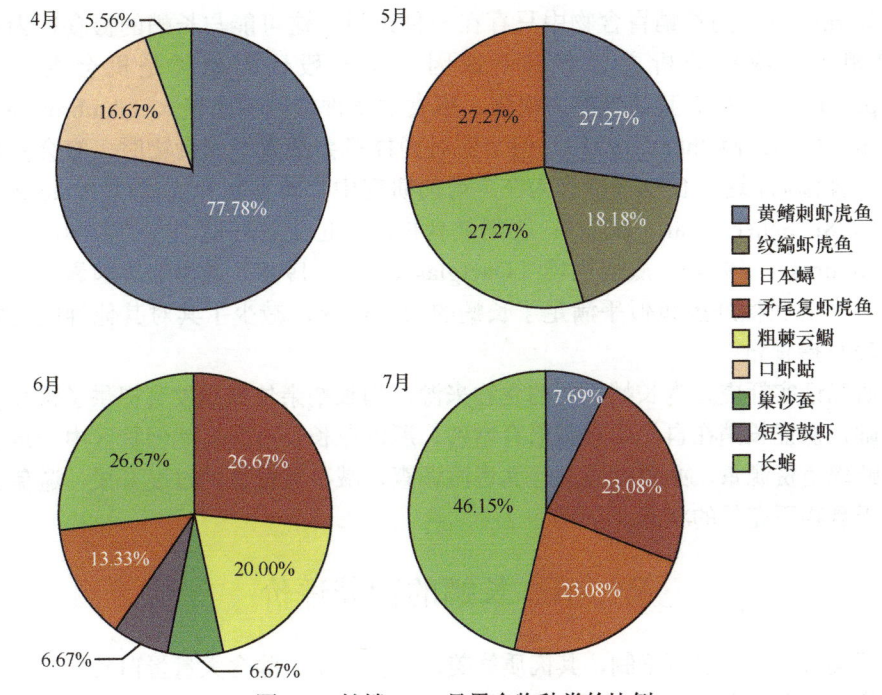

图 7-3 长蛸4～7月胃含物种类的比例

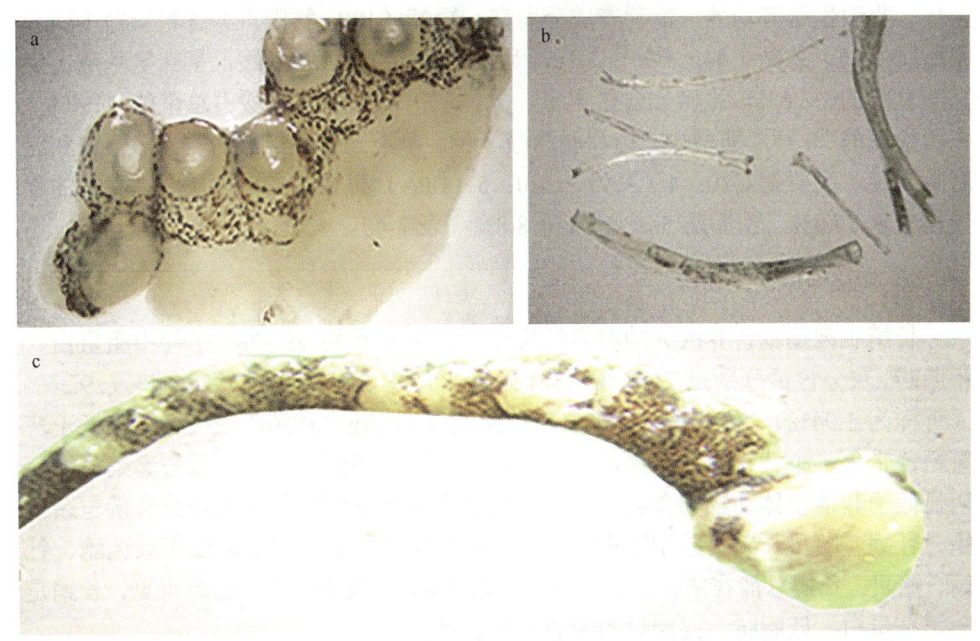

图例：黄鳍刺虾虎鱼、纹缟虾虎鱼、日本蟳、矛尾复虾虎鱼、粗棘云鳚、口虾蛄、巢沙蚕、短脊鼓虾、长蛸

图 7-4 长蛸食糜组织
a. 带有吸盘的腕组织；b. 残剩的腕尖；c. 食糜中的鱼骨

研究中检测到长蛸胃含物中只存在一种饵料，这可能与长蛸的摄食行为和习惯相关。我们分析主要有以下原因：①一般认为蛸类是机会主义者（opportunist），虽然其捕食能力很强、摄食食物种类范围比较大（Ambrose and Nelson，1983；Mather，1991），但当面对同样机会获取不同食物时，它会做出食物选择倾向，这种食物选择行为在之前的研究中都曾发现和描述过（Vincent et al.，1998；Scheel et al.，2007）；②蛸类食物组成也受到环境因素的影响，如水深（Ambrose，1984）、底层生境（Quetglas et al.，1998）或季节等因素，环境中较丰富的底栖虾虎鱼似乎满足了长蛸的摄食需求，减少了其对其他种类食物的依赖与摄食量。

研究证实虾虎鱼为长蛸主要的食物来源，为长蛸亲体卵巢发育提供了营养物质基础，保证长蛸在自然中顺利繁育增殖。所以在长蛸种质自然保护区中一定要注重虾虎鱼资源量，必要时应进行其资源调查，减少其资源的过度开采，避免长蛸处于食物不充足的状态。

第二节　长蛸的营养评价

蛸类可鲜食，也可干制，其肉质鲜美，营养丰富，除含大量蛋白质外，不饱和脂肪酸、维生素 A 丰富，可食部分达 90% 以上。此外，蛸类在医学上具有补血益气、收敛生肌等功效。就营养成分而言，短蛸（100g 鲜肉重）含粗蛋白 14.8g、粗脂肪 0.7g、总糖 1.44g、灰分 1.1g；另外还含有 18 种氨基酸，呈味氨基酸占氨基酸总量的 38.6%，牛磺酸含量丰富，人体所需的必需氨基酸占总量的 41.4%。在所检测的 20 种脂肪酸中，饱和脂肪酸 8 种，单不饱和脂肪酸 3 种，多不饱和脂肪酸 9 种，主要是 C20：4（AA）、C20：5（EPA）和 C22：6（DHA）。真蛸的粗蛋白含量 77.9%、粗脂肪 5.8%、灰分 8.8%（表 7-4）。

一、基本营养成分分析

长蛸肌肉基本营养成分的测定结果显示，水分含量 79.3%；干样中粗蛋白、粗脂肪、灰分含量分别是 71.80%（鲜样为 14.85%）、2.00%（鲜样为 0.41%）、9.36%（鲜样为 1.94%），总糖含量 3.50%，总能为 4.27kJ/g。长蛸粗蛋白含量稍低于弯斑蛸、带鱼、小黄花鱼，明显高于其他经济贝类。长蛸粗脂肪含量与真蛸相近，明显低于其他软体动物和鱼类，尤其是带鱼和小黄花鱼。长蛸的灰分含量与杂色鲍、牡蛎、贻贝、扇贝差别不大。长蛸的糖含量在蛸类中最高，低于杂色鲍、牡蛎、贻贝。长蛸总能在所记录的种类中（表 7-4）仅低于带鱼。由此可见，长蛸是一类高蛋白、低脂肪、高能量的理想水产食品。

表 7-4 长蛸主要营养成分质量分数的比较

样品	粗蛋白/%	粗脂肪/%	灰分/%	水分/%	总糖/%	总能/（kJ/g）
长蛸（本研究）	14.85	0.41	1.94	79.3	3.50	4.27
	(71.8)	(2.00)	(9.36)			
短蛸（张伟伟和雷晓凌，2006）	14.8	1.0	1.1	81.7	1.44	4.15
	(80.8)	(5.46)	(6.01)			
弯斑蛸（雷晓凌等，2006）	15.0	1.0	1.1	81.0	1.44	4.27
	(78.9)	(5.3)	(5.8)			
真蛸（杨月欣等，2002）	10.6	0.4	1.2	86.4	1.40	2.18
	(77.9)	(5.8)	(8.8)			
杂色鲍（杨月欣等，2002）	12.6	0.8	2.5	77.5	6.6	3.51
牡蛎（杨月欣等，2002）	5.3	2.1	2.4	82.0	8.2	3.05
栉孔扇贝（杨月欣等，2002）	11.1	0.6	1.5	84.2	2.6	2.51
食用贻贝（杨月欣等，2002）	11.4	1.7	2.3	79.9	4.7	3.35
带鱼（杨月欣等，2002）	17.7	4.9	1.0	73.3	3.1	5.31
小黄花鱼（杨月欣等，2002）	17.9	3.0	1.1	77.9	0.1	4.14

注：括号内数据为干质量；总糖（%）=100−（粗蛋白+粗脂肪+灰分+水分）；总能（kJ/g）=粗蛋白×23.64+粗脂肪×39.54+总糖×17.15。

二、氨基酸含量及营养评价

通过对长蛸肌肉干样氨基酸分析，共测得 17 种氨基酸，其中必需氨基酸 8 种，非必需氨基酸 9 种，没有检测到半胱氨酸。氨基酸总量是 651.7mg/g，低于短蛸和弯斑蛸，但远高于仿刺参。8 月样品的氨基酸总量是 311.5mg/g，11 月样品的氨基酸总量是 218.9mg/g。必需氨基酸总量为 256.5mg/g，占氨基酸总量的 39.36%。氨基酸中含量最多的是谷氨酸（为 99.6mg/g）；精氨酸、天冬氨酸、亮氨酸、赖氨酸和丙氨酸也具较高含量，分别为 63.9mg/g、58.8mg/g、53.5mg/g、46.9mg/g 和 46.0mg/g，与短蛸和砂蛸相似；含量最低的是脯氨酸，为 13.5mg/g。谷氨酸、丙氨酸、天冬氨酸等呈味氨基酸决定着长蛸肌肉的鲜美程度。精氨酸参与淋巴细胞内的代谢过程，在免疫防御和免疫调节、维持和保护肠道黏膜功能及肿瘤的特异性免疫方面发挥着重要作用。

食物蛋白营养价值的高低，主要取决于必需氨基酸的种类、数量和组成比例。长蛸具备 8 种必需氨基酸（表 7-5）。在表 7-6 中可以看到各必需氨基酸的得分，半胱氨酸+甲硫氨酸得分最低（为 53.1），其他氨基酸得分都在 59 以上，所以半胱氨酸+甲硫氨酸就成为长蛸的第一限制性氨基酸，与短蛸一致。长蛸中得分最高的氨基酸为色氨酸（217），显著高于短蛸和砂蛸。色氨酸在人体中是一种非常重要的氨基酸，在抗抑郁症、改善睡眠、抗高血压、提高免疫力等方面起到重要的作用，并且还有很多不为人知的作用有待探索。长蛸高水平的色氨酸含量可能与它生存环境有关。从氨基酸组成分析来看，长蛸是营养价值很高的海产品。

表 7-5　长蛸肌肉氨基酸组成及其质量比

氨基酸	质量比/（mg/g）	氨基酸	质量比/（mg/g）
天冬氨酸	58.8	亮氨酸#	53.5
苏氨酸#	31.0	酪氨酸	25.6
丝氨酸	30.7	苯丙氨酸#	23.9
谷氨酸	99.6	赖氨酸	46.9
甘氨酸	37.3	组氨酸	19.8
丙氨酸	46.0	精氨酸	63.9
半胱氨酸	未测到	脯氨酸	13.5
缬氨酸#	29.7	色氨酸#	21.7
甲硫氨酸#	18.6	氨基酸总量	651.7
异亮氨酸#	31.2	必需氨基酸总量	256.5

注：蛋白质水解产物未计入氨基酸或必需氨基酸内；#为必需氨基酸。

表 7-6　长蛸肌肉蛋白质氨基酸组成的评价

氨基酸	异亮氨酸	亮氨酸	赖氨酸	半胱氨酸+甲硫氨酸	苏氨酸	色氨酸	缬氨酸	酪氨酸+苯丙氨酸
质量比/（mg/g）	31.2	53.5	46.9	18.6	31.0	21.7	29.7	49.5
FAO 模式	40	70	55	35	40	10	50	60
氨基酸得分	78.0	76.4	85.3	53.1	77.5	217.0	59.4	82.5

三、脂肪酸组成

通过气相色谱法测得长蛸的主要脂肪酸组成（表 7-7）。从表中可以看到，天鹅湖长蛸不仅含有饱和脂肪酸，而且含有丰富的单不饱和脂肪酸和多不饱和脂肪酸，其中，十六碳饱和脂肪酸（C16：0）、二十碳五烯酸（C20：5n-3）、二十二碳六烯酸（C22：6n-3）三种脂肪酸含量突出，饱和脂肪酸中十六碳含量最高，不饱和脂肪酸中 EPA 含量最高，未检测到十八碳三烯酸（C18：3n-3），多不饱和脂肪酸 EPA+DHA 的总含量为 31.23%（雌）、32.10%（雄），几乎占到了脂肪酸含量的 1/3。荣成成山头长蛸脂肪酸含量与天鹅湖长蛸差异不显著，都不含十八碳三烯酸（C18：3n-3），成山头长蛸雌个体未检测到十八碳二烯酸（C18：2n-6），可能与生活环境有关；长蛸的十八碳单不饱和脂肪酸（C18：1n-9，C18：1n-7）显著高于短蛸，与仿刺参含量相当。

表 7-7 长蛸肌肉主要脂肪酸含量比较　　　　　　　　（单位：%）

脂肪酸类型	长蛸（天鹅湖）♀	长蛸（天鹅湖）♂	长蛸（成山头）♀	长蛸（成山头）♂	短蛸	弯斑蛸	仿刺参
$C_{16:0}$	21.91	20.36	19.37	17.66	30.30	15.33	11.87
$C_{16:1}$	1.68	1.28	1.39	1.17	0.90	1.11	16.50
$C_{18:0}$	8.97	8.30	9.19	6.88	11.20	15.78	9.28
$C_{18:1n-9}$	7.69	5.49	3.54	3.60	4.95	8.22	10.13
$C_{18:1n-7}$	4.16	3.19	3.25	2.92	—	—	—
$C_{18:2n-6}$	2.06	1.12	—	1.62	0.79	1.15	1.08
$C_{18:3n-3}$	—	—	—	—	0.2	0.39	—
$C_{20:0}$	7.02	6.98	8.12	7.36	—	—	1.46
$C_{20:4n-6}$	6.38	5.99	8.41	4.27	8.72	11.38	5.89
$C_{20:5n-3}$（EPA）	16.15	18.06	14.55	16.46	10.53	12.82	9.94
$C_{22:6n-3}$（DHA）	15.08	15.04	18.36	17.04	15.43	19.29	5.89
EPA+DHA	31.23	32.10	32.91	33.50	25.96	32.11	15.83

四、矿物元素含量

长蛸肌肉中矿物元素含量测定结果（表 7-8）显示，共测得 11 种元素，含有的金属元素较为齐全，尤其 K、Ca、Na、Mg 等常量矿物元素相当丰富，反映出海洋生物矿物元素含量与生活环境相一致的特点。另外还有丰富的微量矿物元素，如 Zn、Fe、Sr、Al 等，其中 Zn 的含量丰富，为 111.36mg/kg。锌在人体内的含量以及每天所需摄入量都很少，但对机体的性发育、功能、生殖细胞的生成却能起到举足轻重的作用，是体内数十种酶的主要成分，有促进淋巴细胞增殖和增强活动能力的作用。另外，Zn 在抗氧化、解毒、酶和激素的关系、免疫、抗衰老等方面起到重要的作用。可以看出，丰富的常量元素和微量元素反映出长蛸较高的营养价值。

表 7-8 长蛸肌肉中无机盐和微量元素含量　　　　（单位：mg/kg）

微量元素	K	Na	Mg	Ca	Fe	Mn	Cu	Zn	Sr	Al	Cr
长蛸	12535.8	15517.9	2230.2	932.8	13.16	3.76	11.86	111.36	16.05	21.23	1.01

五、维生素含量

由表 7-9 可以看出，长蛸含有丰富的维生素，包括脂溶性维生素 A 和水溶性维生素 B，其他维生素未检测出。含有维生素 B 的种类有 4 种，含量最高的是维生素 B_5（为 6.27mg/100g）；其次是维生素 B_6，比在砂蛸中的含量高很多；维生素 B_1 含量最低，仅为 0.11mg/100g。脂溶性维生素 A 为具有 β-白芷酮环的不饱和醇，其主要功能是促进黏多糖的合成,维持细胞膜及上皮组织的完整性和正常的通透性,以及参与构成视觉细胞内感光物质。水溶性维生素种类较多,其结构和生理功能各异,其中绝大多数都是通过组成酶的辅酶而对生物体代谢发生影响,含量最高的维生素 B_5(niacin)是维生素 B 族里重要的成员,又称泛酸,它在人体内可以合成,并广泛分布在食物当中,人类一般不会缺乏。维生素 B_6 分布于鱼、乳、蛋黄中,可防止不安、失眠、多发性神经炎等。从表中可以看出长蛸维生素 A 和 B 含量均显著高于砂蛸和真蛸。

表 7-9　长蛸肌肉中维生素含量　　　　　　　　　　(单位:mg/100g)

维生素	维生素 A	维生素 B_1	维生素 B_2	维生素 B_5	维生素 B_6
长　蛸	0.290	0.11	0.15	6.27	3.38
弯斑蛸	0.095	0.03	0.06	2.2	0.01
真　蛸	0.007	0.07	0.13	—	—

参 考 文 献

薄其康, 郑小东, 王培亮, 等. 2014. 长蛸 (Octopus minor) 初孵幼体培育与生长研究. 海洋与湖沼, 45(3): 583-588.

陈军, 李琪, 孔令锋, 等. 2010. 基于 CO I 序列的 DNA 条形码在中国沿海缀锦蛤亚科贝类中的应用分析. 动物学研究, 31(4): 345-352.

董正之. 1988. 中国动物志　软体动物门　头足纲. 北京: 科学出版社.

黄美珍. 2004. 台湾海峡及邻近海域 4 种头足类的食性和营养级研究. 台湾海峡, 23(3): 331-340.

纪东平, 卞晓东, 宋娜, 等. 2014. 荣成俚岛大泷六线鱼摄食生态研究. 水产学报, 38(9): 1399-1409.

雷晓凌, 赵树进, 杨志娟, 等. 2006. 南海弯斑蛸营养成分的分析与评价. 营养学报, 28(1): 58-61.

莫帮辉, 屈莉, 韩松, 等. 2008. DNA 条形码识别 I . DNA 条形码研究进展及应用前景. 四川动物, 27(2): 303-306.

吴常文, 吕永林. 1995. 浙江北部沿海长蛸生态分布初步研究. 浙江水产学院学报, 14(2): 148-150.

杨月欣, 王光亚, 潘兴昌. 2002. 中国食物成分表. 北京: 北京大学医学出版社.

钱耀森. 2011. 长蛸生态习性和人工育苗技术研究. 青岛: 中国海洋大学硕士学位论文.

张伟伟, 雷晓凌. 2006. 短蛸不同组织的营养成分分析与评价. 湛江海洋大学学报, 26(4): 91-93.

Altman J S, Nixon M. 1970. Use of the beaks and radual by Octopus vulgaris in feeding. Journal of Zoology, 161(1): 25-38.

Ambrose R F, Nelson B V. 1983. Predation by Octopus vulgaris in the Mediterranean. Marine Ecology, 4(3): 251-261.

Ambrose R F. 1984. Food preferences, prey availability, and the diet of Octopus bimaculatus Verrill. Journal of Experimental Marine Biology and Ecology, 77(1-2): 29-44.

Andrews P L R, Tansey E M. 1983. The digestive tract of Octopus vulgaris: the anatomy, physiology and pharmacology of the upper tract. Journal of the Marine Biological Association of the United Kingdom, 63(1): 109-135.

Beckerman A P, Petchey O L, Warren P H. 2006. Foraging biology predicts food web complexity. Proceedings of the National Academy of Sciences, 103(37): 13745-13749.

Biandolino F, Portacci G, Prato E. 2010. Influence of natural diet on growth and biochemical composition of *Octopus vulgaris* Cuvier, 1797. Aquaculture International, 18(6): 1163-1175.

Boletzky S V. 1983. *Sepia officinalis*. In: Boyle P R. Cephalopod Life Cycles. London: Academic Press.

Carrasco J F, Rodríguez C, Rodríguez M. 2003. Cultivo intensivo de paralarvas de pulpo (*Octopus vulgaris* Cuvier 1797) utilizando como base de la alimentación zoeas vivas de crustáceos Libro de Resúmenes. IX Congreso Nacional de Acuicultura, Cádiz.

Carreon-Martinez L, Heath D D. 2010. Revolution in food web analysis and trophic ecology: diet analysis by DNA and stable isotope analysis. Molecular Ecology, 19: 25-27.

Cortez T, González A F, Guerra A. 1999. Growth of cultured *Octopus mimus* (Cephalopoda, Octopodidae). Fisheries Research, 40(1): 81-89.

Folmer O, Black M, Hoeh W, et al. 1994. DNA primers for amplification of mitochondrial cytochrome c oxidase subunit I from diverse metazoan invertebrates. Molecular Marine Biology and Biotechnology, 3: 294-299.

Hamasaki K, Takeuchi T. 2000. Effects of the addition of *Nannochloropsis* to the rearing water on survival and growth of planktonic larvae in *Octopus vulgaris*. Saibai Gyogyo Gijutsu Kaihatsu Kenkyu (Japan), 28(1): 13-16.

Hamasaki K. 1991. Effects of marine microalgae, *Nannochloropsis* sp., on survival and growth of rearing pelagic paralarvae of *Octopus vulgaris*, and results of mass culture in the tank of 20 metric tons. Saibai Giken, 19(2): 75-84.

Hindell M A, Bradshaw C J A, Harcourt R G, et al. 2003. Ecosystem monitoring: are seals a potential tool for monitoring change in marine systems. In: Gales N, Hindell M, Kirkwood R eds. Marine mammals. Fisheries, Tourism and Management Issues. Melbourne: CSIRO Publishing.

Iglesias J, Otero J, Moxica C. 2004. The octopus (*Octopus vulgaris* Cuvier) under culture conditions: paralarval rearing using Artemia and zoeae, and first data on juvenile growth up to 8 months of age. Aquaculture International, 12(4-5): 481-487.

Koueta N, Boucaud-Camou E. 1999. Food intake and growth in reared early juvenile cuttlefish *Sepia officinalis* L. (Mollusca Cephalopoda). Journal of Experimental Marine Biology & Ecology, 240(1): 93-109.

Koueta N, Boucaud-Camou E. 2001. Basic growth relations in experimental rearing of early juvenile cuttlefish *Sepia officinalis* L. (Mollusca: Cephalopoda). Journal of Experimental Marine Biology & Ecology, 265(1): 75-87.

Mather J A. 1991. Foraging, feeding and prey remains in middens of juvenile *Octopus vulgaris* (Mollusca: Cephalopoda). Journal of Zoology, 224(1): 27-39.

Meusnier I, Singer G, Landry J F, et al. 2008. A universal DNA minibarcode for biodiversity analysis. BMC Genomics, 9(1): 1-4.

Navarro J C, Villanueva R. 2000. Lipid and fatty acid composition of early stages of cephalopods: an approach to their lipid requirements. Aquaculture, 183(1-2): 161-177.

Navarro J C, Villanueva R. 2003. The fatty acid composition of *Octopus vulgaris* paralarvae reared with live and inert food: deviation from their natural fatty acid profile. Aquaculture, 219(1-4): 613-631.

Okumura S, Kurihara A, Iwamoto A, et al. 2005. Improved survival and growth in *Octopus vulgaris* paralarvae by feeding large type Artemia and Pacific sandeel, *Ammodytes personatus*: Improved survival and growth of common octopus paralarvae. Aquaculture, 244(1-4): 147-157.

Paquin M M, Buckley T W, Hibpshman R E, et al. 2014. DNA-based identification methods of prey fish from stomach contents of 12 species of eastern North Pacific groundfish. Deep Sea Research Part I: Oceanographic Research Papers, 85: 110-117.

Pillay T. 1952. A critique of the methods of study of food of fishes. Zoological Journal of The Linnean Society, 4: 185-200.

Quetglas A, Alemany F, Carbonell A, et al. 1998. Biology and fishery of *Octopus vulgaris* Cuvier, 1797, caught by trawlers in Mallorca (Balearic Sea, Western Mediterranean). Fisheries Research, 36(2-3): 237-249.

Rodhouse P, Nigmatullin C M. 1996. Role as consumers. Philosophical Transactions of the Royal Society of London Series B: Biological Sciences, 351(1343): 1003-1022.

Rodríguez C, Carrasco J F, Arronte J C, et al. 2006. Common octopus (*Octopus vulgaris* Cuvier, 1797) juvenile on growing in floating cages. Aquaculture, 254(1-4): 293-300.

Roura Á, González Á F, Redd K, et al. 2012. Molecular prey identification in wild *Octopus vulgaris* paralarvae. Marine Biology, 159(6): 1335-1345.

Scheel D, Lauster A, Vincent T L S. 2007. Habitat ecology of *Enteroctopus dofleini* from middens and live prey surveys in Prince William Sound, Alaska. In: Landman N, Davis R, Mapes R eds. Cephalopods Present and Past: New insights and fresh perspectives. Dordrecht: Springer.

Schlei O L, Crête-Lafrenière A, Whiteley A R, et al. 2008. DNA barcoding of eight North American coregonine species. Molecular Ecology Resources, 8(6): 1212-1218.

Sheppard S K, Harwood J D. 2005. Advances in molecular ecology: tracking trophic links through predator-prey food-webs. Functional Ecology, 19(5): 751-762.

Smale M J, Buchan P R. 1981. Biology of *Octopus vulgaris* off the east coast of South Africa. Marine Biology, 65(1): 1-12.

Symondson W O C. 2002. Molecular identification of prey in predator diets. Molecular Ecology, 11(4): 627-641.

Tautz D, Arctander P, Minelli A, et al. 2003. A plea for DNA taxonomy. Trends in Ecology and Evolution, 18(2): 70-74.

Valdez-Moreno M, Quintal-Lizama C, Gómez-Lozano R, et al. 2012. Monitoring an alien invasion: DNA barcoding and the identification of lionfish and their prey on coral reefs of the Mexican Caribbean. PLoS One, 7(6): e36636.

Vincent T L S, Scheel D, Hough K R. 1998. Some aspects of diet and foraging behavior of *Octopus dofleini* Wülker, 1910 in its Northernmost Range. Marine Ecology, 19(1): 13-29.

Witt J D S, Threloff D L, Hebert P D N. 2006. DNA barcoding reveals extraordinary cryptic diversity in an amphipod genus: implications for desert spring conservation. Molecular Ecology, 15(10): 3073-3082.

第八章 长蛸人工苗种繁育

　　头足类是世界重要的海洋生物类群，随着传统渔业资源普遍衰退，头足类在海洋渔业中的地位逐渐凸显，其产业化开发问题已迫在眉睫。头足类产业化发展离不开人工繁育技术的支撑。当前，头足类人工增养殖活动主要集中在乌贼目、耳乌贼目和蛸目动物的繁殖上。乌贼目种类动物对环境波动适应性很强，可以在人工条件下完成全生活史养殖（郑小东等，2009）和多代繁殖（Minton et al.，2001；韩松，2010）。苗种的获得主要是对自然获得的亲体进行挑选，放入人工环境中进行产卵，或者直接在自然水域中获得受精卵。自然状态下乌贼将卵附着在动植物体表、人造结构、砂石、渔网、浮标船绳或树枝等物体上（Anil，2005；郑小东等，2009），卵群像葡萄，因此被形象地称为"海葡萄"。根据其产卵行为，研究人员制作了类似的人工采卵器（Blanc and Daguzan，1998；赵厚钧和魏邦福，2004）完成采卵。乌贼受精卵孵化率很高，有些种类孵化率达90%以上（Nabhitabhata and Nilaphat，1999）。人工养殖环境下雌性个体的数量要多于雄性个体，雌雄比例一般为3:1（Forsythe et al.，1994）或是2:1（Nabhitabhata and Nilaphat，1999），这是为了防止雄性个体之间为争夺雌性打斗。

　　耳乌贼目的人工繁殖对象主要有希氏四盘耳乌贼（*Euprymna hyllebergi*）和塔斯马尼亚四盘耳乌贼（*E. tasmanica*）等，这两种耳乌贼营近海底栖生活（Norman and Lu，1997）。耳乌贼亲体通过拖网渔船脱网捕获后，放入人工环境中暂养，使用径向剖开的PVC管作为遮蔽物和采卵器，耳乌贼的受精卵附着在PVC管内部；孵化后5~7d的幼体被覆沙子进行伪装（Nabhitabhata et al.，2005）、躲避敌害和接近食物（Anderson and Mather，1996；Shears，1988）。希氏四盘耳乌贼的幼体前30d摄食活饵，接着进行冰鲜食物的驯化，并逐渐加大冰鲜食物比例，但塔斯马尼亚四盘耳乌贼不能完全驯化吃食冰鲜食物（Nabhitabhata and Nishiguchi，2014）。Nabhitabhata等（2005）已完成了希氏四盘耳乌贼全生活史养殖。

　　虽然在养殖中提供了优质的水体（Gilly and Lucero，1992）、充足的食物（DeRusha et al.，1989）等最佳的养殖条件，枪乌贼（*Loligo vulgaris*）和乳光枪乌贼（*Doryteuthis opalescens*）还是不能很好地适应人工养殖环境。枪乌贼科动物种类游泳强度大（Neumeister et al.，2000），稚体早期往往聚集成群，因此在养殖时应给予充足的空间（Neill，1971；Neill and Cullen，1974），研究人员建议用隔板和帷幔做成人工障碍减少动物之间的接触摩擦，或将养殖容器做成圆形容器（Mladineo et al.，2003）。Yang等（1986）已经在实验室完成了乳光枪乌贼全生活史养殖。莱氏拟乌贼在人工养殖环境中可繁殖数代（Lee et al.，1994；Walsh et al.，2002）。

莱氏拟乌贼 Sepioteuthis lessoniana 广泛分布在印度洋-太平洋地区，已经成为该地多个国家的重要经济种类，其初孵幼体规格比其他本科种类大，能更好地适应养殖环境，整个生活阶段生长率都很高。

国际和国内市场巨大的需求量带动了蛸类捕捞业，但由于过度捕捞和生态环境的变化，其自然资源越来越少，使得蛸类增养殖作为资源恢复的重要手段受到广泛关注。由于真蛸（Octopus vulgaris）有生长速度快、繁殖力强、分布性广和经济价值高等特点，具备有利的养殖条件和开发潜力，已成为蛸类动物中最受关注的养殖对象，得到越来越多国家的重视（林祥志等，2006）。长蛸苗种依靠天然捕捞直接阻碍了长蛸产业化养殖发展。鉴于长蛸幼体有附底穴居的生活习性，天然捕捞不仅耗时耗力，对苗种伤害也很大；靠天然捕捞苗种还会引起其自然资源的逐渐枯竭，带来种质问题，因此迫切需要开展长蛸人工苗种繁育技术研究。稳定的人工苗种不仅为海水养殖增添新的养殖品种，更可以缓解自然资源耗竭压力，为增殖放流和种质资源修复提供有力支撑，具有重要的现实意义和广阔应用前景。

第一节　长蛸亲体采集与暂养

一、采捕与运输

每年的 5～6 月，由自然海区采捕长蛸亲体。选择性腺饱满、个体大、活力强、无损伤的个体。为避免损伤亲体，采用专用渔具进行捕获，操作方法为：晚上将渔具放到自然海区，第二天收获亲体。利用放有海藻（如石莼等）和充氧的水槽将长蛸亲体运输至室内繁育水泥池中进行暂养促熟。运输过程中水温 10～16℃，盐度与自然海水一致，在海水中添加 0.015～0.020g/mL 的 $MgCl_2$ 作为麻醉剂。运输时避免把冰直接放入水中，以防冻伤动物和降低海水盐度（具体操作参照附录二）。2016～2017 年，运输长蛸存活情况如表 8-1 所示。

表 8-1　2016～2017 年长蛸运输情况

个体数/只	运输日期	水温/℃	盐度	成活率/%	损伤情况
1023	2016.04.23	10～16	26～29	98.0	未出现明显损伤
560	2017.05.17	12～17	26～28	98.5	未出现明显损伤
866	2017.06.15	10～16	26～28	98.2	未出现明显损伤

二、暂养与促熟

亲体运输至培育车间进行暂养与促熟。暂养促熟池为长方形水泥池（长×宽×深为 8m×4m×1.2m），培育密度约 10 只/m^2，车间遮光，光照强度不高于 600lx，车间配有 50W 节能灯，方便操作。暂养促熟期间水温 20～24℃，盐度 28～31，每日不间断缓慢增氧,溶解氧>5mg/L。放置供长蛸隐蔽及产卵用的鳗鱼笼或 PVC 管,数量为亲体数量的 1.5 倍。鳗鱼笼或 PVC 管经高锰酸钾消毒后投放到池中。

促熟时投喂杂蟹(肉球近方蟹、螃蜞和平背蜞等)、沙蚕、菲律宾蛤仔和蓝蛤等活饵料,其中蟹的投喂效果最好(图8-1)。每天晚上投喂,第二天上午清理残饵并换水,投饵数量至少是亲体个数的 1.5~2 倍。每天换水 1/2,每隔 3 天全部换水一次。

图 8-1 被摄食后和未被摄食野杂蟹的对比

由于雌、雄长蛸有发育不同步现象,雄性长蛸先发育成熟,并进行交配活动。因为雄性长蛸交配后体力耗尽很快死去,加之雄性个体间为了争夺交配权常常激烈争斗,损伤较大,所以雌、雄个体要分池促熟,促熟期间雄性池中培育密度要适当降低,保持在 5~7 只/m^2。促熟 1 个月后,将雄性亲体放置到雌性亲体池中自由交配。交配过程中要增加遮蔽物的量,雌、雄长蛸混合的比例为 1∶1。

为了探明长蛸亲体在性发育期间生长特点,我们对 4~7 月长蛸亲体体征指数进行了研究。

(一)性成熟和性腺指数

我们解剖后发现,在 4 月,雄性个体的精荚囊中已经有 2~5 个精荚,表明此时雄性亲体已经达到性成熟。雌性个体在 4 月卵巢处于成熟早期,直至最后一次采样(7 月 19 日)的 3 天后雌性亲体开始产卵,由此可以断定,4~7 月是雌性亲体卵巢由成熟早期到卵巢成熟的发育高峰期。

性腺指数变化也体现了上述性腺发育的规律。在图 8-2 中,雌性长蛸的性腺指数由 4 月的 0.010 增加到 7 月的 0.106,增长了近 10 倍,且在 6 月和 7 月都出现了显著增加。雄性的性腺指数在 4~7 月比较平稳,几乎没有变化。

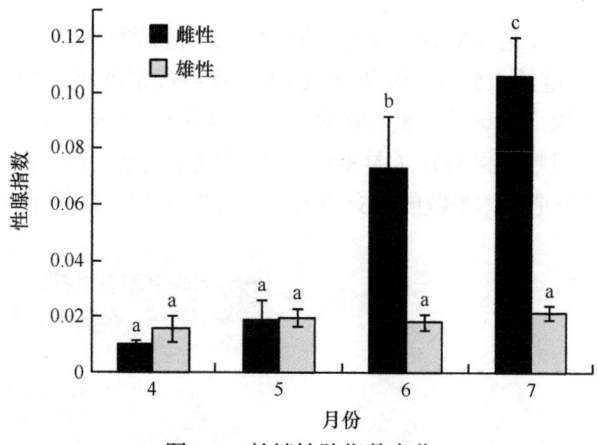

图 8-2 长蛸性腺指数变化

（二）长蛸亲体体重变化

雄性个体体重在各月均大于雌性（图 8-3）。长蛸雌雄个体平均体重在 4、5 月分别为 120.47g、117.29g 和 135.65g、128.68g，两个月份中都没有明显的变化；在 6、7 月体重变化也不明显（$P>0.05$）。但雌雄个体 6、7 月的体重明显大于 4、5 月的体重（$P<0.05$），这表明雌雄个体在 5～6 月期间体重均有明显地增加。

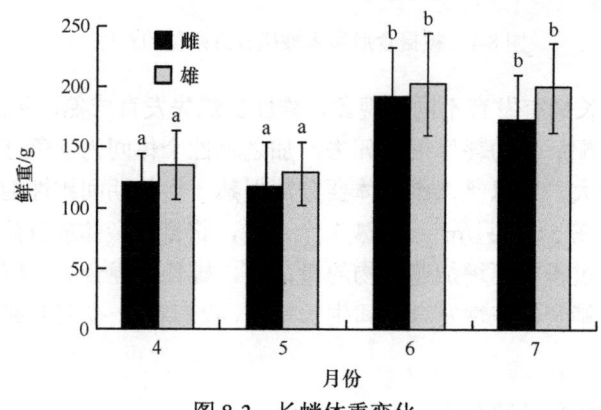

图 8-3 长蛸体重变化

（三）消化腺重和体重的关系

因样本中成体大小体重不一，所以在利用肌肉重（W_m）和消化腺重（W_{dg}）指标时，分别除以胴长值（ML）予以校正，消除长蛸个体规格对特征值的影响。

雌雄个体的肌肉重在 5～6 月期间显著增加，分别由 12.67、11.07 增加到 17.61、15.08（图 8-4）；雄性组消化腺重在 6～7 月有显著减小的趋势，雌性组消化腺重在 4～7 月没有显著变化（图 8-5）。

图 8-4 长蛸肌肉重变化

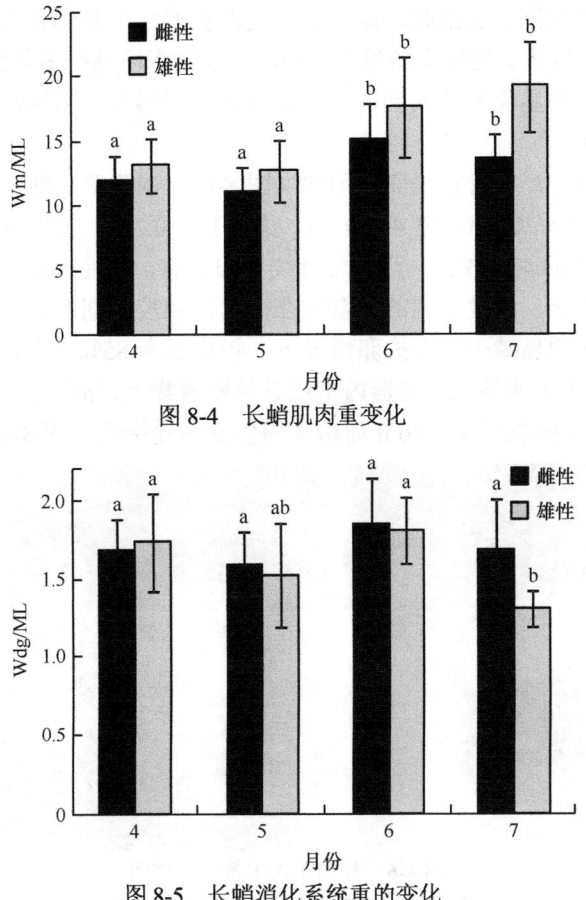

图 8-5 长蛸消化系统重的变化

Clarke 等（1994）在研究阿根廷滑柔鱼（*Illex argentinus*）营养与能量时指出，在其性腺发育时并没有发现其他部位的营养与能量流向性腺。在巴塔哥尼亚枪乌贼（*Loligo gahi*）（Guerra and Castro，1994）、福氏枪乌贼（*Loligo forbesi*）（Collins et al.，1995）和 *Octopus defilippi*（Rosa et al.，2004）等种类研究中发现，卵巢发育所需要的营养与能量可能不是来自肌肉或消化腺等身体其他组织，而是直接来源于卵巢发育期间摄食的饵料。本实验中，处在性腺发育高峰期的雌性个体性腺指数显著增长，同时伴有其体重和肌肉明显的增长，并且消化腺指标没有明显变化，这表明长蛸卵巢发育所需的能量可能不是来自于消化腺和肌肉。

第二节 长蛸交配、产卵与幼体孵化

一、交配与产卵

在室内培育池中，长蛸的交配不易观察到。一般夜里或清理饵料残渣时，在池底会发现长蛸交配。交配时,雄性长蛸会趴在雌性的胴体背部,这时雄性茎化腕伸入雌性外套膜内。交配会持续 20min,但未见到精荚在茎化腕上的传送过程。还发现一个雄性的茎化腕伸入到另一体质较弱、即将死亡的雄性外套腔里,这可能是假交配现象。

长蛸卵大部分产在管状采卵器顶端(图 8-6a)或侧壁(图 8-6b)。卵子较大,呈茄子状,长 13~20mm,宽 4~6mm,重 0.15~0.26g。据统计,长蛸产卵量为 9~125 粒,个体间差别较大。产卵可持续一周左右。雌性长蛸具护卵行为,直到幼体完全孵化为止。雌性长蛸的摄食量在护卵前期较后期多,但整个护卵期间的摄食量比产卵前明显减少。在护卵情况下,孵化率为 85%左右。刚产卵的卵柄基部黏性较强,能牢牢地粘在采卵器内壁或其他附着物上,卵独立悬挂于管内壁,2~3 h 后开始硬化并颜色发深,20 h 后由乳白色变为墨绿色(图 8-7)。

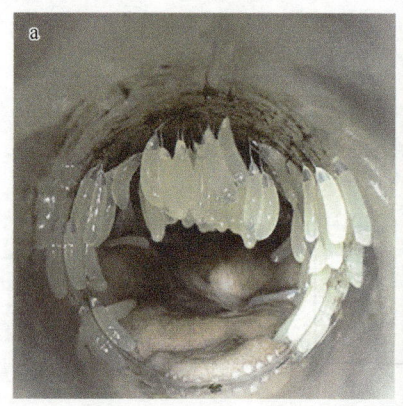

图 8-6 长蛸在人工条件下产卵
a. 采卵器内的卵和正在护卵的亲体; b. 产在水泥板上的卵

在长蛸繁育(人工繁育参照附录三)中会发现亲体产卵延迟现象,即亲体在养殖池中交配后,雌性个体并没有马上产卵,一般要经过半个月左右,甚至更长时间之后产卵。为了使亲体安静地产卵,需要将刚开始产卵的亲体连同产卵器一起移入另一孵化池继续完成产卵。但在实际繁育试验中发现,往往会出现多个亲体在一个管中产卵的情况,多个亲体在同一管中相互缠斗,最终会导致产卵失败。针对这一现象我们发明了长蛸专用采卵器,这一内容将在下一部分进行介绍。

我们使用杂蟹为饵料进行了雌性亲体产卵前后摄食量变化研究。长蛸亲体平均在开始研究的第 11 天产卵。从图 8-8 可以看出,长蛸产卵和护卵期间主要摄食小规格蟹。在产卵前,每个亲蛸每天摄食蟹的平均个体数为 0.6~1.0 个,蟹头胸甲宽多为在 1.1~2.5cm。从图 8-9 可以看出,长蛸产卵前后摄食量明显变化。产卵后,亲蛸摄食量明显下降,产卵后的一周几乎不摄食,这与之前报道的雌性产卵后不摄食是一致的。因此,摄食量的明显下降可以作为长蛸亲体产卵前兆。

图 8-7 卵柄和分泌物质的对比

a. 刚产的卵；b. 产后 2h 的卵；c. 产后 10h 的卵；d. 产后 16h 的卵

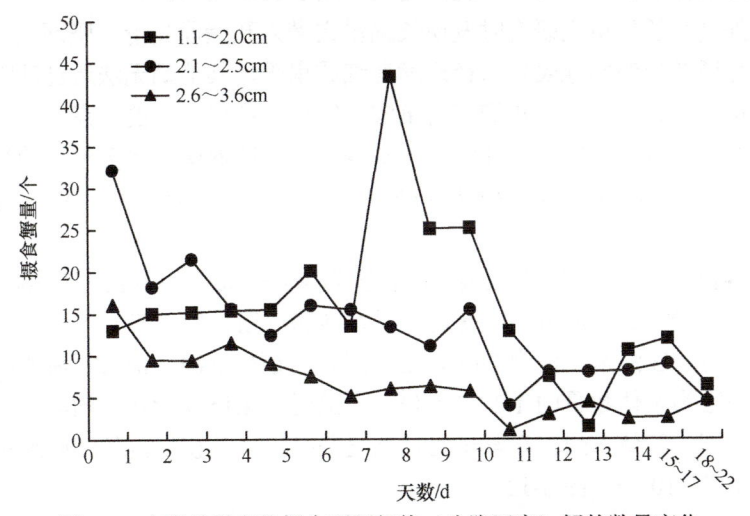

图 8-8 产卵前后亲体摄食不同规格（头胸甲宽）蟹的数量变化

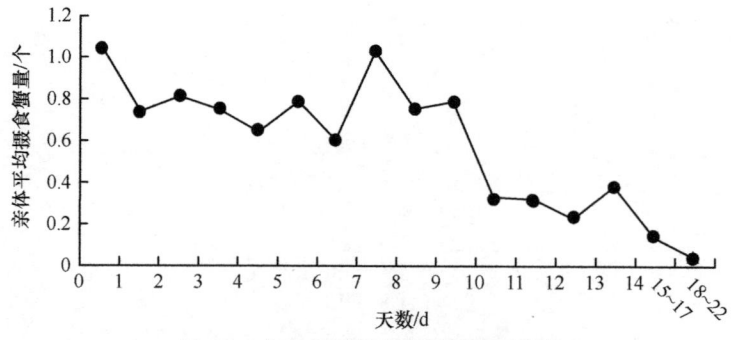

图 8-9　产卵前后每个雌蛸摄食蟹个数

在实际的人工繁育中发现，在雌性亲体产卵前的几天，雄性个体陆续死亡，最终仅剩下雌性个体，雌性个体基本不出现死亡。雄性个体死亡在威海沿岸水域中发生在 7 月中旬左右。7 月初，从天鹅湖捕捞长蛸进行暂养，发现雄性个体陆续大量死亡，说明这个时间段可能是长蛸交配繁殖的高峰期。

二、采集受精卵

目前应用的采卵器主要是单个 PVC 短管，不能很好地保护亲体和满足亲体繁殖。长蛸个体之间易相残打斗，运用这种采卵器时，养殖过程中频繁出现两只雌蛸或几只雌蛸同时聚在同一个采卵器中，造成已产的卵脱落和消亡，也引起亲体之间的体力消耗与机体损伤，造成的直接后果是亲体在产卵前就大量死亡，受精卵由于缺乏亲体看护大量发霉、脱落死亡（图 8-10a，b）。

在野外进行长蛸巢穴研究时发现长蛸巢穴潜入孔壁面光滑、坚硬且宽敞，而末端呼吸孔通道延伸向地表处口径逐渐变细或扁平，其他蛸无法通过呼吸孔进入巢穴（见第二章）。因此，我们模仿巢穴"宽进口窄出口"的特点，使用套网方法封住采卵器一端，有效将亲体隔开，减少同一采卵器中聚集多只蛸的情况。这样可以提高亲体活力，延长亲体护卵时间，提高受精卵成活率，生产优质苗种（图 8-10c）。

采卵器管体部分为 PVC 直圆管，长度为 45~50cm，内径为 5~6cm；PVC 管的一端用孔径为 5~6mm（4~5 目）尼龙网和皮筋封口（图 8-11）。PVC 管使用前洗净消毒，在海水中浸泡 24h 以上，尼龙网事先洗净、消毒、海水浸泡；投放采卵器个数为亲体数量的 1.2~1.5 倍；摆放时，采卵器管体方向与池中常流水水流方向相同，管体按封口端与未封口端交替摆放，并使用两条细麻绳将管体连成串，每串 7~10 个（图 8-12）。

第八章　长蛸人工苗种繁育 | 159

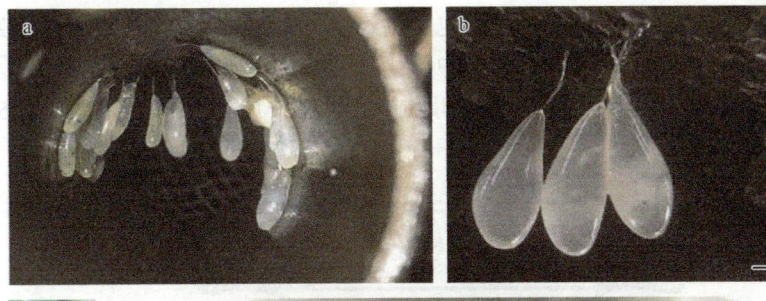

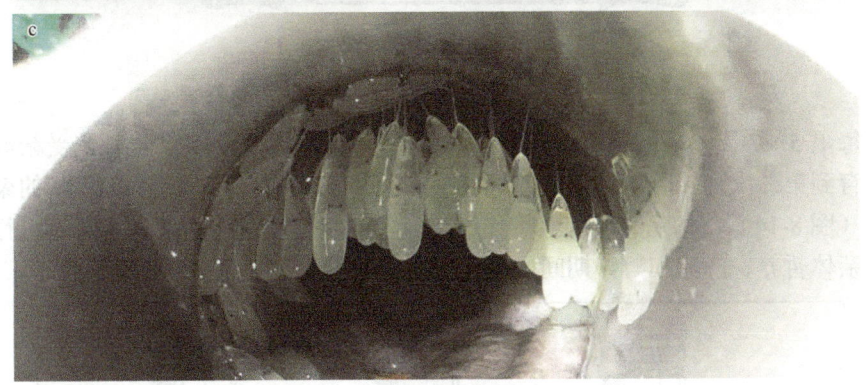

图 8-10　改良前后采卵效果的对比
a. 改良前采卵器采卵情况；b. 发霉腐败的受精卵；c. 本节所描述采卵器采卵情况

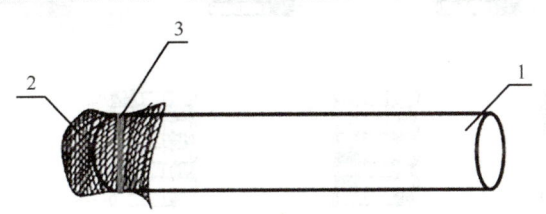

图 8-11　采卵器示意图
1, PVC 直圆管；2, 尼龙网；3, 皮筋

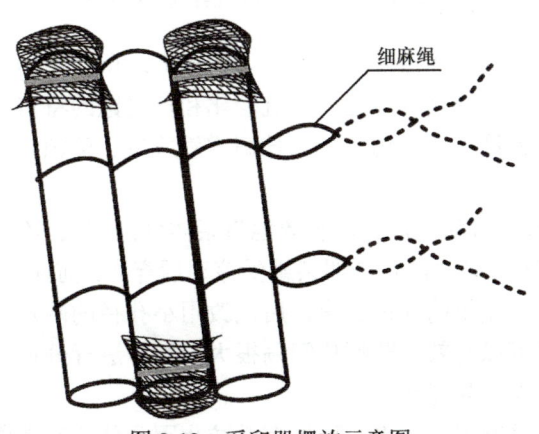

图 8-12　采卵器摆放示意图

亲蛸产卵后，将产卵装置的另一端也用上述网封口，将已在管中产卵的雌蛸和其卵一起封住（图8-13），移到孵化池中孵化；采卵器并列摆放，管体方向与水流方向相同（图8-14），每排3～5个，排间距加大至1.0～1.3m；孵化温度23～25℃。

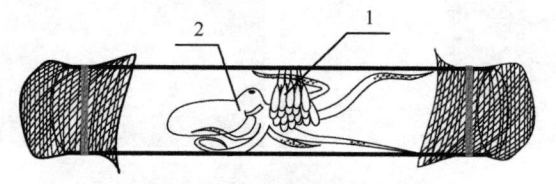

图8-13 采卵器采卵示意图
1，卵群；2，长蛸亲体

每隔5～7天向采卵器中投喂去螯的蟹子，第二天清理残饵。待长蛸受精卵胚胎发育到第二次翻转时期，将封口网片换成孔径1.9～2.0mm（8～13目）的聚乙烯网（图8-14），每隔2天观察孵化情况，及时将孵化出的幼体放入网箱进行培养。亲体暂养、产卵和孵卵期间，微充气水流培育。

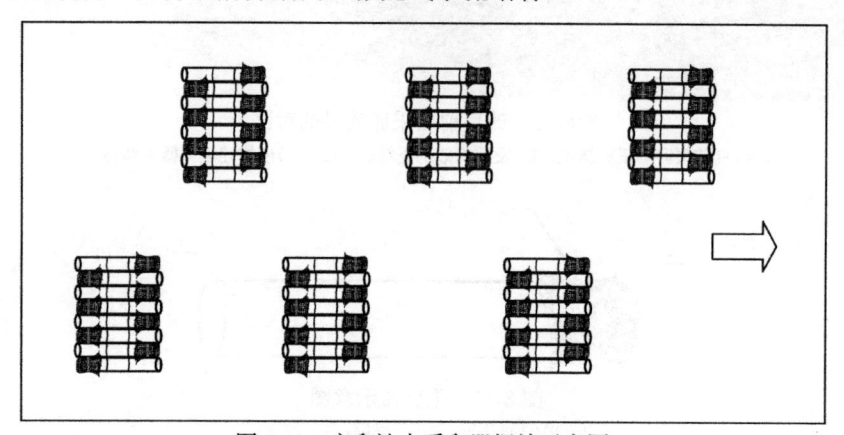

图8-14 产卵池中采卵器摆放示意图

采卵器可以为长蛸亲体提供较好的产卵和护卵场所，可用于大规模的生产实践。我们新改进的采卵器具有高强度、抗老化和抗腐蚀的特点，经济实惠，在实施过程中可以节约大量人力、物力，为长蛸增殖放流、资源修复和人工繁育提供参考与依据。

采卵器使用PVC管和网片封口有效地将亲体分割开来，不仅保护产卵亲蛸免于其他亲体侵入打扰，同时防止产卵亲蛸受惊动后弃卵；前期使用大孔径的网片，是为了使采卵器内有充足的水体交换，后期改用小孔径的网片，是为了方便收集幼体集中培养，也可以有效分开孵化间隔很大的幼体进行分批管理，以减少幼体因个体规格差异较大引起互残。

我们用绳子将采卵器连成串，可以有效防止因亲体活动造成采卵器滚动。由于孵化过程中会有亲蛸死亡，死亡亲体腐败不仅导致自身采卵器中受精卵发霉败坏，而且会影响到两侧采卵器中的受精卵，所以孵化池中每串采卵器摆放的个数不宜超过 5 个，排间距在 1.0～1.3m 以上为佳。

采卵器改进前平均采卵数为 37.91，改进后平均为 102.82，两者差异极显著（$P<0.01$）。改进后的采卵器采卵效果极显著好于改进前的，是改进前的 2.71 倍，极大地增加了采卵数量（表 8-2）。

表 8-2　改进前后采卵器采卵数量比较

	采卵数/枚										平均值
改进前	25	36	7	80	90	43	9	27	18	4	78	37.91b
改进后	50	120	40	130	90	100	135	110	132	126	98	102.82a

注：同列数据不同小写字母表示差异极显著（$P<0.01$）。

三、不同颜色蛸巢的选择

有研究表明，水生生物更倾向于选择和保护色相近的栖息环境（王吉桥等，2012；龚盼等，2015）。张辉等（2009）发现不同颜色的附着基会对刺参聚集数量和稳定性产生影响；牛超等（2017）通过实验得出不同颜色的附着基会对金乌贼孵卵效果产生影响。本部分分析了两种不同颜色的蛸巢对长蛸产卵选择和产卵量的影响，为进一步优化长蛸繁育过程提供数据支持（南泽，2020）。

实验在山东省蓝色海洋科技股份有限公司进行。选用 PVC 管作为长蛸巢穴。暂养期间投喂饵料种类为菲律宾蛤仔和绒螯近方蟹，每天下午 4 点投喂，投喂量根据摄食情况随时增减，次日 8 点进行残饵清理、换水，换水量为水体的 3/4。暂养期间水温 21～24℃，盐度 29～31。

每个暂养池（$L\times W\times H$：7m×2.5m×1.2m），投放 30 只雌蛸，放入白色和灰色 PVC 管（长度约 32.5cm，内径 6.5cm）各 30 个作为蛸巢，实验为三个平行。待池内所有长蛸产卵结束后，统计附卵蛸巢的颜色，每个产卵池随机选取不同颜色 PVC 管各 6 个用来统计长蛸产卵量。

3 个养殖池共 31 个（平均 10.3±3.1）白色蛸巢附有受精卵，69 个（平均 19.6±3.1）灰色蛸巢附有受精卵，白色：灰色比例为 1：2.23。白色蛸巢中受精卵量为 28±5 粒，灰色蛸巢受精卵量为 53±5.5 粒（表 8-3）。白色蛸巢与灰色蛸巢对亲蛸产卵选择和亲蛸产卵量均有显著性差异（$P<0.05$）。

表 8-3　白、灰颜色蛸巢对产卵选择和产卵量的影响

颜色	白色	灰色
亲蛸产卵选择（个体数±SD/池）	10.3±3.1a	19.6±3.1b
亲蛸产卵量（产卵个数±SD/池）	28.0±5.0a	53.0±5.5b

注：标有不同小写字母表示差异性显著（$P<0.05$）。

生物在长期进化过程中形成了与环境适应的特征，如选择与自身适合度最高的栖息环境（颜忠诚和陈永林，1998）。本实验中，亲蛸选择白色蛸巢和灰色蛸巢的比例约为1∶2，具有显著性差异（$P<0.05$）。这说明，长蛸在产卵选择上倾向于与自然环境相近的环境。本实验中，长蛸在白色蛸巢平均产卵量为（28±5）粒，在灰色蛸巢平均产卵量为（53±5.5）粒，两者差异性显著（$P<0.05$）。不同亮度和对比度的颜色可能会对长蛸产卵行为产生影响，白色蛸巢亮度更高，与实验环境（水泥池）颜色对比度大。长蛸对颜色感知的器官和神经系统作用机理仍需进一步的实验研究。

四、受精卵孵化

温度是影响海洋无脊椎动物胚胎发育的重要因素之一。研究温度与胚胎发育之间的关系，可以更深入地了解海洋无脊椎动物的繁殖习性，为海洋无脊椎动物的人工育苗提供理论支持。国内外对各种海洋无脊椎动物的胚胎发育的有效积温和生物学零度已经进行了广泛研究，如西施舌（刘德经等，2003）、光棘球海胆（夏长革等，2006）。在头足类方面，日本无针乌贼生物学零度和有效积温已有报道（张建设等，2011）。关于长蛸的生物学零度和有效积温，宋坚等（2014）研究发现大连地区长蛸胚胎发育的生物学零度和有效积温分别为9.17℃和1239.94℃·d；长蛸胚胎发育的最适温度范围为20~26℃。但因为水产动物的胚胎发育生物学零度和有效积温存在地域性，因此我们通过观察不同温度长蛸受精卵发育，借助数理统计方法，探讨了威海沿岸水域中长蛸受精卵发育生物学零度及其受精卵产出至孵化的有效积温。

与大部分头足类动物相同，长蛸具有交配、护卵与孵化等一系列复杂繁殖行为。一般认为长蛸为一年生，其自然种群的大小完全取决于补充群体。长蛸胚胎具有较长的孵化期，在平均水温23℃时孵化期约为77d，平均水温21℃下孵化期约为87d。按照繁殖盛期为4~7月推算，子代孵出时间应为7~10月，这无法解释在10月随机采捕的长蛸中，为何有相当比例接近性成熟或已经性成熟的个体。推测长蛸像多数贝类一样可能存在两个繁殖期。我们在荣成进行了长蛸受精卵越冬孵化实验，通过模拟自然条件下长蛸受精卵越冬孵化的过程，探讨了荣成月湖长蛸是否存在两个繁殖期，并验证了室内越冬孵化的可行性。

（一）生物学零度和有效积温的推算

受精卵产出时，a、b两组的水温分别为23.8℃和25.4℃。a组亲蛸产卵时的温度为23.8℃，孵化期间最高温度为27.8℃，最低温度17.7℃，平均温度23.19℃，孵化天数共77d；b组亲蛸产卵时的温度为25.4℃，孵化期间最高温度为27.8℃，最低温度15.6℃，平均温度20.96℃，孵化期持续87d。

有效积温常数K（℃·d）的计算公式如下：$K=N(T-C)$，其中，N为受精卵孵化需要的时间（d）；T 为胚胎发育时观察的水温的平均值（℃）；C 为受精卵发育的生物学零度。将观察数据进行整理，结果见表 8-4。

表 8-4 长蛸受精卵孵化数据

孵化时间（N）/d	平均温度（T）/℃	V（$1/N$）	VT	V^2
77	23.19	0.01299	0.30124	0.000169
87	20.96	0.01149	0.24083	0.000132
Σ	44.15	0.02448	0.54207	0.000301

根据表 8-4 数据，求受精卵发育生物学零度（C）及受精卵发育至棱柱幼体的有效积温（K），得

$$C = \frac{\sum V^2 \sum T - \sum V \sum VT}{n \sum V^2 - (\sum V)^2} = 3.79℃$$

$$K = \frac{n \sum VT - \sum V \sum T}{n \sum V^2 - (\sum V)^2} = 1494℃ \cdot d$$

温度在 20.4~23.6℃时，真蛸受精卵孵化天数为 27~35d（郑小东等，2009），随温度升高，孵化天数减少：水温平均 17℃（14~19℃）条件下，需要 80~87d；平均 18℃（14~23℃）条件下，需要 65~74d；22~23℃条件下，需要 29~49d（Warnke，1999）；23~25℃条件下，需要 25d。对短蛸而言，孵化水温为 16~21℃时，需要 41d（王卫军等，2010）；22~24℃时，孵化天数为 18~20d（张学舒，2002）。

另外，种类不同，海洋无脊椎动物胚胎发育的有效积温和生物学零度有所不同。头足类的胚胎发育时间与卵型大小有一定关系，卵型越小，胚胎发育所需时间越短；卵型越大，所需时间越长。例如，小卵型的滑柔鱼（*Illex illecebrosus*）胚胎发育时间为 5~10d（O'Dor and Dawe，1998）；大卵型的 *Bathypolypus arcticus* 胚胎发育时间可能会超过 1 年（Voight and Grehan，2000）。长蛸卵型大，孵化时间较长，钱耀森（2011）报道了荣成月湖长蛸在水温 22~24.5℃的条件下孵化时间为 72~89d。

日照地区长蛸胚胎发育有效积温为 1494℃·d，受精卵发育的生物学零度为 3.79℃，说明长蛸受精卵对于低温有较好的适应，而对长蛸胚胎发育的温度上限，则需进一步研究。我们仅分析了山东日照海区长蛸胚胎发育的有效积温及生物学零度，其他海区的相关问题仍需要不断进行补充。

（二）受精卵越冬孵化

我们在山东荣成马山集团开展实验，在荣成月湖挑选数批体色健康、胴体部饱满、性腺发育良好的长蛸作为亲体，于 8m×3m×0.6m 的水泥池中进行暂养，

投喂杂蟹。使用 PVC 管作蛸巢，长蛸在 PVC 管中产卵后，用网封住蛸巢两端开口，将亲蛸连同蛸巢移入孵化池中进行孵化（繁殖参照附录三）。自然水温，常流水，不间断微充气，溶解氧含量不低于 5mg/L。在胚胎发育过程中，每周对亲蛸投饵，每只蛸每次投喂一只去螯的蟹。每天测定水温，并定期观察胚胎，数码拍照。挑选发育程度较快（卵黄几乎被耗尽）、处于相同发育时期的 150 粒受精卵进行升温孵化，水温由 12 月的 0℃慢慢升温至 3 个温度梯度，分别为 15℃、20℃ 和 25℃三组，每组 50 粒受精卵，统计每组受精卵的孵化时间、孵化率和孵化 2d 后幼体成活率。

自然温度孵化由 9 月的 25.7℃降至 12 月的 0℃。通过观察，当环境温度低于 5℃时，受精卵停止发育，在环境温度达到 0℃时，受精卵与处于较高温度下的受精卵相比，体色发白，胚胎活力降低，处于第 19 期的受精卵在强光刺激下，可观察到腕部的活动和外套膜的收缩，但活动频率和强度都较低。升温后，受精卵全部孵化时间、孵化率和孵化 2d 后幼体成活率见表 8-5。

表 8-5　不同温度下长蛸受精卵孵化情况

孵化温度/℃	孵化时间/d	孵化率/%	孵化 2d 后幼体成活率/%
15	12	100	86.0
20	5	94.0	87.2
25	3	76.0	81.6

从升温孵化结果看，受精卵在温度提升后恢复发育，且随着水温升高，孵化时间缩短。在水温提升至 15℃时，50 粒受精卵在 12d 后全部孵化，孵化率达 100%，2d 后幼体数量为 43 只，成活率 86%。当水温提升至 20℃，50 粒受精卵在 5d 内全部孵化，孵化率为 94%，有 3 粒受精卵在孵化过程中变质坏掉，2d 后成活率 87.2%。水温提升至 25℃时，受精卵 3d 内全部孵化，有 12 粒受精卵在孵化过程中变质死亡，2d 后成活率 81.6%。

从升温孵化实验的结果可以看出，停滞发育的受精卵（0℃水温下）经过升温仍具孵化能力。升温幅度对于受精卵的孵化率和幼体成活率具有重要影响，升温幅度太大时，受精卵出现了较为严重的变质死亡情况，且孵化后的成活率也明显降低。有可能是 25℃超过了胚胎发育的温度上限，也有可能是升温太快所导致。关于长蛸亲体生息温度和胚胎发育温度的适应范围，仍然需要进一步的研究。

通过模拟自然环境，发现受精卵越冬孵化是可能的。有些动物的胚胎发育具有一定时间限制，如中华绒螯蟹。如果环境温度较低，受精卵不能在正常时间内孵化，则会变质死亡。但是长蛸受精卵具较长孵化期，是对环境的适应。秋季繁殖的长蛸，受精卵在当年未能孵化，可在蛸巢内越冬，并伴有亲蛸护卵。越冬期受精卵的发育停止或相当缓慢。等到第二年春天，温度升高时，受精卵继续发育并孵化。春季是饵料生物较为丰富的季节，初孵幼体可较快生长。同时，性腺也在春夏季节得到较快发育，秋季达繁殖高峰。因此，长蛸可能存在春夏繁殖群和秋季繁殖群，春夏繁殖群的幼体在9~11月孵化长成幼体，幼体越冬，来年春季快速生长，6~7月繁殖；而秋季繁殖群则是受精卵越冬，来年3月温度升高后孵化，春夏季生长，秋季再繁殖。我们通过实验证实了受精卵越冬的可行性，为长蛸存在秋季繁殖群提供了证据。

第三节 长蛸幼体培育与生长

长蛸以摄食贝类、甲壳类、环节动物等无脊椎动物和鱼类为主，在各个生长阶段均表现出较强的摄食能力。长蛸初孵幼体无外卵黄，体表光滑，营附底生活。钱耀森（2011）在实际的育苗期间总结出了比较理想的幼体投喂方案。①1~5日龄：按5~10个/mL的卤虫无节幼体和1~2个/mL的桡足类投饵；②6~12日龄：卤虫投喂量逐渐减少，卤虫无节幼体1~2个/mL，同时桡足类和枝角类等大型浮游动物增加到2~3个/mL；③13~20日龄：卤虫无节幼体减至0.5~1个/mL，桡足类也逐渐减少，开始投喂甲壳宽0.6~0.9cm的蟹苗，保证一个幼蛸能摄食1个蟹苗；④21~30日龄：保持20日龄的饵料密度，增加蟹的数量，保证每个幼蛸摄食1~2个蟹，另外添加卤虫；⑤31~45日龄：加大蟹的投喂量，保证每天每个幼蛸能摄食2个蟹苗，增加卤虫量进行饵料的补充，同时开始尝试转化投喂常用的冰鲜饵料。当饵料不易获得或不足时，鲜活的菲律宾蛤仔（*Ruditapes philippinarum*）、钩虾（*Eogammarus possjeticus*）和螺赢蜚（*Corophid amphipods*）亦可作为开口饵料，能满足幼体营养需求（薄其康等，2014；南泽，2020）。

一、幼体培育与生长

幼体培育是增养殖与资源修复的前期工作和重要环节，研究蛸类动物幼体生长规律，分析幼体生长的基本指标、指标间的相关关系及其性成熟过程形态结构变化等基础工作，对于完善长蛸人工繁育关键技术极为重要，可以为其养殖的规模化、产业化提供技术支撑。

（一）常见蛤饵料培养研究

我们使用菲律宾蛤仔和光滑河蓝蛤培育长蛸的初孵幼体，幼体培育实验在中国海洋大学水产学院实验室进行。采用玻璃缸（0.45m×0.35m×0.34m）培养幼体，水质盐度28~31，pH 7.9~8.1，水深0.25m，水温（13±1）℃。在缸底铺8mm左右厚的细砂。在自然环境中，幼体常常躲避在人造物下、石头下或是贝类壳里，养殖过程中用足量的脉红螺壳和菲律宾蛤仔壳作为幼体遮蔽物。细砂和贝壳在清洗、消毒后使用。放置遮蔽物时注意蛤壳内侧和螺的壳口朝下。每天吸底1次，换水量为 50%；每 10d 全量换水 1 次。

1～15 日龄的幼体选用蓝蛤投喂，之后喂食菲律宾蛤仔。将已孵化出的幼体分为 A、B 组两组，其余还未孵化的划为 C 组。A 和 C 组遮蔽物是菲律宾蛤仔壳，B 组遮蔽物为脉红螺壳。贝类在投喂前用解剖刀左右分开，使蛤肉暴露。每日 18：00 进行喂食，第二天早上 8：00 收取残饵，每天投饵 1 次。

初孵幼体胴体呈长卵圆形，体表光滑，具极细色素斑（图 8-15a）；TL（全长）=（44.97±3.76）mm（40.7～47.8mm，n=3），MLd（胴长）=（10.31±0.08）mm（10.3～10.8mm，n=3），MLd 为 TL 的 22.22%，MLd 是 MWd（胴宽）的 1.31 倍。幼体各腕长不等，其中第 1 对腕最长，约为胴长的 2.9 倍，腕式 1>2>3>4，腕吸盘两列。

1. 幼体摄食行为与成活率

幼体白天躲避于遮蔽物下，不断地将腕伸出四处试探，常在夜间进行摄食（图 8-15b）。残饵中蛤软体部被摄食，仅剩外套膜（图 8-15c，d）。在夜间若有光照刺激，幼体应激强烈喷墨。观察发现幼体间存在互残现象（图 8-15e）。

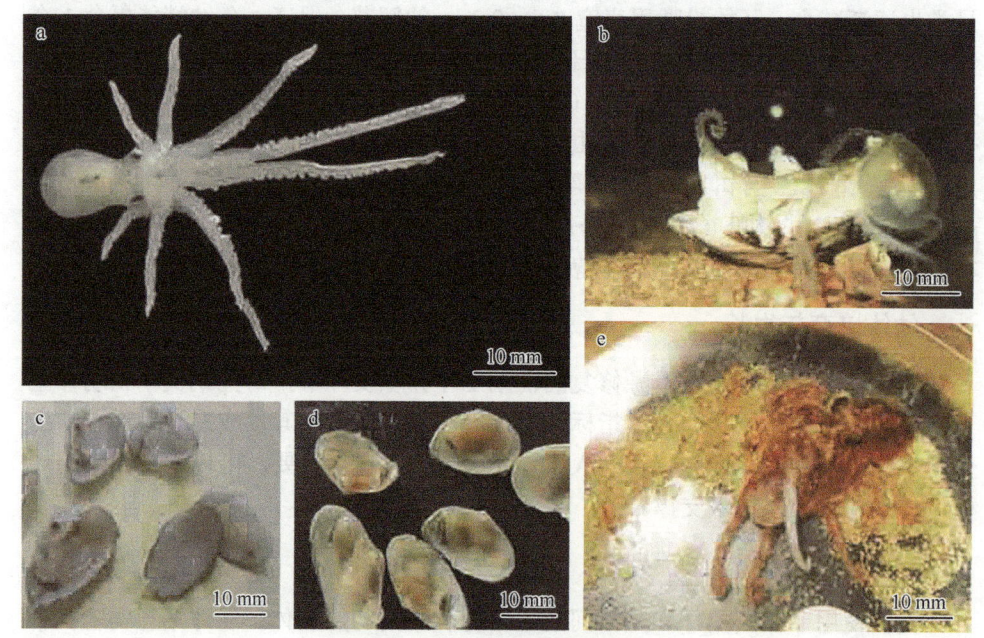

图 8-15 长蛸幼体 80d 培育情况
a. 长蛸初孵幼体；b. 正在摄食的幼体；c. 摄食后的蛤壳；d. 摄食前的蛤壳；e. 幼体互残

旬成活率为每 10 天的成活率，幼体旬成活率比较高且稳定，70d 当中的旬成活率均在 72.7% 以上。总成活率：幼体 30d 为 80.99%，50d 为 65.61%，70d 为 54.65%；B 组 40～60d 和 C 组 20～30d 阶段幼体几乎不死亡；80d 总成活率降低至 18.70%。

2. 幼体生长特征

三个组的幼体 MLd/TL 比值随时间增加而增大，表明其胴体的增长快于腕的增长。现以 A 组为例，0～80d 的培育中，MLd 和 TL 分别由原来的 10.1mm 和 45.0mm 增加到 15.3mm 和 56.5mm，增长率分别为 51.04%和 25.53%，MLd/TL 比值由原来的 0.224 增加到 0.271。MLd/TL 数值前 50d 平均为 0.224，增加缓慢，而 50～80d 平均为 0.263，增加较快（图 8-16）。1～80d 各腕 SC 变化不显著，第 1～4 对腕 SC 范围分别为 50～72、49～64、36～62 和 36～52；第 3 对腕与第 4 对腕 SC 相近（图 8-17）。

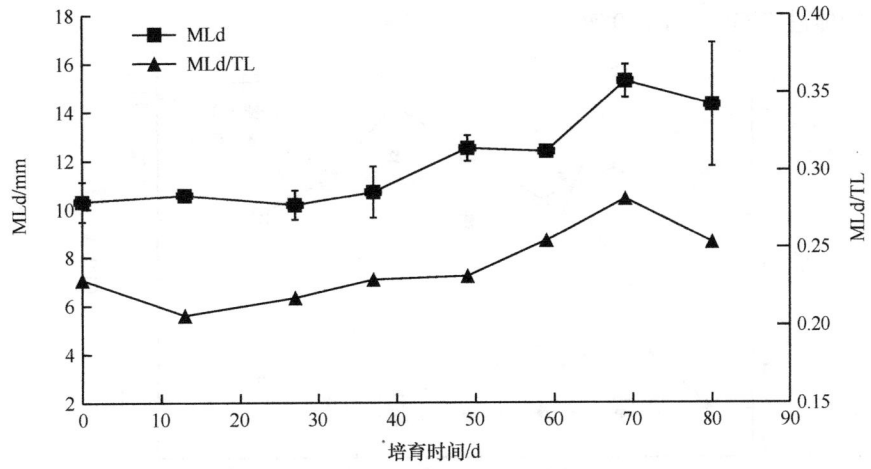

图 8-16　A 组长蛸幼体胴长（MLd）及胴长/全长（MLd/TL）变化

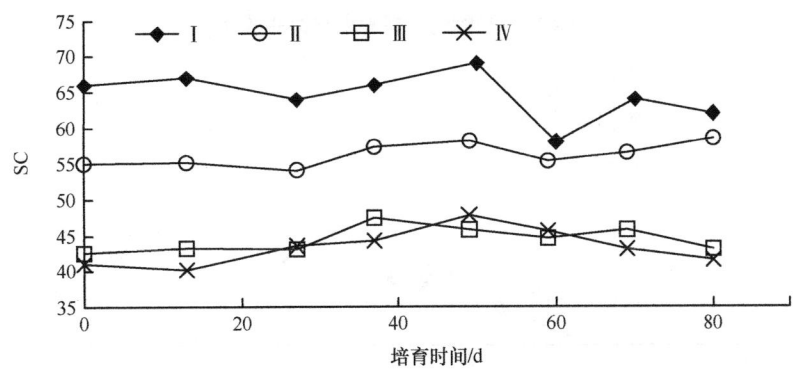

图 8-17　A 组长蛸幼体腕吸盘平均数

长蛸初孵幼体形态结构与成体相像，具体区别包括：幼体腕长（AL）约为胴长（MLd）的 2.9 倍，而成体为 6～7 倍（董正之，1988）；幼体 MLd 增长率 51.04%，大于 TL 的增长率（25.53%），表明幼体中 MLd/TL 比值是逐渐增加的，并且幼体的吸盘数无显著增加，说明幼体初期内脏器官很快发育，生长集中在胴体的生长，如消化器官的发育（Moguel et al., 2010）。也许未来的阶段，幼体的生长会集中在腕的生长，这尚需要进一步的验证。

3. 幼体饵料效率、摄食率和生长率

CER（饵料效率）、GR（生长率）和FR（摄食率）随时间变化波动。前27d幼体平均GR为10.63%/旬，前50d幼体平均GR为7.86%/旬。培育过程中明显的观察到GR、CER与FR呈负相关关系（图8-18，图8-19）。幼体FR为0.90～3.38/旬，CER最高为29.29%。CER与GR呈极显著的线性关系，$y=1.452x-2.731$（$R^2=0.865$，$P<0.01$）（图8-20）。80d培养中平均生长率为9.97%/旬，80d培养后幼体最终GR为122.05%。

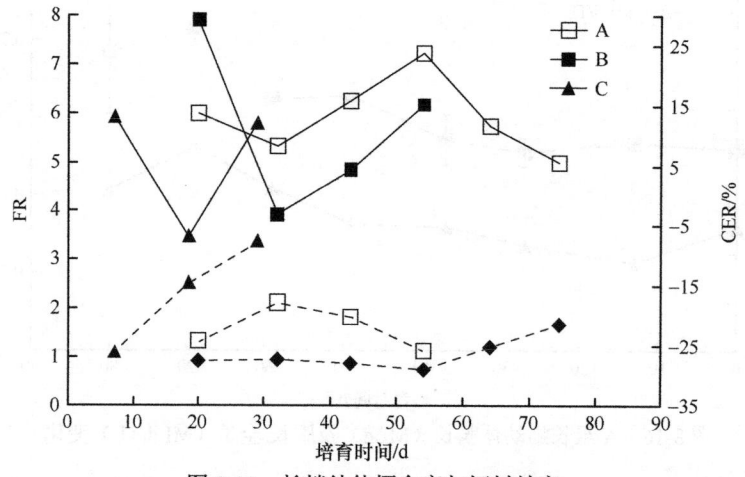

图8-18 长蛸幼体摄食率与饵料效率

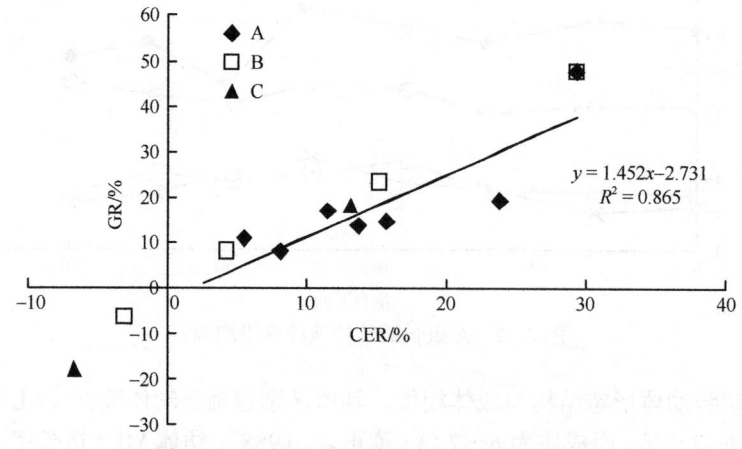

图8-19 长蛸幼体饵料效率与生长率的关系

图 8-20　长蛸幼体鲜重变化

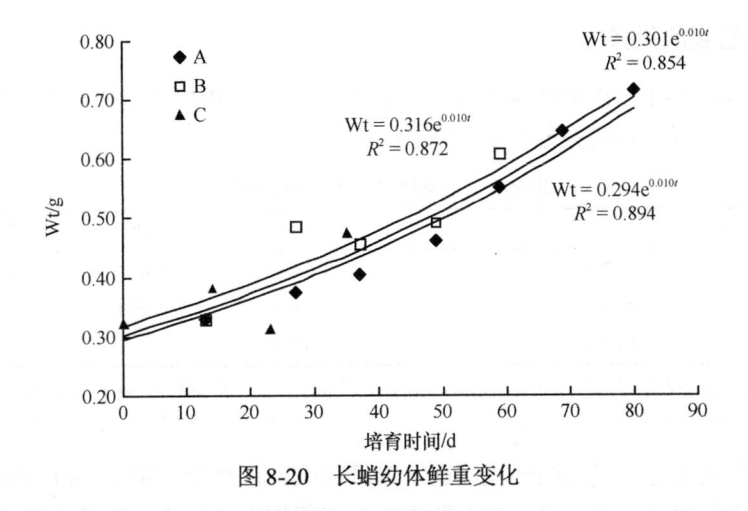

4. 幼体鲜重与培养天数的关系

初孵幼体平均鲜重 Wt=（0.322±0.006）g（0.316~0.327g，$n=3$）。Wt 与培养时间（t）呈指数函数关系（$P<0.01$），随 t 增加而增加，其中 A、C 组 Wt = $0.294e^{0.010t}$（$R^2=0.894$），B 组 Wt = $0.316e^{0.010t}$（$R^2=0.872$）。总体生长函数 Wt = $0.301e^{0.010t}$（$R^2=0.854$，$P<0.01$）。

Octopus pallidus 也是一种底栖蛸类，其生活史、体重、体长与长蛸相似，且其幼体一孵出就开始底栖生活，初孵幼体鲜重（0.230g）与长蛸的幼体相似。在水温 14~16℃下，Leporati 等（2007）和 André 等（2008）分别得到 *O. pallidus* 的平均生长率（GR）为 13.8%/旬和 14.3%/旬。我们在水温 11.8~13.4℃下得到 50d 中幼体平均 GR 为 7.86%/旬，较前者低，但远低于刘畅（2013）于水温 21℃下得到的 GR 值（4.63%/d）。相差之大可能是由于培育温度引起的，GR 和 FI 是随培育温度升高而增加的（Segawa and Nomoto，2002；Semmens et al.，2004）。但是实验中幼体成活率（30d 总成活率 80.99%，50d 总成活率 65.61%）显著高于刘畅（2013）的结果（47d 的成活率 45.4%）。

此外，幼体鲜重可能与饵料自身营养或长蛸幼体对食物喜好有关。Smale 和 Buchan（1981）认为蛸类最合适的饵料是甲壳类与鱼类的混合饵料。邵楚等（2011）指出以招潮蟹为饵料时长蛸摄食稳定、活力强，并且饵料转化率和瞬时生长率高。我们培育时，幼体后期饵料仍是菲律宾蛤仔和蓝蛤，结果表明这两种贝类只能维持幼体基本的生长和能量所需。

长蛸幼体的开口饵料使用光滑河蓝蛤和菲律宾蛤仔，结果表明两种贝类可以满足幼体摄食需要。蓝蛤可以满足幼体开口期的需要，且比虾、蟹幼体等活饵料价廉易得，尤其适合在秋冬季培育幼体。然而作为后期饵料，这两种贝类效果不是很理想。

5. 遮蔽物的优劣

虽然 A、C 组与 B 组鲜重（Wt）无显著差异，但 B 组鲜重比较大且均大于 A 组（表 8-6），显示螺壳是较好的遮蔽物。

表 8-6 三组幼体平均鲜重的比较

培养天数/d	13	27	37	50	60
A 组	0.328b	0.373a	0.403a	0.462a	0.551a
B 组	0.328b	0.485A	0.454a	0.491a	0.606a
C 组	0.381a	0.313b	0.475a		

注：同列数据有相同字母表示差异不显著（$P>0.05$）；不同小写字母表示差异显著（$P<0.05$）；大写字母表示差异极显著（$P<0.01$）。

长蛸喜欢安静、黑暗的环境，通常躲藏隐蔽。钱耀森（2011）和刘畅（2013）曾分别使用牡蛎壳、蛤蜊壳、空心陶瓷坠及海藻作为遮蔽物。刘畅（2013）认为，由于幼体常常几只聚集在蛤蜊壳内，发生争斗，从而影响幼体成活率和生长率，因此蛤蜊壳效果不如陶瓷坠。

（二）长蛸幼体的性别分化

按照孵化出的时间将孵出的长蛸幼体转移至不同的培育槽，使用瓦片和刚毛藻作为幼体的遮蔽物。开口饵料为卤虫无节幼体（*Artemia nauplius*），后期培育饵料为钩虾（*Eogammarus possjeticus*）和螺蠃蜚（*Corophid amphipods*），饵料体长范围 2~12mm。水温控制在 18℃，盐度 29~31，微充气。每日换水一次，换水量约 2/3。

1. 幼体生长变化

至 10 月中下旬幼体陆续破膜而出，初孵幼体平均全长约 3.11cm，平均体重约 0.27g。生长至 60d，平均全长约 8.83cm，平均体重约 0.70g（表 8-7）。

表 8-7 长蛸幼体形态学数据（$n=6$）

培养天数	0d	15d	30d	45d	60d
体重/g	0.27	0.31	0.42	0.54	0.70
胴背长/cm	0.68	0.80	0.89	0.99	1.19
全长/cm	3.11	4.76	4.83	5.85	8.83
腕长/cm					
L1/R1	2.10/2.17	2.89/2.74	3.46/3.22	4.41/3.89	6.94/6.75
L2/R2	1.74/1.74	1.89/1.83	2.06/2.51	2.74/3.12	3.51/3.54
L3/R3	1.13/1.07	1.38/1.24	1.46/1.52	2.31/2.43	2.89/2.74
L4/R4	0.87/0.83	0.89/0.90	0.96/0.92	1.51/1.63	2.47/2.38

续表

培养天数	0d	15d	30d	45d	60d
吸盘数/个					
L1/R1	50/52	53/57	56/52	69/67	69/69
L2/R2	44/41	45/49	47/48	52/51	55/56
L3/R3	30/34	38/35	39/35	50/45	52/50
L4/R4	32/28	33/30	34/34	43/44	40/36

2. 幼体性别分化节点

经解剖镜观察发现，最早可观察到有茎化腕分化的长蛸幼体为 63 日龄（图 8-21 左），体重为 0.66g，左三腕吸盘数为 53，右三腕吸盘数为 54，两者吸盘数相近。发育至 75d（图 8-21 右），长蛸右侧第三腕吸盘数为 54，左侧第三腕吸盘数为 59，左侧第三腕吸盘数大于右侧第三腕（表 8-8）。

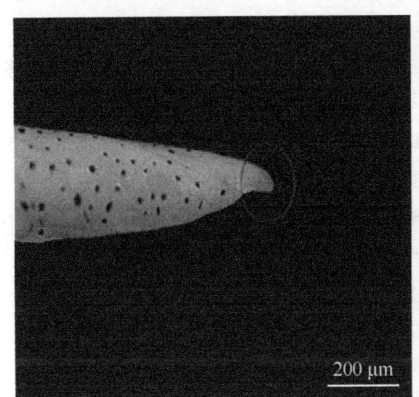

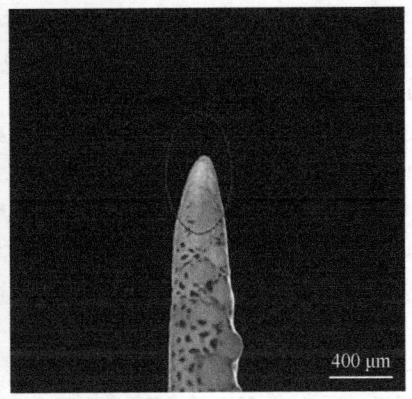

图 8-21 长蛸幼体的茎化腕（示舌叶）
左为 63d，右为 75d

表 8-8 长蛸雄性幼体形态学数据

培养天数	63d	75d	培养天数	63d	75d
体重/g	0.78	1.33	全长/cm	10.03	12.33
胴背长/cm	1.34	1.62	吸盘数/个（L3/R3）	53/54	59/54

长蛸幼体培育是增殖放流和工厂化世代养殖过程中的关键环节，其中饵料、遮蔽物、水温等是影响长蛸培育的重要因素（钱耀森，2011；刘畅，2013；南泽，2018）。在长蛸幼体饵料研究方面，钱耀森（2011）选择卤虫和蟹苗（日本蟳）作为长蛸幼体的饵料，结果显示饵料单一或营养缺乏会导致幼体停止发育甚至死亡。刘畅（2013）在幼体培育过程中通过对比投喂蓝蛤和投喂蟹苗对幼体生长的差异，发现摄食蟹苗的幼体生长速度（45d 增重 1000%）远高于摄食蓝

蛸的幼体（69d 增重 138%）。目前，长蛸幼体培育中主要使用的是活体饵料，冰鲜饵料效果不明显。

养成过程中，右侧第三腕是否茎化是区分长蛸雌雄最明显的形态特征。茎化腕具有端器（liguala），形状为匙形，大而明显（钱耀森，2011）。本研究中幼体出现茎化腕的最早时间为 63 日龄，茎化腕吸盘数为 54，左三腕吸盘数为 53，左三腕吸盘数与右三腕吸盘数相近。当发育至 75d 时，右三腕吸盘数为 54，左三腕吸盘数为 59，刚分化的茎化腕端器还未出现明显的茎化腕突起（calamus）。烟台海域产的长蛸雄性成体茎化腕约为 55 个（数据尚未发表），与本实验中幼体茎化腕吸盘数相似。幼体性别分化时间的确定，为下一步的单性养殖、避免养成过程中的性早熟现象提供了理论依据。

参 考 文 献

薄其康. 2015. 长蛸饵料分子学鉴定与人工繁育研究. 青岛：中国海洋大学硕士学位论文.

薄其康, 郑小东, 王培亮, 等. 2014. 长蛸 (*Octopus minor*) 初孵幼体培育与生长研究. 海洋与湖沼, 45(3): 583-588.

董正之. 1988. 中国动物志 软体动物门 头足纲. 北京：科学出版社.

龚盼, 侯俊利, 庄平, 等. 2015. 长江口日本鳗鲡鳗苗对底质颜色和光照强度的选择行为. 海洋渔业, 37(6): 510-516.

韩松. 2010. 金乌贼(*Sepia esculenta*)繁殖行为及交配模式的分子鉴定. 青岛：中国海洋大学.

林祥志, 郑小东, 苏永全, 等. 2006. 蛸类养殖生物学研究现状及展望. 厦门大学学报 (自然科学版), S2: 213-218.

刘畅. 2013. 长蛸生活史养殖技术研究. 青岛：中国海洋大学硕士学位论文.

刘德经, 黄德尧, 王家漭, 等. 2003. 西施舌胚胎发育生物学零点温度和有效积温的初步研究. 特产研究, 25(4): 22-24.

南泽. 2020. 黄渤海长蛸遗传多样性与人工繁育技术研究. 青岛：中国海洋大学硕士学位论文.

牛超, 杨超杰, 黄玉喜, 等. 2017. 金乌贼新型产卵附着基的实验研究. 中国水产科学, 24(6): 1234-1244.

钱耀森. 2011. 长蛸生态习性和人工育苗技术研究. 青岛：中国海洋大学硕士学位论文.

邵楚, 王亚, 王春琳. 2011. 3 种饵料对暂养长蛸生长的影响. 水产科学, 30(3): 140-143.

宋坚, 肖登兵, 郝振林, 等. 2014. 长蛸胚胎发育生物学零度和有效积温的研究. 安徽农业大学学报, 41(4): 605-608.

王吉桥, 杨阳, 徐振祥, 等. 2012. 附着基的形状、粗糙度和颜色对仿刺参幼体附着的影响. 水产学杂志, 25(3): 51-54, 68.

王卫军, 杨建敏, 周全利, 等. 2010. 短蛸繁殖行为及胚胎发育过程. 中国水产科学, 17(6): 1157-1165.

夏长革, 苏延明, 常亚青. 2006. 光棘球海胆胚胎发育生物学零度和有效积温的初步研究. 水产科学, 8: 379-382.

颜忠诚, 陈永林. 1998. 动物的生境选择. 生态学杂志, 17(2): 43-49.

张辉, 王印庚, 荣小军, 等. 2009. 刺参的趋光性以及对附着基颜色的感应行为. 生态学杂志, 28(3): 477-482.

张建设, 迟长凤, 吴常文. 2011. 曼氏无针乌贼胚胎发育生物学零度和有效积温的研究. 南方水产科学, 7(3): 45-49.

张学舒. 2002. 人工环境中短蛸的繁殖行为和胚胎发生. 浙江海洋学院学报 (自然科学版), 21(3): 220-224.

赵厚钧, 魏邦福. 2004. 金乌贼受精卵孵化及不同材料附着基附卵效果的初步研究. 海洋湖沼通报, (3): 64-68.

郑小东, 韩松, 林祥志, 等. 2009. 头足类繁殖行为学研究现状与展望. 中国水产科学, 16(3): 459-465.

Anderson R C, Mather J A. 1996. Escape responses of *Euprymna scolopes* Berry, 1911 (Cephalopoda: Sepiolidae). Journal of Molluscan Studies, 62(4): 543-545.

André J, Pecl G T, Semmens J M, et al. 2008. Early life-history processes in benthic octopus: relationships between temperature, feeding, food conversion, and growth in juvenile *Octopus pallidus*. Journal of Experimental Marine Biology and Ecology, 354(1): 81-92.

Anil M K, Andrews J, Unnikrishnan C. 2005. Growth, behavior and mating of pharaoh cuttlefish (*Sepia pharaonis* Ehrenberg) in captivity. Israeli Journal of Aquaculture-Bamidgeh, 57(1): 25-31.

Blanc A, Daguzan J. 1998. Artificial surfaces for cuttlefish eggs (*Sepia officinalis* L.) in Morbihan Bay, France. Fisheries Research, 38(3): 225-231.

Clarke A, Rodhouse P G, Gore D J. 1994. Biochemical composition in relation to the energetics of growth and sexual maturation in the ommastrephid squid *Illex argentinus*. Philosophical Transactions of the Royal Society of London Series B: Biological Sciences, 344(1308): 201-212

Collins M A, Burnell G M, Rodhouse P G. 1995. Recruitment, maturation, and spawning of *Loligo forbesi* Steenstrup (Cephalopoda: Loliginidae) in Irish waters. ICES Journal of Marine Science, 52(1): 127-137.

Derusha R H, Forsythe J W, Dimarco FP, et al. 1989. Alternative diets for maintaining and rearing cephalopods in captivity. Laboratory Animal Science, 39(4): 306-312.

Forsythe J W, DeRusha R H, Hanlon R T. 1994. Growth, reproduction and life span of *Sepia officinalis* (Cephalopoda: Mollusca) cultured through seven consecutive generations. Journal of Zoology, 233(2): 175-192.

Gilly W F, Lucero M T. 1992. Behavioral responses to chemical stimulation of the olfactory organ in the squid *Loligo opalescens*. Journal of experimental biology, 162(1): 209-229.

Guerra A, Castro B G. 1994. Reproductive-somatic relationships in *Loligo gahi* (Cephalopoda: Loliginidae) from the Falkland Islands. Antarctic Science, 6(2): 175-178.

Lee P G, Turk P E, Yang W T, et al. 1994. Biological characteristics and biomedical appli canons of the squid *Sepioteuthis lessoniana* cultured through multiple generations. Biology Bulletin, 186(3): 328-341.

Leporati S C, Pecl G T, Semmens J M. 2007. Cephalopod hatchling growth: the effects of initial size and seasonal temperatures. Marine Biology, 151(4): 1375-1383.

Minton J W, Walsh L S, Lee P G, et al. 2001. First multi-generation culture of the tropical cuttlefish *Sepia pharaonis* Ehrenberg. Aquaculture International, 9: 375-392.

Mladineo I, Ualic D, Jozic M. 2003. Spawning and early development of *Loligo vulgaris* Lamarck 1798, under experimental conditions. Acta Adriatica, 44(1): 77-83.

Moguel C, Mascaro M, Avila-Poveda O H, et al. 2010. Morphological, physiological, and behavioral changes during post-hatching development of *Octopus maya* (Mollusca: Cephalopoda) with special focus on the digestive system. Aquatic Biology, 9(1): 35-48.

Nabhitabhata J, Nilaphat P, Promboon P. 1997. Life cycle of cultured bobtail squid, *Euprymna hyllebergi* Nateewathana. Phuket Marine Biological Center Research Bulletin, 66: 351-365.

Nabhitabhata J, Nilaphat P. 1999. Life cycle of cultured pharaoh cuttlefish, *Sepia pharaonis* Ehrenberg, 1831. Phuket Marine Biological Center Special Publication, 19(1): 25-40.

Nabhitabhata J, Nishiguchi M K. 2014. *Euprymna hyllebergi* and *Euprymna tasmanica*. In: Iglesias J, Fuentes L,

Villanueva R eds. Cephalopod Culture. Dordrecht: Springer: 253-269.

Nabhitabhata, J. 2000. Cephalopod culture: present and future status. In: Aryuthaka C eds. Aryuthaka C. Proceedings of the Wantana Yoosuk Seminar on Mollusc Studies in the Year 2000. Faculty of Fisheries, Kasetsart University, Bangkok. (In Thai): 133-153.

Neill S S J. 1971. Notes on squid and cuttlefish; keeping, handling and colour-patterns. Pubblicazioni della Stazione zoologica di Napoli, 39: 64-69.

Neill S, Cullen J M. 1974. Experiments on whether schooling by their prey affects the hunting behaviour of cephalopods and fish predators. Journal of Zoology, 172(4): 549-569.

Norman M D, Lu C C. 1997. Redescription of the southern dumpling squid *Euprymna tasmanica* and a revision of the genus *Euprymna*(Cephalopoda: Sepiolidae). Journal of the Marine Biological Association of the United Kingdom, 77(4): 1109-1137.

O'Dor R K, Dawe E G. 1998. *Illex illecebrosus*. Rome: FAO Fisheries Technical Paper: 77-104.

Reid A, Jereb P, Roper C F E. 2005. Family Sepiidae. In: Jereb P, Roper C F E eds. Jereb P, Roper C F E. Cephalopods of the world. An annotated and illustrated catalogue of cephalopod species known to date. Volume 1. Rome: FAO Species Catalogue for Fishery Purposes: 57-152.

Rosa R, Costa P R, Nunes M L. 2004. Effect of sexual maturation on the tissue biochemical composition of *Octopus vulgaris* and *O. defilippi* (Mollusca: Cephalopoda). Marine Biology, 145(3): 563-574.

Segawa S, Nomoto A. 2002. Laboratory growth, feeding, oxygen consumption and ammonia excretion of *Octopus ocellatus*. Bulletin of Marine Science, 71(2): 801-813.

Semmens J M, Pecl G T, Villanueva R, et al. 2004. Understanding octopus growth: patterns, variability and physiology. Marine and Freshwater Research, 55(4): 367-377.

Shears J. 1988. The use of a sand-coat in relation to feeding and diel activity in the sepiolid squid *Euprymna scolopes*. Malacologia, 29: 121-133.

Smale M J, Buchan P R. 1981. Biology of *Octopus vulgaris* off the east coast of South Africa. Marine Biology, 65(1): 1-12.

Voight J R, Grehan A J. 2000. Egg brooding by deep-sea octopuses in the North Pacific Ocean. The Biological Bulletin, 198(1): 94-100.

Walsh L S, Turk P E, Forsythe J W, et al. 2002. Mariculture of the loliginid squid *Sepioteuthis lessoniana* through seven successive generations. Aquaculture, 212(1): 245-262.

Warnke K. 1999. Observations on the embryonic development of *Octopus mimus* (Mollusca: Cephalopoda) from northern Chile. The Veliger, 42(3): 211-217.

Yang W T, Hixon R F, Turk P E, et al. 1986. Growth, behavior and sexual maturation of the market squid, *Loligo opalescens*, cultured through the life cycle. Fishery Bulletin, 84(4): 771-798.

第九章　长蛸养成与越冬

20世纪初期，研究人员曾将头足类动物作为模式动物开展过神经冲动研究。1936年Hodgkin和Huxley因皮氏枪鱿（*Doryteuthis pealeii*）神经研究成果获得了诺贝尔生理学或医学奖，后来有关头足类生理学、行为学和进化等方面的研究相继开展起来（Sykes et al., 2014），因此头足类养殖也成了研究人员所要掌握的一门技术。

头足类动物资源丰富，生命周期短、生长快，肉质鲜美且富含蛋白质和氨基酸，营养价值高，可食用部分占90%以上，被誉为世界上极具开发潜力的三大类群之一（Nesis，2003；董正之，1988；王尧耕和陈新军，2005）。在过度捕捞和传统鱼类资源衰退的形势下，头足类及其他短生活史鱼类的捕捞量占比逐年上升，于是人们将更多的目光投向了头足类养殖（Caddy，1983）。世界主要养殖头足类种类有：金乌贼（*Sepia esculenta*）、乌贼（*S. officinalis*）、虎斑乌贼（*S. pharaonis*）、日本无针乌贼（*Sepiella japonica*）、尹纳无针乌贼（*S. inermis*）、莱氏拟乌贼（*Sepioteuthis lessoniana*）、枪鱿（*Loligo vulgaris*）、乳光枪鱿（*Doryteuthis opalescens*）、希氏四盘耳乌贼（*Euprymna hyllebergi*）、真蛸（*Octopus vulgaris*）、长蛸（*O. minor*）、多变蛸 *O. mimus*、玛雅蛸（*O. maya*）、短蛸（*Amphioctopus fangsiao*）、砂蛸（*A. aegina*）、巴塔哥尼亚红章鱼（*Enteroctopus megalocyathus*）等（Iglesias et al., 2014）。

大多数蛸类营浅海底栖生活，生活周期短，以贝类、虾蟹和底栖鱼类为食，具有短距离生殖和越冬洄游习性（林祥志等，2006）。蛸亲体通过潜水或网笼诱捕获得，活体运输至室内人工池进行暂养促熟使其产卵。大多数蛸类雌性个体终生只产一次卵。亲体护卵，至幼体孵化后雌性个体因营养消耗过度而死亡（Hartwick，1983）。蛸类幼体培养过程遵循先投喂小型的活体饵料，然后逐渐增加饵料规格，到一定时期逐渐驯化捕食冰鲜食物。处于浮游期的初孵幼体较难培养，饵料一般要经过营养强化。蛸类养成一般在圆形水槽、水泥池和网箱中进行。目前已完成了真蛸（Iglesias et al., 2004）、砂蛸（Promboon et al., 2011）、长蛸（刘畅，2013）等的生活史养殖。蛸类养成不仅能为市场提供大量商品规格的成体，而且能为第二年的人工苗种培育提供质量稳定的亲体。本章分别阐述了长蛸的室内养成、土池混养和海上养成，以及亲体的越冬培育，旨在为其全人工养殖产业化提供理论和技术支撑。

第一节 长蛸养成

一、室内全生活史养成

幼体在室内水泥池经 1 个月左右培育进入养成阶段，成活率为 75%，养成期间温度保持在 15～20℃（参照附录四）。进入养成期的幼体已经具备了成体的很多特性，如具较强的攻击性、领域性和残食性等，在晚上会观察到非常激烈的打斗现象，尤其是规格不同的个体之间，因此死亡率也会逐渐升高。所以在培养过程中要做好分筛工作，将规格相近的幼体放在一起进行喂养。同时，需要放置海草等作为幼体的遮蔽物。

养成阶段前期投喂蓝蛤和卤虫，蓝蛤壳长小于 4mm；也可以适当投喂仔蟹和钩虾，仔蟹甲壳宽小于 7mm，钩虾体长小于 5mm，在海草中培育保持其活力。蓝蛤、仔蟹和钩虾的总数量应为长蛸幼体的 2～3 倍。随着长蛸幼体的生长，适当增加投喂的仔蟹、钩虾和蓝蛤的规格，随后增加菲律宾蛤仔肉、冰鲜小杂鱼和沙蚕。培育 4 个月后，停止投喂钩虾和卤虫，饵料逐渐转变为沙蚕和菲律宾蛤仔。未摄食的冰鲜饵料第二天要及时清理。在幼体养成初期，培育密度为 50～100 个/m³；到第二月养殖结束后，培育密度降到 30～40 个/m³。先采用对虾配合饲料强化仔蟹和钩虾，然后再投喂幼体。通常在傍晚投喂，投喂量以投喂后 2h 吃完为宜。

据观察，幼体生长到 115d 后，可根据有无茎化腕判断性别，此时个体的平均鲜活重为 15g 左右，成活率约为 60%，之后成活率保持稳定。当出现交配现象后，雄性个体开始不断死亡。250d 雄性个体全部死亡，平均体重 122.9g。此时雌性个体平均体重为 197.1g，并且开始产卵，最后一次产卵时间为 346d。

图 9-1 示长蛸发育的各个阶段。幼体在室内经过 6～7 个月的养殖，基本在 100g 左右，达到商品规格，整个培育过程中个体平均生长情况如图 9-2 所示，基于此，我们首次完成了长蛸的全生活史养殖（图 9-3）。

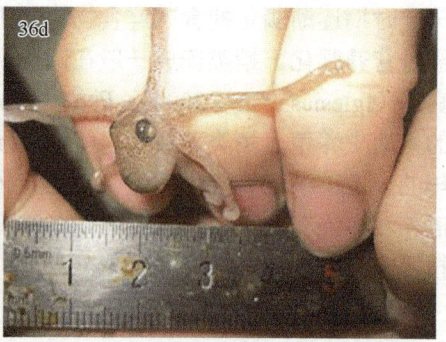

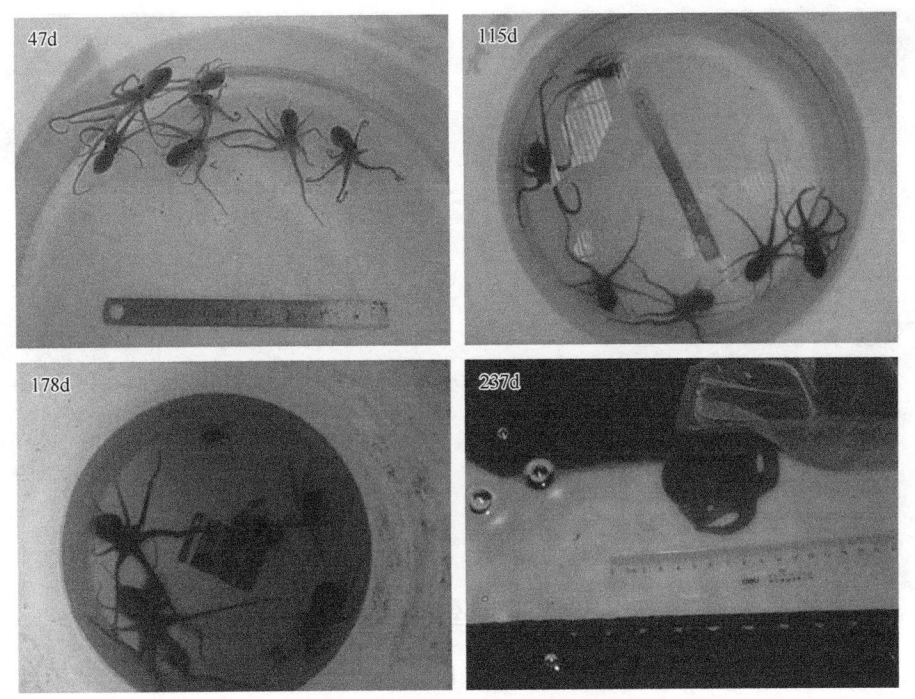

图 9-1 长蛸幼体生长的各个阶段

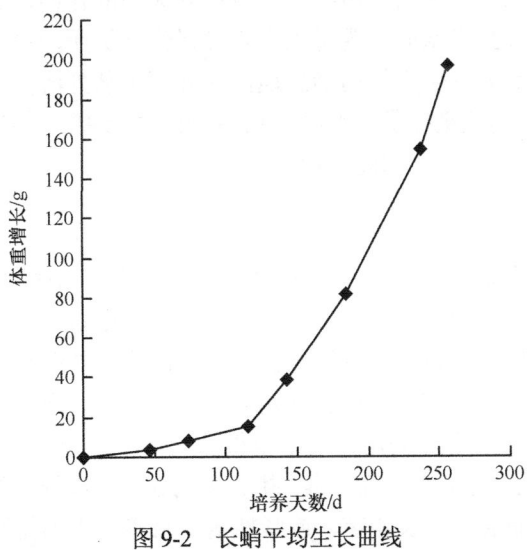

图 9-2 长蛸平均生长曲线

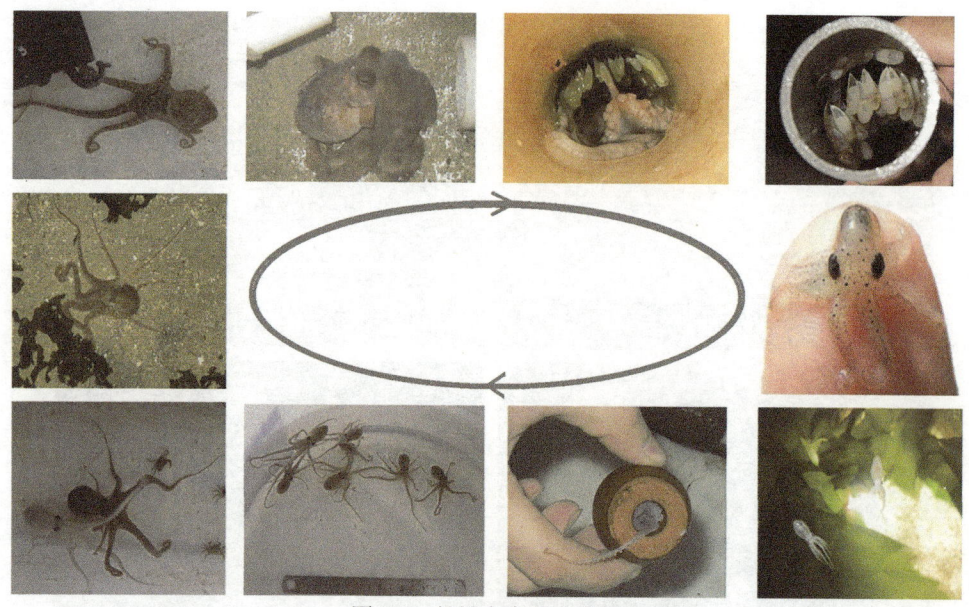

图 9-3　长蛸全生活史养殖

二、土池养成

长蛸土池养成主要与刺参、中国对虾等混养。当幼体生长到 1 个月后,即可以从室内水泥池转移到室外海水池塘。池内放置鳗鱼笼、PVC 管等为长蛸提供遮蔽物和栖息场所。在靠近池塘的边缘,投放不同大小的花岗岩石块,一般石块越大越好,最好一部分露出水面,既可以为刺参提供庇护所,也可以为小杂蟹(肉球近方蟹和平背蜞等)提供天然的栖息地,另外还可从外海捕捉一些抱卵的小杂蟹,让其自行繁殖,为长蛸提供足够的动物性活饵料。通常,经过 5~6 个月养成,长蛸体重增至 150g 左右,达到商品规格。

三、海上养成

近年来,福建沿海渔民挑选优质的长蛸天然苗放置于渔排上,进行装瓶养成,取得良好效果。吊瓶养殖管理方便,生长快,养殖周期短,可避免相互残杀,养殖成活率高且收获容易,是一种可行的长蛸养殖模式(刘瑞义,2006)。

选择盐度 27 以上,pH7.8~8.5,无污染,水质优良,海水退潮至最低时水深能保持在 4.0m 以上的海区。采用便宜易获得的塑料瓶作为养成装置,在瓶身上均匀钻直径 3mm 小孔,且彻底清洗消毒。挑选无病伤、活泼健壮的天然蛸苗作为养殖用苗。每个塑料瓶装一只长蛸苗,旋紧瓶盖,直接放入渔排网箱底部或吊挂在网箱内养殖,装苗时小心操作,以防损伤苗体,避免雨淋和强光曝晒。每个 3m×3m 的网箱放置养殖瓶 200~300 个。春秋季节每天投饵 1 次,冬季每 3~4d 投饵 1

次，每次投喂小杂蟹1~2只。投饵前，把瓶内残饵倒出；经常冲洗瓶身，防止瓶孔被杂质污泥堵塞。养殖数十天后，发现瓶上黏附物较多、瓶内外水交换缓慢时，要进行倒瓶，更换养殖瓶。

养成过程中应经常观察蛸体表是否有溃烂现象，做好病害预防治工作。为确保养殖过程中饵料充足，可考虑虾、贝、蟹类等多种饵料混合投喂，并合理储备一些冰冻鱼虾以备应急用。盐度对养成影响较大，应密切关注养殖海域盐度变化。

第二节 长蛸亲体越冬保育

目前，长蛸人工繁育用的亲体主要依赖于天然捕捞群体。采捕和运输过程都可能对繁殖亲体造成伤害，影响亲体质量。养成和越冬是长蛸繁育过程的重要阶段，为第二年人工繁育提供了亲体保障。越冬培育的顺利进行将为来年提供稳定数量的健康繁殖亲体，同时可以提前亲体产卵时间。我们先后在山东日照和江苏赣榆育苗场开展了长蛸越冬，控制室内养殖池水温、溶解氧，建立饵料投喂体系，观察和测定了越冬长蛸的生长率、增重率及死亡率等指标。

一、越冬生长

越冬第1周，投喂饵料为肉球近方蟹等低价值的小型蟹类。随后，由于气温下降，蟹类不容易采获，改用四角蛤蜊、菲律宾蛤仔等双壳贝类作为饵料。一开始长蛸不摄食，经一周驯化，摄食量达到了每只每天约摄食一个贝类。

日照组长蛸经过11月到来年4月共6个月的越冬养殖，长蛸体重有显著增长，雄性和雌性个体的增重率分别达到了26.5%和48.1%（表9-1）。雄性亲体在11~12月及2~3月快速增长，在11~12月增长速度尤为明显。而雌性亲体在3~4月快速增长（图9-4），达到性成熟时雄性体重显著高于雌性。3月和4月长蛸死亡率增高，并且雄性死亡率每月都高于雌性（表9-2）。6月中下旬，在日照组发现有雌性个体产卵。

表9-1 长蛸月平均生长情况

	总数	♂数量	♂平均体重/g	♀数量	♀平均体重/g
11月	88	34	140.85±62.49	54	86.13±26.91
12月	81	31	161.58±64.07	50	99.54±31.24
1月	75	26	158.33±49.96	49	94.28±29.62
2月	68	22	162.2±52.06	46	97.8±29.13
3月	58	17	176.18±58.32	41	101.95±28.93
4月	44	12	178.16±66.19	32	127.56±30.26

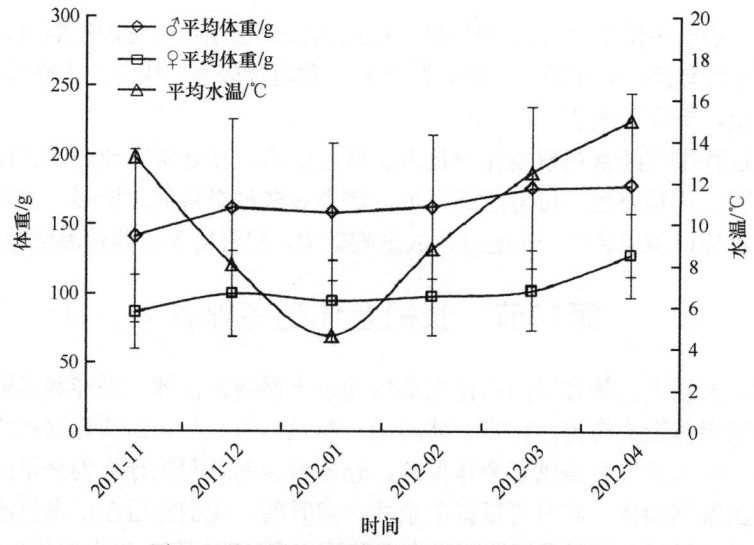

图 9-4 长蛸月平均体重及月平均水温的变化

表 9-2 长蛸月死亡率的变化

时间	月死亡数/只	月死亡率/%	♂死亡数/只	♂死亡率/%	♀死亡数/只	♀死亡率/%
12月	7	8.0	3	8.8	4	7.4
1月	6	7.4	5	16.1	1	2.0
2月	7	9.3	4	15.4	3	6.1
3月	10	14.7	5	22.7	5	10.9
4月	14	24.1	5	29.4	9	22.0

越冬实验中，长蛸优先摄食小杂蟹，表现出强烈地摄食行为，说明蟹类的适口性可能更佳，优于贝类。5、6月的长蛸几乎不摄食双壳贝类，这说明长蛸的摄食习性可能存在季节性差异：在饵料较为丰富的春季以摄食蟹类等底栖甲壳类为主，在饵料较为匮乏的秋冬季可以摄食双壳贝类。

同时，实验结果显示，长蛸在水温8℃时停止摄食，即在12月停止摄食，其平均体重开始下降，但仍可存活较长时间，待越冬期结束，水温升高后可恢复摄食。

二、性腺发育

赣榆越冬的雌性长蛸性腺指数4月平均为2.1%，5月为5.1%，至6月性成熟时可达9.8%，连续3个月呈现显著增长趋势；而雄性在4月性腺指数达到1.9%，之后无显著变化（表9-3）。

表9-3 2012年赣榆长蛸性腺指数统计

时间	♂性腺指数/%	♀性腺指数/%
4月	1.9	2.1
5月	1.7	5.1
6月	1.6	9.8

自然海区长蛸繁殖盛期，从南到北推迟。浙江一带，长蛸繁殖盛期在6月初（吴常文和吕永林，1995）；董正之（1988）认为在山东青岛沿岸的长蛸繁殖期大约在4~6月；钱耀森（2011）认为山东荣成长蛸繁殖期在7月中旬。2011年6~11月，在日照进行的长蛸人工繁育研究发现，6月初于日照东港海区采捕亲体在室内暂养促熟，这批亲蛸在7月中旬至8月中旬产卵。考虑到雄性长蛸先于雌性个体性成熟，因此越冬期间为雌性个体逐步升温，加快雌蛸成熟，可达到雌雄发育同步的效果。

两地数据比较来看，赣榆越冬组的长蛸2月后死亡率显著高于日照组，相较于日照越冬长蛸，赣榆长蛸越冬后体色发白，活力更差，2月后死亡率明显上升。可能的原因是，在12月至2月赣榆平均温度要低于日照组，8℃以下的持续天数要多于日照组，这导致了长蛸不能摄食的时间较长，活力下降，以致在水温升高以后无法恢复摄食，导致死亡。所以在长蛸越冬过程中，不仅要考虑最低温度对于长蛸存活率的影响，也应考虑低温持续天数对长蛸活力的影响。若低温天数太多，造成长蛸活力大幅下降，将导致长蛸无法恢复摄食，大量死亡。

参 考 文 献

董正之. 1998. 中国动物志 软体动物门 头足纲. 北京: 科学出版社: 174-176, 181-182.
林祥志, 郑小东, 苏永全, 等. 2006. 蛸类养殖生物学研究现状及展望. 厦门大学学报 (自然科学版), S2: 213-218.
刘畅. 2013. 长蛸生活史养殖技术研究. 青岛: 中国海洋大学硕士学位论文.
刘瑞义. 2006. 长蛸装瓶养殖试验. 河北渔业, 7: 24.
钱耀森. 2011. 长蛸生态习性和人工育苗技术研究. 青岛: 中国海洋大学硕士学位论文.
王尧耕, 陈新军. 2005. 世界大洋性柔鱼类资源及其渔业. 北京: 海洋出版社.
吴常文, 吕永林. 1995. 浙江北部沿海长蛸生态分布初步研究. 浙江水产学院学报, 14(2): 148-150.
Caddy J F. 1983. Advances in assessment of world cephalopod resources. Rome: FAO Fisheries Technical Paper: 231.
Hartwick B. 1983. *Octopus dofleini*. Cephalopod Life Cycles. London: Academic Press.
Iglesias J, Lidia F, Villanueva R. 2014. Cephalopod Culture. Dordrecht: Springer.
Iglesias J, Otero J, Moxica C. 2004. The octopus (*Octopus vulgaris* Cuvier) under culture conditions: paralarval rearing using Artemia and zoeae, and first data on juvenile growth up to 8 months of age. Aquaculture International, 12(4-5): 481-487.
Nesis K N. 2003. Distribution of recent cephalopod and implications for plio-pleistocene events. Berliner Paläobiologische Abhandlungen, 3: 199-224.
Promboon P, Nabhitabhata J, Duengdee T. 2011. Life cycle of the marbled octopus, *Amphioctopus aegina* (Gray) (Cephalopoda: Octopodidae) reared in the laboratory. Scientia Marina, 75(4): 811-821.
Sykes A V, Koueta N, Rosas C. 2014. Historical review of cephalopods culture. In: JoséI, Fuentes L, Villanueva R eds. Cephalopod Culture. Dordrecht: Springer: 59-75.

第十章　长蛸丛集球虫病与防控

第一节　长蛸主要病原性感染概况

　　随着头足类动物的科学研究价值和商业价值日益凸显，人们也想更多地了解头足类动物的健康，以及可能造成它们损伤的潜在威胁，即引起疾病的病原体和其他可能因素。事实上，准确识别引发疾病的病因、进行病理分析和有效治疗，对于头足类动物健康是必不可少的。包括病毒、细菌、真菌、原生动物和后生动物寄生虫等在内的各种各样的病原体都会引起头足类动物疾病（Gestal et al.，2019）。养殖过程中，改善头足类的健康状况、保证其成活率至关重要，这与快速、准确地进行疾病诊断和治疗密不可分。

　　目前，有关头足类动物的寄生虫、微生物病原体检测和病理诊断方面的研究在欧洲开展的较为广泛，其病原体种类包括真菌、网粘菌、病毒、细菌、原生动物（包括球虫和纤毛虫）以及后生动物等（Castellanos-Martínez et al.，2019；Fichi et al.，2015；Garcia-Fernandez et al.，2016；Sykes and Gestal，2014）。研究表明，真菌和网粘菌感染情况较为少见，但如果头足类动物在养殖过程中受到机械损伤或长期胁迫，这两种病原体可能是头足类动物养殖过程中发病的主要因素，并且这两种病原造成的感染程度会随着时间而增加，有时能持续3年或更长时间。研究也发现，头足类动物存在病毒和类病毒颗粒等致病病原，目前已经确定的病毒种类主要来自虹彩病毒科、呼肠孤病毒科、野田村病毒科。

　　细菌是头足类体内常见的微生物，且只有部分种类具有致病性。感染头足类的细菌包括弧菌、假单胞菌和气单胞菌。从头足类器官和体液中分离出来的细菌包括溶藻弧菌、糖化弧菌、副溶血性弧菌、脾弧菌和迟缓弧菌等，溶藻弧菌和迟缓弧菌具有致病能力，迟缓弧菌被证明是章鱼致死的原因。头足类动物游泳活跃，但是皮肤非常脆弱，易受到伤害，所以对养殖池要求高，以尽量减少皮肤擦伤。当然，头足类互残、自残无法避免。皮肤损伤导致多种细菌在患处定植，进而发展成溃疡，其中霍乱弧菌是主要的感染细菌，如果不进行处理，损伤处会导致致命的感染。研究发现感染细菌的野生头足类动物，在捕获、运输、室内养殖等过程都会促进这些病原菌的扩散（Hanlon and Forsythe，1990；Hochberg，1990）。在暂养期间，高密度养殖或不良水质会对头足类免疫系统产生负面影响，从而导致疾病暴发，所以在养殖过程中还要注意保持水环境微生物之间的平衡。

　　此外，在生态系统中，头足类占据着特定的生态位，容易受到特定寄生虫的感染，因此头足类动物可能是营不同生活史策略寄生虫的中间宿主、同源宿主或终宿主，这也成为制约头足类水产养殖业发展的一个关键障碍。头足类感染的原生动物包括球虫（丛集球虫属）、纤毛虫；感染的后生动物寄生虫包括吸虫、绦虫、线虫、甲壳类动物等。相对而言，目前对后生动物寄生虫的致病力知之甚少。

西太平洋海域分布的头足类动物的疾病研究报道较少，主要集中在丛集球虫、异尖线虫和桡足类寄生虫（Du et al. 2018）。异尖线虫生活史较为复杂，以小型甲壳类作为第一宿主，以鱼类和头足类作为第二宿主，以海洋哺乳动物及人类为终宿主。黄海章鱼蚤（*Octopicola huanghaiensis*）是亚洲最早报道的，是同时寄生于长蛸和短蛸的桡足类寄生虫。

丛集球虫属于顶复亚门，营异主寄生，通过食物链传播，其无性生殖阶段寄生在中间宿主甲壳类的消化系统组织中，有性生殖阶段（包括配子生殖和孢子生殖）寄生在终宿主头足类中。丛集球虫病对头足类寄主并不是一种致命的疾病，它会严重削弱头足类的先天免疫能力，从而使头足类易受继发性感染。我们在研究中发现了丛集球虫感染长蛸的情况，并分别对病理部位和丛集球虫产生的结构进行了组织学观察和电镜观察，对丛集球虫的病理诊断作了进一步的研究。

第二节　长蛸丛集球虫病

一、丛集球虫的发现

（一）台湾宜兰群体

对固定的台湾宜兰长蛸样本进行消化系统解剖，发现部分样品盲囊包裹着不明团块，去除团块后发现盲囊上有大量肉眼可见白点，如图10-1所示，白点疑似寄生虫。在肠外侧膜上、鳃外膜上等都发现了白色寄生点。

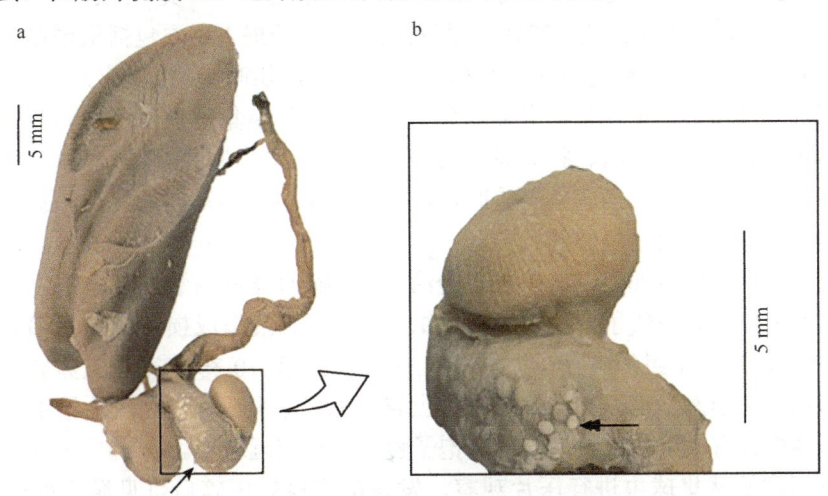

图10-1　宜兰长蛸消化系统局部及盲囊寄生白点
箭头处小白点为宜兰长蛸盲囊中的寄生虫

（二）山东荣成天鹅湖群体

从山东荣成天鹅湖海域采捕的长蛸部分样本体表有大量白点状寄生虫，如图 10-2 所示。图 10-2a 为长蛸腕及腕间膜，箭头处可以看到白色点状寄生虫；图 10-2b 为长蛸解剖后所见的鳃心，箭头所指白点处为寄生虫，可以看到鳃心上有大量寄生虫。

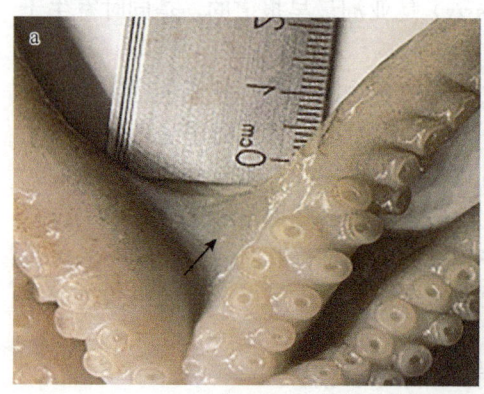

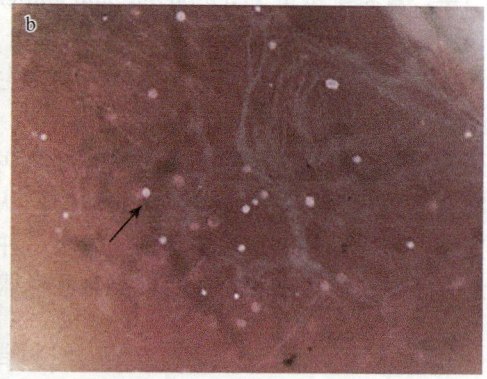

图 10-2　山东天鹅湖海域长蛸腕间膜及鳃心处寄生虫

二、病原的分离与鉴定

经对该病原检测，鉴定该寄生虫为中华丛集球虫 *Aggregata sinensis*（Ren and Zheng, 2022）。丛集球虫隶属于粘孢子总门（Myzozoa）、顶复亚门（Apicomplexa）、类锥体纲（Conoidasida）、真球虫目（Eucoccidiorida）、丛集球虫科（Aggregatidae）、丛集球虫属（*Aggregata*），是头足类消化道中一类常见的寄生虫（Castellanos-Martínez et al., 2019）。其对宿主造成的损害主要包括机械损伤（组织损伤）、生化影响（消化酶异常）和分子效应（影响细胞免疫反应）。

解剖观察丛集球虫在长蛸身体的分布情况，发现丛集球虫白色卵囊分布在长蛸胴体部的漏斗、口球肌、腕间膜、内脏器官肾脏膜、消化腺膜、盲囊和鳃心的表面，以及组织内部。当感染严重时，白色的寄生虫很容易被观察到，甚至有时整个胴体部遍布点状白色卵囊。

进行组织学切片观察，结果发现台湾宜兰感染样本的盲囊内各个部位遍布寄生虫，寄生虫卵囊替代了盲囊内相应组织结构，对盲囊造成损伤（图 10-3）。图 10-3a 中展示盲囊壁组织中存在大量寄生虫的卵囊，图 10-3b 为寄生虫卵囊内孢子囊的形态，由形态学可以初步确定寄生虫属于丛集球虫属种类。压片结果显示，成熟卵囊内含有大量的成熟孢子囊，孢子囊呈球形或近球形。

对新鲜的丛集球虫进行压片观察，发现孢子囊被压碎后可见游离的子孢子（图 10-4b，c）。成熟卵囊内含有大量的成熟孢子囊，孢子囊呈圆球状，成熟的孢子囊内含有子孢子（图 10-4b，c）。

第十章 长蛸丛集球虫病与防控 | 185

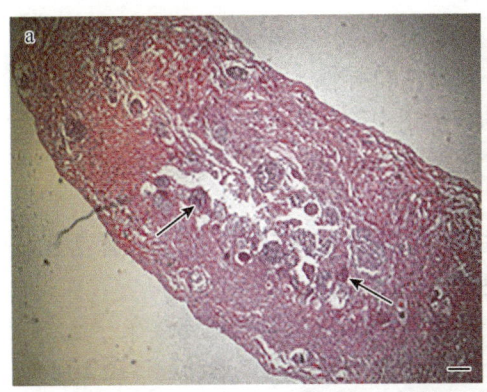

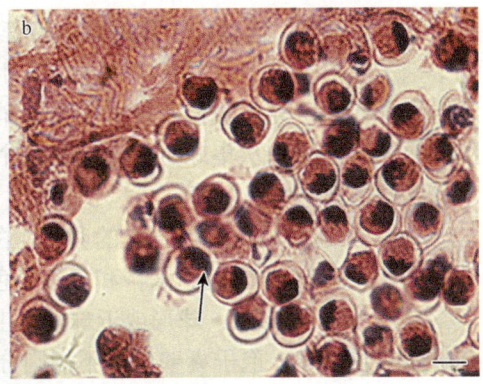

图 10-3 宜兰长蛸样本组织切片结果
a. 箭头处为宜兰长蛸盲囊中的卵囊；b. 箭头为孢子囊的形态

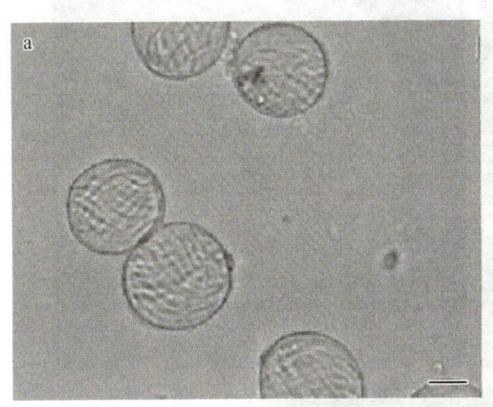

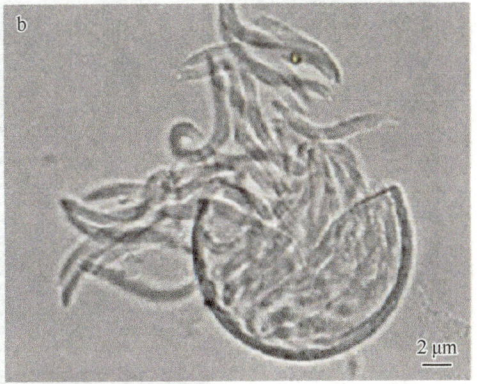

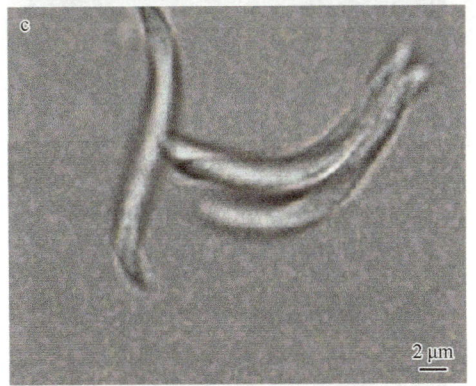

图 10-4 中华丛集球虫孢子囊新鲜压片
a. 新鲜压片下的圆球状孢子囊，标尺=10μm；b. 新鲜压片下，孢子囊释放子孢子，标尺=2μm；c. 新鲜压片下的子孢子，标尺=2μm

我们之前在短蛸中也发现了该寄生虫的感染，并表现出类似的白点性状，我们对病原进行了鉴定，是中华丛集球虫。丛集球虫的形态学鉴定依赖于孢子生殖阶段的形态特征，包括孢子囊的结构特征（大小、形状、孢子囊壁的厚度和结构）、每个孢子囊内子孢子数目、子孢子的大小及寄主特异性。通过新鲜丛集球虫压片及组织学切片研究，我们发现寄生于长蛸和短蛸中的丛集球虫在形态学上测量无显著差异，是中华丛集球虫。作为第一个报道的终宿主为双宿主的丛集球虫，中华丛集球虫形态特点如下。

（1）卵囊形态：呈孢子化的卵囊，白色，近球形或椭球形，每个卵囊包含大量孢子囊。图10-3为用苏木精和伊红染色的组织学切片。

（2）孢子囊形状：球形或近球形，由两个半球形瓣膜紧密地连接在一起，并有明显的裂缝线，孢子囊壁存在不规则分布的、大小不等的弧形凸起（图10-5）。

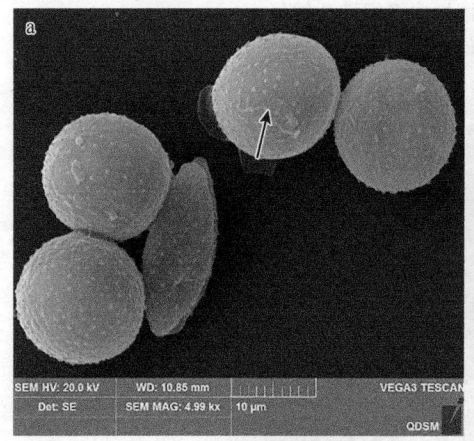

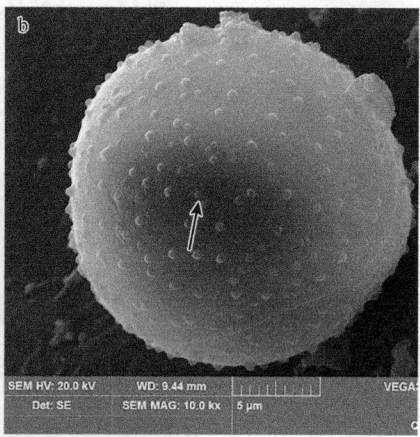

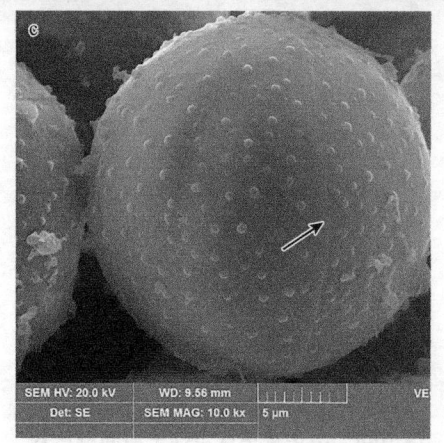

图10-5　短蛸（a，b）和长蛸（c）中的丛集球虫孢子囊的扫描电镜图
a. 孢子囊表面有凸起（箭头），标尺=10 μm；b. 一个孢子囊，孢子囊壁有大小不等的弧形凸起（箭头），标尺=5 μm；c. 扫描电镜下的孢子囊，有裂缝线（箭头），标尺=5 μm

（3）子孢子形状：子孢子在孢子囊内呈卷曲状。基于福尔马林固定样品检测子孢子大小，并通过组织学切片观察和测定孢子囊内子孢子（图10-4）。

基于本研究获得的寄生虫 18S rRNA 基因序列构建 BI 和 ML 系统发育树，拓扑结构相似，两种方法构建的系统发育树均具有很高的支持度，支持了丛集球虫科为单系发生。中华丛集球虫（短蛸宿主中扩增出丛集球虫序列与长蛸宿主中扩增出丛集球虫序列）聚在一起。分子学数据支持了形态学结果，进一步确定了寄生在短蛸和长蛸中的丛集球虫属于同一种（图 10-6）。

丛集球虫生活史复杂，生命周期包括无性生殖阶段和有性生殖阶段，其无性生殖阶段又称为裂殖生殖，有性生殖阶段包括配子生殖和孢子生殖。丛集球虫营异主寄生（Dobell，1925；Hochberg，1990），在其生活史中，无性生殖阶段在中间宿主中，有性生殖阶段寄生在终宿主——头足类动物中（Dobell，1925；Gestal et al.，2002b）。其过程为：当含有寄生虫的中间宿主被头足类动物摄食后，在头足类体内开始配子生殖阶段，性别未分化的丛集球虫通过终宿主盲囊或肠的上皮细胞进入黏膜下组织，随后分化雌雄，并经过一系列的核分裂和复杂的核变化，形成大配子（macrogametes ♀）和小配子（microgametes ♂），大配子形状为圆形或卵圆形，在 HE 染色时，中央细胞核和大的核仁比细胞的其他部分染色更深。

随后，在消化系统的盲囊和肠组织中，大配子和小配子结合受精产生合子（zygote），并有受精膜产生，形成卵囊。此后开始孢子生殖阶段，卵囊中合子在核反复分裂后成为母孢体（sporont），最终分裂成为球形单核的孢子母细胞（sporoblast），并转化为孢子囊。丛集球虫中成熟的卵囊内包含大量的孢子囊，成熟孢子囊中有子孢子。当成熟的孢子囊随着终宿主的粪便从肠道排出，被中间宿主吞食后，在中间宿主体内开始无性生殖阶段。在寄生虫的成熟孢子囊被中间宿主吸收几个小时后，孢子囊在肠道中打开，释放出子孢子。这些子孢子在肠道内容物中变得活跃，并很快开始穿透中肠内壁的上皮。通常在摄取 24h 后，在上皮细胞内可以看到大量的子孢子，并与基膜相接触。一段时间后（有时是几天），子孢子穿过基膜进入黏膜下组织，在那里它们变圆并生长成裂殖体（schizont），随着寄生虫体积的增大，逐渐进入体腔。当它们生长完成后，就会发生分裂，最后出现在肠道外的体腔中，形成一个囊，里面充满无数的裂殖子（merozoites）。在这个阶段，它们在中间宿主体内的发育停止了，直到中间宿主被头足类动物吃掉开始下一轮的发育（Dobell，1925）。

通过形态学、组织学和分子生物学手段，对长蛸体内白点状寄生虫的外部形态以及内部结构（孢子囊和子孢子）进行系统的测量与比较，利用统计学原理对寄生在长蛸和短蛸中的白点状寄生虫形态学指标加以比较分析，确定寄生于长蛸体内的白点状寄生虫种类同寄生于短蛸体内的寄生虫种类一致，命名为中华丛集球虫。

图 10-6 贝叶斯法和最大似然法构建的类锥体纲 18S rRNA 的系统进化树

基于 GTR + G 进化模型，贝叶斯法（左，节点数为后验概率）和最大似然法（右，节点数为自举值）

截至目前,在世界范围内不同的头足类宿主(包括章鱼、鱿鱼和乌贼)中发现不同的丛集球虫寄生虫。本研究将丛集球虫的宿主名单增加了短蛸和长蛸,并将丛集球虫的分布范围扩展到西太平洋地区。传统上,丛集球虫寄生虫被认为在其终宿主头足类中具有宿主特异性(Hochberg,1990)。Poynton 等(1992)指出 *Aggregata dobelli* 和 *A. millerorum* 分别感染了水蛸 *Enteroctopus dofleini* 和 *Octopus bimaculoides*。*A. bathytherma* 在 *Vulcanoctopus hydrothermalis* 的消化道中发现(Gestal et al.,2010)。

三、丛集球虫的防控措施

研究表明,长蛸宿主被感染后,寄生虫首先在消化系统中被发现,严重感染时才会出现在其他组织和器官上,进一步支持丛集球虫是依据食物链传播(Hochberg,1990)。Gestal 等(2010)描述了类似的结果,当头足类吞食了被感染的中间宿主后,可能会感染整个头足类消化道,导致营养吸收受损和"吸收不良综合征"(Gestal et al.,2002a),从而导致体质恶化。因此,在养殖过程中,应该对投喂饵料进行检查,使用未感染丛集球虫的饵料进行投喂。同时,通过进一步研究确定该种丛集球虫的中间宿主,避免丛集球虫经中间宿主传染到终宿主长蛸中。

目前,对于养殖过程中出现的病害问题,主要以预防为主。首先,养殖长蛸之前,应对养殖用水和养殖池进行消毒处理,对长蛸也要进行一定程度的消毒处理,降低外源性病原的输入。养殖系统设置应该充分考虑到长蛸的生活习性,预留充足的活动空间,降低养殖密度,减少擦伤或者互残引起的机体伤害。养殖过程中,采用流水培育,或定期池内消毒和倒池,发现病变个体及时隔离、清理。

参 考 文 献

Castellanos-Martínez S, Gestal C, Pascual S, et al. 2019. Protist (Coccidia) and related diseases. In: Gestal C eds. Handbook of Pathogens and Diseases in Cephalopods. Cham: Springer: 143-152.

Dobell C. 1925. The life-history and chromosome cycle of *Aggregata eberthi* [Protozoa: Sporozoa: Coccidia]. Parasitology, 17(1): 1-136.

Du X, Dong C, Sun SC. 2018. *Octopicola huanghaiensis* n. sp. (Copepoda: Cyclopoida: Octopicolidae), a new parasitic copepod of the octopuses *Amphioctopus fangsiao* (d'Orbigny) and *Octopus minor (*Sasaki) (Octopoda: Octopodidae) in the Yellow Sea. Systematic Parasitology, 95(8-9): 905-912.

Fichi G, Cardeti G, Perrucci S, et al. 2015. Skin lesion-associated pathogens from *Octopus vulgaris*: first detection of *Photobacterium swingsii*, *Lactococcus garvieae* and betanodavirus. Diseases of Aquatic Organisms, 115(2): 147-156.

Garcia-Fernandez P, Castellanos-Martinez S, Iglesias J, et al. 2016. Selection of reliable reference genes for RT-qPCR studies in *Octopus vulgaris* paralarvae during development and immune-stimulation. Journal of Invertebrate Pathology, 138: 57-62.

Gestal C, De La Cadena M P, Pascual S. 2002a. Malabsorption syndrome observed in the common octopus *Octopus vulgaris* infected with *Aggregata octopiana* (Protista: Apicomplexa). Diseases of Aquatic Organisms, 51(1): 61-65.

Gestal C, Guerra A, Pascual S, et al. 2002b. On the life cycle of *Aggregata eberthi* and observations on *Aggregata octopiana* (Apicomplexa, Aggregatidae) from Galicia (NE Atlantic). European Journal of Protistology, 37(4): 427-435.

Gestal C, Pascual S, Guerra N, et al. 2019. Handbook of Pathogens and Diseases in Cephalopods. Cham: Springer: 1-229.

Gestal C, Pascual S, Hochberg F. 2010. *Aggregata bathytherma* sp. nov. (Apicomplexa: Aggregatidae), a new coccidian parasite associated with a deep-sea hydrothermal vent octopus. Diseases of Aquatic Organisms, 91(3): 237-242.

Hanlon R T, Forsythe J W. 1990. Diseases caused by microorganisms. In: Kinne O ed. Diseases of Mollusca: Cephalopoda. Diseases of Marine Animals, vol. III. Cephalopoda to Urochordata. Hamburg: Biologische Anstalt Helgoland: 23-46.

Hochberg F G. 1990. Diseases caused by protistans and metazoans. In: Kinne O ed. Diseases of Mollusca: Cephalopoda. Diseases of Marine Animals, vol III. Cephalopoda to Urochordata. Hamburg: Biologische Anstalt Helgoland: 47-227.

Poynton S L, Reimschuessel R, Stoskopf M K. 1992. *Aggregata dobelli* n. sp. and *Aggregata millerorum* n. sp. (Apicomplexa: Aggregatidae) from two species of octopus (Mollusca: Octopodidae) from the eastern North Pacific Ocean. The Journal of Protozoology, 39(1): 248-256.

Ren J, Zheng X D. 2022. *Aggregata sinensis* n. sp. (Apicomplexa: Aggregatidae), a new coccidian parasite from *Amphioctopus fangsiao* and *Octopus minor* (Mollusca: Octopodidae) in the Western Pacific Ocean. Parasitology Research, 121(1): 373-381.

Sykes A V, Gestal C. 2014. Welfare and diseases under culture conditions. In: JoséI, Fuentes L, Villanueva R eds. Cephalopod Culture. Cham: Springer: 97-112.

第十一章 长蛸增殖放流与资源保护

头足类(Cephalopods)为软体动物门头足纲动物,由鹦鹉螺亚纲(Nautiloidea)和鞘亚纲(Coleoidea)组成,已知的现存种类800余种,广泛分布于太平洋、大西洋、印度洋等海域。2014年,世界头足类总产量超过470万t(FAO,2016),在世界海洋渔业中占据着重要地位。中国拥有丰富的头足类资源(董正之,1991),记录的有效现存种154种,隶属34科79属(郑小东等,2023)。依据2023中国渔业统计年鉴数据,2022年中国国内头足类捕捞量(乌贼、鱿鱼和章鱼)约59.15万t,其中乌贼12.97万t,鱿鱼31.21万t,章鱼11.00万t,总捕捞量较2021年略有上升(增幅1.02%),为中国海洋捕捞业带来了高额经济效益。目前,我国养殖的主要经济头足类,涉及乌贼和章鱼两大类,包括金乌贼、拟目乌贼、虎斑乌贼、日本无针乌贼、长蛸、短蛸、中华蛸等。

第一节 头足类繁育与增殖放流

一、繁殖期

头足类生活周期较短,一般自受精卵孵化后4~6个月即可达到性成熟(郑小东等,2009),达到性成熟的个体在适宜的外界条件下即进入繁殖期。在头足类生活史中繁殖占有重要地位,繁殖期占其生活史的大部分时间(Moltschaniwskyj and Pecl,2007)(表11-1)。头足类的繁殖大多具有明显的季节性,如乌贼和蛸类多在春季繁殖,而柔鱼、枪鱿几乎全年都进行交配繁殖(Natsukari and Tashiro,1991)。

表 11-1 中国主要经济头足类繁殖期

种名	繁殖期	文献
金乌贼	黄海4月中旬至5月底	魏邦福等,2004
拟目乌贼	福建海域3~5月。其他地区一般于春季海区水温上升到16~20℃时,开始集群进行产卵	唐锋,2014
虎斑乌贼	广东、海南沿海地区产卵期为3~5月	董正之,1991
无针乌贼	产卵期一般为4月中旬至6月下旬。福建地区每年有两次产卵期,分别为4~5月和9~10月	Zheng et al.,2014
中华蛸	广东南澳海域每年呈现3个繁殖期,分别为5~6月、7月底至8月初以及10~11月,浙江南麂岛海域繁殖期为4~6月。人工养殖个体无明显的繁殖周期	林祥志等,2006;蔡厚才等,2009;徐实怀等,2009
短蛸	山东青岛海域、江苏连云港海域产卵期为3~5月,4月最盛	董根,2014
长蛸	浙江海区为4~5月,山东荣成海区为5~7月	吴常文和吕永林,1995;Zheng et al.,2014

二、求偶与交配

交配行为中，头足类动物雌性个体对其配偶具有选择性，通常会拒绝大多数雄性个体的交配请求。Wada 等（2006）在对日本无针乌贼繁殖行为的观察中发现，雄性个体的 82 组交配请求中，只有 41.4%（34 组）成功。雌性选择行为会加剧雄性个体间的竞争压力，使体型大、力量强的个体获得更多交配机会，有利于提高精子质量，对提升后代群体质量有显著作用，如雌性虎斑乌贼通常选择比自己体型大的雄性个体进行交配（陈道海和郑亚龙，2013）。

在繁殖季节期间，能观察到乌贼具有明显的争斗与展示现象（Wada et al.，2006）。雄性拟目乌贼求偶过程中，会与其他雄性个体发生激烈的争斗行为，最初表现为双方个体的体色变化和腕的攻击性动作，对峙通常会持续 5～50s，失败的个体离开，否则对峙行为将升级为肢体接触，此时双方体色异常艳丽，并且通过腕互相攻击，失败者逃离，胜利者赢得交配权（陈道海和郑亚龙，2013）。蛸类亦存在争斗与展示行为，其中短蛸争斗行为相对激烈（王卫军等，2010）。有研究者指出蛸类动物的雄性个体喷墨可能是一种求偶信号（Hanlon and Messenger，1996）。

头足类动物具有多种交配方式，其中乌贼多为头对头式，也存在平行式；蛸类多以距离式交配（郑小东等，2009）。Wada 等（2010）等认为乌贼"多夫多妻"交配模式对提高受精率具有显著作用；Hunter 等（1993）和 Arnqvist 等（2000）指出一次交配或许不能保证卵子全部受精，因此雌性通过"多夫多妻"的交配模式来增加交配次数，以期提高受精成功率。虎斑乌贼就存在同一雌性与不同雄性多次交配现象（陈道海和郑亚龙，2013）。

雄性为提高自身精子占有率，进而提高受精成功的概率，通常在交配中采用精子移除与替代、护卫与伴游这两种生殖策略。精子移除与替代是指雄性头足类个体与雌性个体交配前，会花费大量的时间使用腕清除和漏斗水流冲刷雌性个体纳精囊及输卵管口来清除之前其他雄性个体残留的交配后的精子或精荚，并用自己的精荚取代先前个体的精荚的行为，这种现象在乌贼和蛸类中广泛存在（Wada et al.，2005；Naud and Havenhand，2006；Wodinsky，2008；王亮等，2017）。为提高受精率，雄性头足类个体还存在护卫行为（Hanlon and Messenger，1996）。金乌贼交配后，雄性会伴游护卫，以保护雌性个体不受其他雄性个体干扰。通常，金乌贼雄性个体与雌性距离为 3～24cm，期间雄性会伺机再次进行交配（王亮等，2017）。Otero 等（2007）认为头足类配偶选择、争斗与展示、精子移除和替代、护卫等一系列复杂的求偶行为所需的能量主要来源于摄食的食物。蛸类交配与乌贼类相似，也没有固定交配伴侣，存在"多夫多妻"交配现象（Wells and Wells，1972），Bo 等（2016）使用微卫星标记发现 10 组长蛸家系中，6 组具有多父性。

三、产卵与孵化

头足类怀卵量及卵径大小因种而异，怀卵量从数百粒到几十万粒不等，卵径差别亦很大，从几毫米到几十毫米都有（表 11-2）。头足类对产卵环境有一定要求。Choe 和 Ohshima（1963）发现金乌贼受精卵孵化前，适当接触淡水，处于黑暗环境中有助于孵化（Choe and Ohshima，1963）。Fujita 等（1997）发现不同颜色的附着基和水槽对金乌贼产卵效果均有影响。提供适宜的产卵条件对乌贼繁殖尤为重要。蛸类产卵习性与乌贼存在显著差别，通常将产出的卵黏于巢穴内壁，具有明显的护卵行为，因此，蛸类人工繁育应尽量减少对护卵雌蛸的干扰，避免雌蛸弃卵逃逸，影响孵化。

受精卵孵化时间受环境条件影响较大，条件适宜方能确保胚胎正常发育（表 11-2）。蛸类胚胎发育中，存在 2 次翻转现象（Joll，1976），为幼体破膜孵化提供必要的条件，如短蛸和长蛸（Hanlon and Messenger，1996；Zheng et al.，2014）。

表 11-2 中国主要经济头足类产卵量、卵径大小、孵化条件和天数

种名	产卵量/粒	卵径（长径×短径）/mm	孵化条件及天数 温度/℃	盐度	孵化/d	文献
金乌贼	1000~1500	(16~21×12~14)	18~20	30	15~25	王如才和王昭萍，2008
拟目乌贼	354	(39.7±1.7×17.1±1.1)	20~23	28	28~30	蒋霞敏等，2013；唐锋，2014
虎斑乌贼	500~3000	(30.7±2.4×13.4±1.3)	23±0.5	28	14~31	陈道海等，2013
日本无针乌贼	1000~2000	(11.0×7.6)	20~22	25~32	24	Zheng et al.，2014
中华蛸	(10~60.5)×10^4	(2.4±0.2×1.2±0.1)	20.4~23.6	29~31	25~35	郑小东等，2011
短蛸	300~500	(5.5±0.2×2.3±0.1)	19.46~25.93	28~32	29~41	王卫军等，2010；董根，2014
长蛸	9~125	(13~20×4~6)	21~25	28~31	72~89	Zheng et al.，2014

四、幼体培育

幼体培育是人工苗种繁育的重要环节，其关键在于培育的理化条件和饵料体系的构建。中国目前开展的头足类苗种培育情况如表 11-3 所示。

1. 环境条件

温度是影响生长发育的重要因素之一，其主要是通过控制个体代谢反应来影响个体存活率。温度对幼体影响尤为显著，在一定范围内升高温度会促进其生长发育；反之，超出这个范围则会对幼体的生长发育产生不利影响（Fauconneau et al.，1983；Doroudi et al.，1999；Lushchak and Bagnyukova，2006）。例如，虎斑乌贼幼体在 18~27℃时正常生长，在此范围内其特定生长率随水温的上升而提高

（2.42%～6.13%）；当水温超过27℃时，生长率维持在5%左右，但是存活率会显著下降（乐可鑫等，2014）。

盐度对维持水生动物的渗透压发挥着重要作用，当盐度超出自身适宜范围时，会导致体内外渗透压失衡，影响其新陈代谢速率及能量需求，严重时可引起个体死亡（Choi et al.，2008）。虎斑乌贼幼体适宜的盐度范围24～33，最适范围27～30（乐可鑫等，2014）。日本无针乌贼幼体最适范围为25～32（Zheng et al.，2014）。短蛸初孵幼体的适宜范围为28～30，附底幼体的适宜盐度为30（董根，2014）。

表 11-3 幼体培育条件和效果

种名	温度/℃	盐度	pH	初始大小 日龄/d	初始大小 胴长/mm	初始大小 质量/g	饵料条件 喂养时间/d	饵料条件 种类	饲养效果 终末胴长/mm	饲养效果 终末质量/g	成活率/%	文献来源
金乌贼	22～24	32±0.5	7.8～8.6	0	5.33±0.11	0.052±0.002	56	卤虫无节幼体、糠虾	23.81±1.12	2.332±0.260	—	雷舒涵等，2013
拟目乌贼	20～22	30±0.5	7.84～8.03	0	9.8±0.1	0.27±0.01	60	卤虫、活体糠虾、冰鲜小杂鱼	50.5±2.0	6.86±0.04	—	唐锋，2014
虎斑乌贼	22～23	24～33	7.80～8.10	—	9.4±0.7	0.31±0.01	14	活体糠虾	—	—	96.7	乐可鑫等，2014
无针乌贼	25～30	25～32	7.6～8.6	0	4	—	30～40	桡足类、枝角类、丰年虫	20	2～3	—	Zheng et al.，2014
中华蛸	18～21	30～32	—	0	1.87～2.16	0.0011	30	卤虫幼体、绒毛近方蟹幼体	4.26	0.0083	8	刘兆胜，2013
短蛸	25～26	28～30	—	0	—	0.03	10	卤虫、桡足类、虾苗	—	0.18	25	董根，2014
长蛸	10～25	28～31	7.60～8.60	0	8.5～11.5	0.2	30	轮虫、卤虫、桡足类、蟹苗等	—	2.2	75	Zheng et al.，2014

2. 饵料

乌贼和蛸类幼体具有捕食活体饵料的习性，投喂适宜的活体饵料对幼体，特别是初孵幼体尤为重要。研究表明，多不饱和脂肪酸对虾、蟹等海洋生物幼体发育成活率和生长速度具有重要作用（Bell et al.，2003；Ibeas et al.，1996），可以尝试投喂多不饱和脂肪酸含量丰富的饵料，来提高头足类幼体的成活率和生长速度。

金乌贼幼体孵化后24h即开始摄食，饵料主要为规格较小的甲壳类动物，其中以糠虾效果最好，可保证初孵幼体较高的成活率（Choe and Ohshima，1963；Domingues et al.，2004），随着幼体生长应更换相应规格的饵料以保证其营养需求。真蛸相关研究最为广泛，Itami 等（1963）发现在水温 24.7℃、以锯齿长臂虾（*Palaemon serrifer*）为饵料时，真蛸幼体60d后的成活率可达5%（Itami，1963）。

2001年Iglesias以蜘蛛蟹（*Maja brachydactyla*）溞状幼体混合饵料，在水温22.5℃条件下，首次完成了真蛸全生活史的培育。钱耀森分别采用卤虫、桡足类和蟹苗作为饵料培育长蛸幼体，经过1个月的培养，幼体体重可以达到2.2g左右（钱耀森，2011）。

五、增殖放流

中国头足类产量主要以捕捞为主，为保证资源可以健康持续利用，需要积极开展其增殖放流工作，确保资源量能显著回升。金乌贼增殖放流效果较好，牛超等（2017）报道了青岛灵山湾金乌贼的增殖放流，通过对胴长12mm幼体跟踪调查，发现2个月后个体胴长平均增加1.8倍，体重平均增加6.1倍，同时乌贼幼体生长发育良好，资源回升显著。郝振林等（2008）采用荧光标记方法评估放流效果，通过使用荧光染色剂——茜素络合指示剂（alizarin complexone，ALC）浸泡金乌贼幼体，可于内壳检测到标记色，并对标记过的幼体进行养殖，210d后成活率为100%，标记检测率为100%。

六、加工

头足类具有蛋白质含量高的特点，死亡后在内、外部细菌的共同作用下，蛋白质降解迅速、易腐败，可通过冷冻、高压、盐渍、加热等预处理方法以延长其保质期，同时，加工时应当小心操作，避免对其肌肉蛋白造成破坏（林祥志等，2006）。目前，乌贼的加工方法主要为制成干制品、冷冻制品，以及以怀卵的雌性乌贼的产卵腺为原料制备的乌鱼蛋制品。蛸类的加工方法与乌贼类似，主要为腌制品、冷冻加工制品及碳烤章鱼。

第二节 长蛸放流与种质资源保护

长蛸广泛出口于韩国、日本等地，具有广阔的国际市场，已成为北方地区重要的经济蛸类。由于出口需求量飙升，价格成倍增长，最高可达400元/kg，且供不应求。但近几年来，由于过度捕捞，环境破坏，使长蛸资源量明显下降，仅靠海洋捕捞已无法满足市场需要。因此，有效保护原种资源、积极推动长蛸放流、恢复自然资源量尤为重要。作为水产养殖的优势种类，长蛸具有以下优势：①生活史短，一般为一年；②营养丰富，蛋白质和不饱和脂肪酸含量高，可食率高；③繁殖方式是体内受精，具护卵行为，直接发育，孵化率提高；④食物转化率高；⑤对饲养环境和人工运输具有很强的耐受力及适应力。目前长蛸的人工增养殖产业在我国北方地区已得到了广泛的开展。

一、长蛸放流与资源修复

2009年以来,在威海、烟台等地开展长蛸放流和资源修复。2014年,长蛸首次成为山东省试验性放流品种。2014年在荣成月湖放流苗种11.6万只,2015年放流10.94万只,2016年25.53万只,月湖长蛸国家级水产种质资源保护区的长蛸年产量由2007年的3242kg上升至2016年的7280kg,年增幅率达9.4%,资源恢复显著(图11-1)。

图11-1 长蛸苗种放流现场验收

在繁育上,通常选择本地野生原种或原种场保育的原种作为亲本,选择个体必须身体完整、体色正常、活力旺盛,且雌蛸体重≥150g、雄蛸≥200g。繁育出的幼体经过人工培育,当幼体胴长≥1cm时才可用于放流,且放流个体必须满足表11-4的要求。在放流前,应该通过具备资质的水产品质量检验检疫机构的检验,放流前7天内苗种不得检验出寄生孢子虫病、严重传染性弧菌病、氯霉素、己烯雌酚、硝基呋喃类代谢物等(附录五)。

表11-4 放流幼体质量要求(附录五)

	项目	指标
感官质量	形态	个体完整,无畸形,无破损;胴体部饱满有弹性
	体表	清洁光滑,体表色素斑点清晰
	色泽	体色正常;触动体表时,体色会发生变化;胴体腹部带有金属光泽
可数指标	规格合格率	≥90%
	死亡率、伤残率、体色异常率、挂脏率之和	≤5%
	畸形率	≤3%
病害	寄生孢子虫病、严重传染性弧菌病等不得检出	
药物残留	氯霉素、己烯雌酚、硝基呋喃类代谢物等不得检出	

放流前,根据增殖放流水域的温度、盐度状况,提前调整培育用水,使其之间的温度差≤2℃,盐度差≤3;出苗时,在暗光环境下将池水放至约20cm,当苗

移出隐蔽物后进行捕苗。采捕的苗种，采用内包装为 20 L 双层无毒塑料袋进行打包，打包前塑料袋内应先装入 6 L 左右的海水，以及适量的海藻（如鳗草、石莼等），不超过水体积的 1/3，打包时应该将苗种轻缓装入袋内，充氧扎口装入相同规格的包装箱（泡沫箱或纸箱），装苗密度以 200～300 头/袋为宜。此外，使用前需要对除外包装工具的其他所有包装工具进行彻底消毒。

运输时，采用保温车或船只运输。已装苗的包装箱应于运输工具内整齐排列，同行的护送人员应随时检查苗种及容器状态，运输过程中避免剧烈刺激，遮阴，防止喷墨。

在放流过程中，为保证放流幼体的成活、生长，放流地点海域应该满足以下条件：①海底底质以泥沙为宜；②水深 3m 以上，盐度 26～35，避风浪性良好；③小型甲壳类、鱼类等饵料生物丰富。大型藻（草）类等茂盛，星康吉鳗、矛尾虾虎鱼等敌害生物较少。放流宜于深秋进行，海区水温≥12℃，根据潮水情况择机进行。为保证苗种活力，放流过程应控制在 3 h 以内。

二、种质资源的保护

2012 年 12 月 7 日，中华人民共和国农业部批准建立"月湖长蛸国家级水产种质资源保护区"（国家级水产种质资源保护区第六批、中华人民共和国农业部公告第 1873 号），也是国内唯一一处国家级长蛸保护区。

2012 年 2 月 14 日，荣成月湖通过了山东省海洋与渔业厅组织的山东省级长蛸原种场审核验收（鲁海渔函〔2012〕26 号），成为我国唯一原种场。在确保"生态优先"和"质量安全优先"基础上，原种场年提供优质成品蛸 15 000kg，月湖及周边区域资源修复效果明显。

2022 年，基于长蛸苗种繁育、中间培养和养殖关键技术的突破，农业农村部水产行业标准《长蛸》正式发布（附录一），内容主要包括长蛸主要形态特征，生长与繁殖、细胞遗传学和分子遗传学特性等。该标准的发布，为长蛸的种质鉴定提供了依据，也为其原种场建设和增殖放流活动提供了支撑。

参 考 文 献

蔡厚才, 庄定根, 叶鹏, 等. 2009. 真蛸亲体培育、产卵及孵化试验. 海洋渔业, 31(1): 58-65.

陈道海, 郑亚龙. 2013. 虎斑乌贼 (*Sepia pharaonis*) 繁殖行为谱分析. 海洋与湖沼, 44(4): 931-936.

董根. 2014. 短蛸人工繁育过程中的基础生物学研究. 青岛：中国海洋大学硕士学位论文: 15-32.

董正之. 1988. 中国动物志 软体动物门 头足纲. 北京：科学出版社: 181-182.

董正之. 1991. 世界大洋经济头足类生物学. 济南：山东科学技术出版社: 27-32, 197-207, 214-216.

郝振林, 张秀梅, 张沛东, 等. 2008. 金乌贼荧光标志方法的研究. 水产学报, 32(4): 577-583.

蒋霞敏, 彭瑞冰, 罗江, 等. 2013. 温度对拟目乌贼胚胎发育及幼体的影响. 应用生态学报, 24(5): 1453-1460.

雷舒涵, 张秀梅, 张沛东, 等. 2014. 金乌贼的早期生长发育特征. 中国水产科学, 21(1): 37-43.

林祥志, 郑小东, 苏永全, 等. 2006. 蛸类养殖生物学研究现状及展望. 厦门大学学报 (自然科学版), 45 (增刊2): 213-218.

刘兆胜. 2013. 真蛸基础生物学和繁育技术研究. 青岛: 中国海洋大学硕士学位论文: 47-52.

牛超, 张秀梅, 丁鹏伟, 等. 2017. 胶南近海金乌贼生长特性、资源分布及增殖放流效果初步评价. 中国海洋大学学报 (自然科学版), 47(7): 36-45.

农业农村部渔业渔政管理局. 2020. 中国渔业统计年鉴. 北京: 中国农业出版社: 38.

钱耀森. 2011. 长蛸生态习性和人工育苗技术研究. 青岛: 中国海洋大学硕士学位论文: 41-53.

唐锋. 2014. 拟目乌贼繁殖生物学特性及人工育苗技术初步研究. 宁波: 宁波大学硕士学位论文: 17, 32-46.

王亮, 张秀梅, 丁鹏伟, 等. 2017. 金乌贼繁殖行为与交配策略. 生态学报, 37(6): 1871-1880.

王如才, 王昭萍. 2008. 海水贝类养殖学. 青岛: 中国海洋大学出版社: 491-495.

王卫军, 杨建敏, 周全利, 等. 2010. 短蛸繁殖行为及胚胎发育过程. 中国水产科学, 17(6): 1157-1165.

魏邦福, 张平荣, 胡明, 等, 2004. 金乌贼增殖与保护技术初探. 中国水产, (7): 79-80.

吴常文, 吕永林. 1995. 浙江北部沿海长蛸生态分布初步研究. 浙江水产学院学报, 14(2): 148-150.

徐实怀, 马之明, 贾晓平. 2009. 人工养殖条件下真蛸的生物学特性及胚胎发育. 南方水产科学, 5(2): 63-68.

乐可鑫, 蒋霞敏, 彭瑞冰, 等. 2014. 4 种生态因子对虎斑乌贼幼体生长与存活的影响. 生物学杂志, 31(4): 33-37.

郑小东, 韩松, 林祥志, 等. 2009. 头足类繁殖行为学研究现状与展望. 中国水产科学, 16(3): 459-465.

郑小东, 刘兆胜, 赵娜, 等. 2011. 真蛸 (*Octopus vulgaris*) 胚胎发育及浮游期幼体生长研究. 海洋与湖沼, 42(2): 317-323.

Arnqvist G, Nilsson T, 2000. The evolution of polyandry: multiple mating and female fitness in insects. Animal Behaviour, 60: 145-164.

Bell J G, Mcevoy L A, Estevez A, et al. 2003. Optimising lipid nutrition in first-feeding flatfish larvae. Aquaculture, 227(1): 211-220.

Bo Q K, Zheng X D, Gao X L, et al. 2016. Multiple paternity in the common long-armed octopus *Octopus minor* (Sasaki, 1920) (Cephalopoda: Octopoda) as revealed by microsatellite DNA analysis. Marine Ecology, 37(5): 1073-1078.

Choe S, Ohshima Y. 1963. Rearing of cuttlefishes and squids. Nature, 197(4864): 307-307.

Choi C Y, An K W, An M I. 2008. Molecular characterization and mRNA expression of glutathione peroxidase and glutathione S-transferase during osmotic stress in olive flounder (*Paralichthys olivaceus*). Comparative Biochemistry and Physiology Part A: Molecular and Integrative Physiology, 149(3): 330-337.

Domingues P, Sykes A, Sommerfield A, et al. 2004. Growth and survival of cuttlefish (*Sepia officinalis*) of different ages fed crustaceans and fish. Effects of frozen and live prey. Aquaculture, 229(1): 239-254.

Doroudi M S, Southgate P C, Mayer R J. 1999. The combined effects of temperature and salinity on embryos and larvae of the black lip pearl oyster, *Pinctada margaritifera* (L.). Aquaculture Research, 30(4): 271-277.

Fauconneau B, Choubert G, Blanc D, et al. 1983. Influence of environmental temperature on flow rate of foodstuffs through the gastrointestinal tract of rainbow trout. Aquaculture, 34(1-2): 27-39.

Fujita T, Hirayama I, Matsuoka T, et al. 1997. Spawning behavior and selection of spawning substrate by cuttlefish *Sepia esculenta*. Bulletin of the Japanese Society of Scientific Fisheries, 63(2): 145-151.

Hanlon R T, Messenger J B. 1996. Cephalopod Behaviour. Cambridge: Cambridge University Press.

Hunter F M, Marion P, Merja O, et al. 1993. Why do females copulate repeatedly with one male? Trends in Ecology and

Evolution, 8: 21-261.

Ibeas C, Cejas J, Gomez T, et al. 1996. Influence of dietary n-3 highly unsaturated fatty acids levels on juvenile gilthead seabream (*Sparus aurata*) growth and tissue fatty acid composition. Aquaculture, 142(3): 221-235.

Iglesias J, Otero J J, Moxica C, et al. 2004. The completed life cycle of the octopus (*Octopus vulgaris*, Cuvier) under culture conditions: paralarval rearing using *Artemia* and zoeae, and first data on juvenile growth up to 8 months of age. Aquaculture International, 12: 481-487.

Itami K. 1963. Notes on the laboratory culture of the octopus larvae. Nippon Suisan Gakkaishi, 29(6): 514-520.

Joll L M. 1976. Mating, egg-laying and hatching of *Octopus tetricus* (Mollusca: Cephalopoda) in the laboratory. Marine Biology, 36(4): 327-333.

Lushchak V I, Bagnyukova T V. 2006. Temperature increase results in oxidative stress in goldfish tissues. 1. Indices of oxidative stress. Comparative Biochemistry and Physiology Part C: Toxicology & Pharmacology, 143(1): 30-35.

Moltschaniwskyj N A, Pecl G T. 2007. Spawning aggregations of squid (*Sepioteuthis australis*) populations: a continuum of 'microcohorts'. Reviews in Fish Biology and Fisheries, 17(2-3): 183.

Natsukari Y, Tashiro M. 1991. Neritic squid resources and cuttlefish resources in Japan. Marine Behaviour and Physiology, 18(3): 149-226.

Naud M J, Havenhand J N. 2006. Sperm motility and longevity in the giant cuttlefish, *Sepia apama* (Mollusca: Cephalopoda). Marine Biology, 148(3): 559-566.

Otero J, González Á F, Sieiro M P, et al. 2007. Reproductive cycle and energy allocation of *Octopus vulgaris* in Galician waters, NE Atlantic. Fisheries Research, 85(1): 122-129.

Wells M J, Wells J. 1972. Sexual displays and mating of *Octopus vulgaris* Cuvier and *O. cyanea* Gray and attempts to alter performance by manipulating the glandular condition of the animals. Animal Behaviour, 20(2): 293-308.

Wodinsky J. 2008. Reversal and transfer of spermatophores by *Octopus vulgaris* and *O. hummelincki*. Marine Biology, 155(1): 91-103.

Zheng X D, Lin X Z, Liu Z S, et al. 2014. *Sepiella japonica*. In: JoséI, Fuentes L, Villanueva R eds. Cephalopod Culture. New York: Springer: 214-252.

Zheng X D, Qian Y S, Liu C. 2014. *Octopus minor*. In: JoséI, Fuentes L, Villanueva R eds. Cephalopod Culture. New York: Springer: 415-426.

附录一 长蛸

ICS 65.150
CCS B 51

SC

中华人民共和国水产行业标准

SC/T 2113—2022

长　蛸

Long-armed octopus

2022-11-11 发布　　　　　　　　　　　　　2023-03-01 实施

中华人民共和国农业农村部　发布

前　言

本文件按照 GB/T1.1—2020《标准化工作导则　第 1 部分：标准化文件的结构和起草规则》的规定起草。

请注意本文件的某些内容可能涉及专利。本文件的发布机构不承担识别专利的责任。

本文件由农业农村部渔业渔政管理局提出。

本文件由全国水产标准化技术委员会海水养殖分技术委员会（SAC/TC 156/SC 2）归口。

本文件起草单位：中国海洋大学、马山集团有限公司、烟台市海洋经济研究院、连云港市赣榆区水产科学研究所。

本文件主要起草人：郑小东、钱耀森、南泽、汪金海、许然、郑建、王培亮、刘永胜。

长　蛸

1　范围

本文件界定了长蛸[*Octopus minor*（Sasaki，1920）]的术语和定义、学名与分类，规定了主要形态、生长与繁殖、细胞遗传学、分子遗传学等特性，描述了相应的检测方法，给出了判定规则。

本文件适用于长蛸的种质鉴定与检测。

2　规范性引用文件

下列文件中的内容通过文中的规范性引用而构成本文件必不可少的条款。其中，注日期的引用文件，仅该日期对应的版本适用于本文件；不注日期的引用文件，其最新版本（包括所有的修改单）适用于本文件。

GB/T 18654.2　养殖鱼类种质检验　第2部分：抽样方法

GB/T 18654.12　养殖鱼类种质检验　第12部分：染色体组型分析

GB/T 22213　水产养殖术语

3　术语和定义

GB/T 22213 界定的以及下列术语和定义适用于本文件。

3.1

胴背长 dorsal mantle length

胴体部背面两眼中间至最后端的长度。

[来源：SC/T 2084-2018,3.1，有修改]

3.2

齿式 radula formula

软体动物齿舌由许多排小齿构成，为带状，通常每一横排小齿由中央齿1个，左右侧齿一个或多个以及边缘的缘齿1个或多个组成。表示软体动物齿舌上的小齿数目、形状及排列次序的公式称为齿式，是重要的分类特征。例如齿式为3·1·3，表示每一横排小齿由中央齿1个，左右对称排列的侧齿3个组成；齿式为2·2·1·2·2表示每一横排小齿由中央齿1个、左右对称排列的侧齿和缘齿各2个组成。

3.3

漏斗外部长 funnel length

漏斗外侧基部中点至末端中点的直线长度。

3.4

漏斗内部长 free funnel length

漏斗内侧基部中点至末端中点的直线长度。

3.5

腕长 arm length

从腕的第一个吸盘近口端至腕末端的直线长度。

3.6

舌叶长 ligula length

雄性右3腕最后一个吸盘至腕末端的直线长度。

4 学名与分类

4.1 学名

长蛸 Octopus minor（Sasaki，1920）。

4.2 分类

软体动物门（Mollusca），头足纲（Cephalopoda），八腕目（Octopoda），蛸科（Octopodidae），蛸属（Octopus）。

5 主要形态特性

5.1 外形

个体小到中型，雌雄异体。胴体长卵形，胴长约为胴宽的2倍。体表光滑，具极细的色素斑。长腕型，腕长通常约为胴背长的4倍～7倍，各腕长度不等，第一对腕最长且最粗。腕吸盘两行。雄性右侧第3腕茎化，约为左侧对应腕长度的二分之一，腕尖端变形呈匙状，大而明显。口内具颚片和齿舌，齿舌的中央齿为五尖型，第一侧齿甚小，齿尖居中，第2侧齿基部边缘较平，齿尖略偏一侧，第3侧齿近似弯刀状，外侧具有发达的缘板结构。半鳃片数9个～10个。外部形态见图1。

a) 雌性背面　　　　　　b) 雄性背面　　　　　　c) 雄性腹面

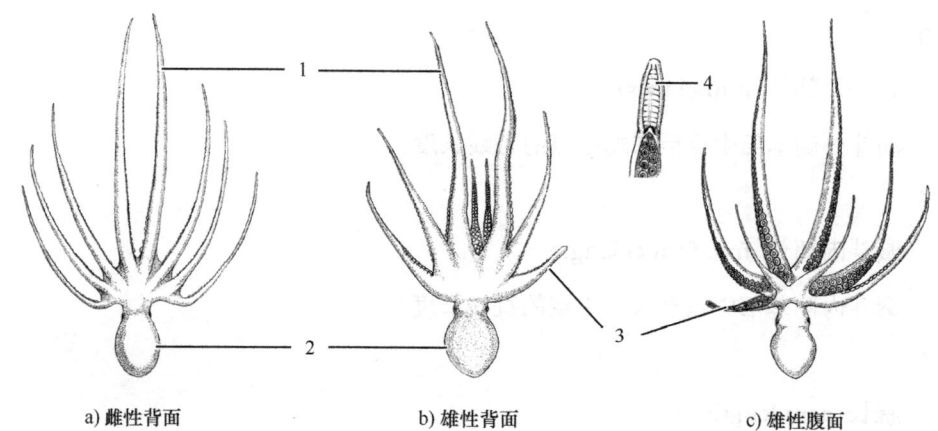

标引序号说明：
1——腕
2——胴体
3——茎化腕
4——舌叶

图 1　外部形态

5.2　可数性状

5.2.1　腕

4 对。

5.2.2　齿式

3·1·3。

5.2.3　茎化腕吸盘数

50 个～62 个。

5.3　可量性状

可量性状比值应符合表 1 的规定。

表 1　长蛸可量性状比值

胴背长/胴体宽	茎化腕长/舌叶长	漏斗外部长/漏斗内部长
1.6～3.4	6.6～13.1	1.1～2.6

6　生长与繁殖特性

6.1　生长

体重数据个体胴背长和体重的关系应符合式（1）：

$$W=0.0002L^{3.1863}（R^2=0.954）\quad (1)$$

式中：

W—体重的数值，单位为克（g）；

L—胴背长的数值，单位为毫米（mm）；

R^2—相关系数。

6.2 繁殖

6.2.1 性成熟年龄

一般 12 月龄，雄性成熟较早。

6.2.2 繁殖期

5 月～7 月，繁殖一次，体内受精。

6.2.3 绝对怀卵量

50 粒～240 粒。

6.2.4 受精卵

白色，呈长茄形，具卵柄，基部具粘性，长径 13mm～20mm，短径 4mm～6mm。

7 细胞遗传学特性

7.1 染色体数

体细胞染色体数：2n=60。

8 分子遗传学特性

线粒体 COI 基因片段的碱基序列（共 658bp）。

AACACTATAT TTTATTTTTG GAATCTGATC AGGTCTTCTA GGAACTTCTT TAAGATTAAT 60

AATTCGTACT GAATTAGGTC AACCAGGTTC ACTACTCAAC GATGATCAAC TTTATAATGT 120

TATTGTAACT GCACATGCAT TTGTAATAAT TTTTTTTTTA GTAATACCTG TTATAATCGG 180

AGGATTTGGA AATTGATTAG TTCCTTTAAT ATTAGGTGCA CCAGATATAG CATTCCCCCG 240

AATAAATAAT ATAAGATTTT GACTTCTTCC TCCTTCCCTA ACCTTATTAT TAACCTCTGC 300

AGCTGTTGAA AGAGGAGTAG GAACAGGATG AACCGTATAT CCTCCTTTAT CAAGAAATCT 360

CGCTCATACA GGACCATCTG TAGACCTAGC AATTTTCTCA CTCCATTTAG

CAGGAATTTC 420

　　ATCTATTTTA GGAGCTATTA ACTTCATAAC TACTATTATC AATATACGAT GAGAAGGAAT 480

　　ACAAATAGAA CGTCTTCCTT TGTTTGTTTG ATCAGTATTT ATTACAGCTA TCCTTCTTCT 540

　　TTTATCATTA CCTGTTCTTG CTGGAGCTAT TACTATATTA TTAACTGATC GAAATTTTAA 600

　　TACTACTTTC TTTGACCCAA GAGGAGGAGG AGATCCAATC TTATACCAAC ATTTATTC　658

种内 K2P 遗传距离应小于 2%。

9 检测方法

9.1 抽样方法

按照 GB/T 18654.2 的规定执行。

9.2 性状测定

9.2.1 可数性状

肉眼或解剖镜观测并计数。

9.2.2 可量性状

取新鲜样品，自然摆放于托盘中，用直尺（精度 1mm）或者游标卡尺进行测量，胴背长的测定方法按附录 A 的规定执行。

9.3 细胞遗传学特性

将长蛸活体置于含有浓度为 0.01%秋水仙素的海水溶液中避光充气暂养 24h，经麻醉后，取鳃组织进行染色体制备，其它按照 GB/T 18654.12 的规定执行。

9.4 分子遗传学特性

线粒体 COI 片段序列测定方法按附录 B 的规定执行。

10 判定规则

10.1 当检测结果符合第 5 章和第 7 章要求，可以判定物种时，按第 5 章和第 7 章要求判定。

10.2 当出现下列情况之一时，增加检测第 6 章和第 8 章要求内容，依据检测结果对物种进行辅助判定：

　　a)第 5 章和第 7 章的项目无法进行检测或准确判定时；
　　b)第三方提出要求时。

附　录 A
（规范性）
长蛸胴背长的测定

长蛸胴背长按照图 A.1 测定。

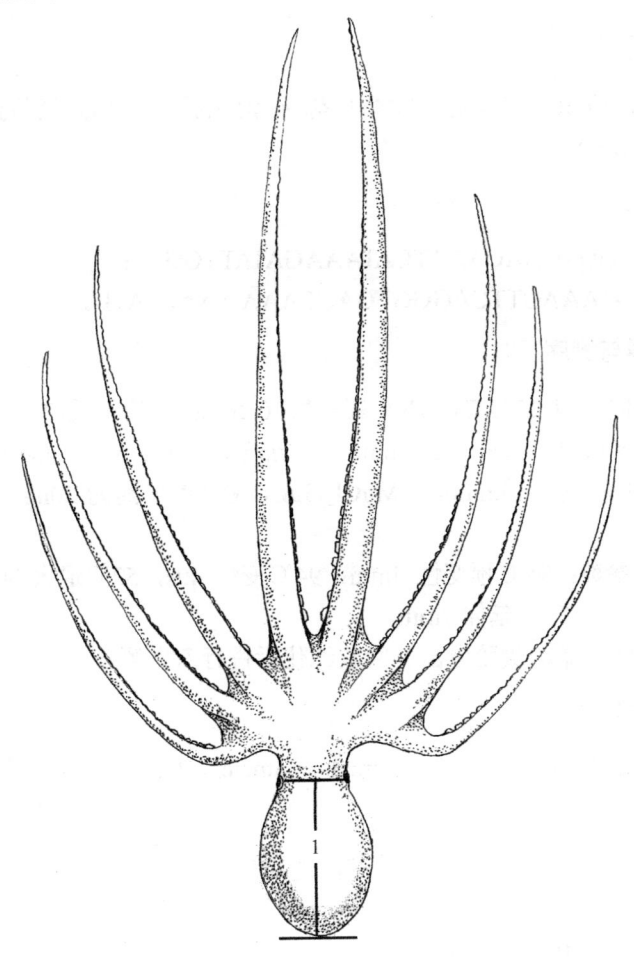

标引序号说明：

1——胴背长。

图 A.1　长蛸胴背长测定方法

附 录 B
（规范性）
线粒体 COI 基因片段的序列分析方法

B.1 总 DNA 提取

取长蛸肌肉组织剪碎并用 10%蛋白酶 K 消化后，采用酚-氯仿抽提法或使用试剂盒提取总 DNA。

B.2 引物序列

COI-F：5'-GGTCAACAAATCATAAAGATATTGG-3'；
COI-R：5'-TAAACTTCAGGGTGACCAAAAAATCA-3'。

B.3 序列扩增与测序

PCR 反应体系：1.25 U *Taq* DNA 聚合酶，0.2μmol/L 的正反向引物，200μmol/L 的 dNTP，10×PCR 缓冲液[200mmol/L Tris-HCl，pH 8.4；200mmol/L KCl；100mmol/L(NH$_4$)$_2$SO$_4$；15mmol/L MgCl$_2$]5μL，总 DNA 约为 20ng，加 ddH$_2$O 至 50μL。

PCR 扩增参数：94℃预变性 4min；94℃变性 40s，52℃退火 30s，72℃延伸 1min，循环 35 次；72℃延伸 7min。

PCR 产物经琼脂糖凝胶电泳、回收纯化后进行双向测序。

B.4 遗传距离分析

利用 Kimura 两参数模型（Kimura 2-parameter，K2P）计算样品间遗传距离。

参 考 文 献

[1] SC/T 2084-2018 金乌贼

附录二 长蛸采捕、暂养及运输技术规范

ICS 65.150
B 51

DB37

山 东 省 地 方 标 准

DB 37/T 3634—2019

长蛸采捕、暂养及运输技术规范

Technical specification for the harvesting, temporary rearing and transportation of
Octopus minor

2019 - 07 - 23 发布　　　　　　　　　　　　　　2019 - 08 - 23 实施

山东省市场监督管理局　　　发 布

前　言

本标准按照 GB/T 1.1—2009 给出的规则起草。

请注意本文件的某些内容可能涉及专利。本文件的发布机构不承担识别这些专利的责任。

本标准由山东省农业农村厅提出并监督实施。

本标准由山东省渔业标准化技术委员会（鲁 TC 03）归口。

本标准起草单位：威海虹润海洋科技有限公司、中国海洋大学、山东省水生生物资源养护管理中心、威海峻鹏农业科技有限公司、威海市渔业技术推广站、荣成峻鹏生物科技有限公司。

本标准主要起草人：郑小东、王培亮、宋旻鹏、钱耀森、董天威、卢晓、姬广磊、王军杰、谷虹。

长蛸采捕、暂养及运输技术规范

1 范围

本标准规定了长蛸采捕、暂养及运输的环境条件、配套装置及设置、个体质量、操作要求等。

本标准适用于长蛸成体采捕、暂养和运输过程。

2 规范性引用文件

下列文件对于本文件的应用是必不可少的。凡是注日期的引用文件，仅所注日期的版本适用于本文件。凡是不注日期的引用文件，其最新版本（包括所有的修改单）适用于本文件。

GB 11607　渔业水质标准

NY 5052　无公害食品　海水养殖用水水质

3 采捕

3.1 海域

应选择长蛸资源丰富的海域，远离海洋倾废区及盐场、大型养殖场、电厂等进排水口。

3.2 水质

海域水质应符合 GB 11607 的要求。

3.3 采捕时间及水深

采捕时间及水深，应符合表 1 要求。

表 1　采捕时间、水深要求

月份	水深/m
3~4	适宜水深 10~25
5~7	适宜水深≤10
8~12	适宜水深≤20
1~2	适宜水深≤20

3.4 底质

泥质或泥砂质。

3.5 采捕器

3.5.1 采捕器组成

采捕器由蛸巢、出水管、入水管组成，见图 1。蛸巢为内径 3～5cm 的管囊，出水管内径 0.5～1.5cm，入水管内径 3～5cm。入水管与蛸巢的夹角为 150°～160°，出水管与蛸巢中轴线的夹角为 110°～120°。

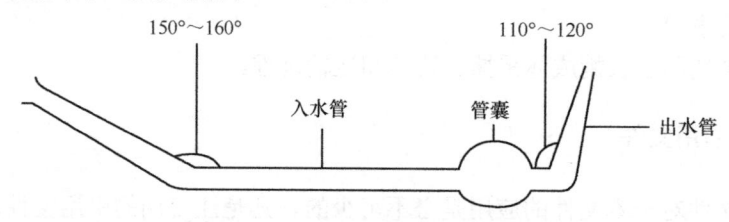

图 1　长蛸采捕器示意图

3.5.2 采捕器材料

采捕器各部分材质宜选择聚乙烯等结实、耐用、无毒、抗腐蚀、抗磨损的材料。

3.6 长蛸采捕器设置及收获

3.6.1 采捕器设置

将采捕器依次左右颠倒并在其管体的左右两端弯曲处用聚乙烯绳绑成串联。把串联好的采捕器置于长蛸经常出没的泥砂质海底，见图 2，使采捕器的入水管口和出水管口均露出底质。

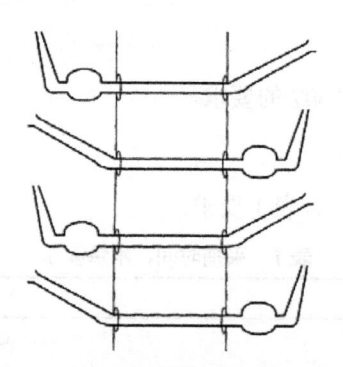

图 2　长蛸采捕器设置示意图

3.6.2 采捕器收获

收集采捕器。在采捕器入水管口处，放置收集用的网袋等器具，在出水管口处给予轻微的刺激，使长蛸从入水管口逃逸，进入收集器具中。根据季节不同，可 3~5d 采捕一次。

4 长蛸暂养

4.1 暂养质量要求

4.1.1 规格

胴体长≥5cm，鲜重≥50g。

4.1.2 感官质量

感官质量包括形态、体表、色泽和气味，应符合表 2 要求。

表 2 感官质量要求

项目	指标
形态	个体完整，无畸形，无破损；胴体部饱满有弹性
体表	清洁光滑，体表色素斑点清晰
色泽	胴体腹部带有金属光泽；触动体表时，体色会发生变化
气味	无异味

4.2 场地环境

宜选用室内矩形或圆形水泥池，池内投放经消毒的网笼或 PVC 管作为遮蔽物，其数量为暂养个体的 1.2~1.5 倍。车间遮光，光照强度≤600lx。

4.3 水质条件

水质应符合 NY 5052 规定，水深≥0.5m，水温 15~24℃，盐度 29~31，溶解氧≥4mg/L。

4.4 暂养密度

不同水温条件下的暂养密度，应符合表 3 要求。

表 3 不同温度条件下长蛸暂养密度要求

温度/℃	暂养密度/(只/m^2)
15~18	12~15
18~21	8~12
21~24	5~8

4.5 换水和清污

每天上午清理残饵并换水 1/3，每隔 3d，100%换水 1 次。

4.6 投喂

4.6.1 饵料种类

宜以小杂蟹（肉球近方蟹、螃蜞和平背蜞等）为主，辅以沙蚕、双壳类（如菲律宾蛤仔）等。

4.6.2 投喂次数及投喂量

每天傍晚投喂 1 次。投饵数量是暂养个体数量的 1.5～2 倍。

4.7 日常管理

每天早、晚巡池 1 次。观察长蛸活动情况，做好饲养记录，发现问题及时解决，及时处理死亡及病变个体。

5 运输

5.1 运输前管理

在运输前应停食 1～2d，及时清理剔除体质较弱及伤残个体。

5.2 运输

5.2.1 运输工具

根据运输距离、数量以及运输时间选择合适的运输工具。运输时间≥6h，采用的运输工具应配备有小型发电机、过滤和充氧装置、循环管道与水泵、控温系统等辅助运输设备。

5.2.2 运输装置及使用方法

5.2.2.1 运输装置

运输装置建议使用桶装结构，其两端均具有螺纹，可用于相互组装，见图 3。装置外壁具有把手。装置长度为 10cm，内径为 10～15cm。装置内壁上具有小孔，直径为 0.3～1.0mm。

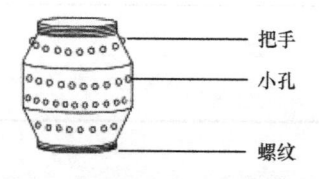

图 3 长蛸运输装置示意图

5.2.2.2 装置材料

运输装置各部分宜选择聚乙烯等结实、耐用、无毒、抗腐蚀、抗磨损的材料。

5.2.2.3 装置使用方法

将暂养的长蛸按1个装置1只的要求放置；通过装置上的螺纹，将各个装置进行组合（图4），紧密地排列在运输车中。并用聚乙烯绳将相邻把手系在一起。

图 4　长蛸运输装置组装示意图

5.3 运输条件

水质应符合NY 5052的规定，运输过程中水温为10～16℃，必要时可用冰袋降温；盐度为25～28；在海水中添加0.015～0.02g/ml的麻醉剂$MgCl_2$；充氧运输。

附录三 长蛸人工繁育技术规范

ICS 65.150
B 51

DB37

山 东 省 地 方 标 准

DB37/T 2622—2014

长蛸人工繁育技术规范

Artifical production technical specification of *Octopus minor*

2014-12-15 发布　　　　　　　　　　　　　　　　2015-01-15 实施

山东省质量技术监督局　　发　布

前　言

本标准按照 GB/T 1.1—2009 给出的规则起草。

本标准由威海市质量技术监督局提出。

本标准由山东省渔业标准化技术委员会归口。

本标准起草单位：马山集团有限公司、中国海洋大学、威海虹润海洋科技有限公司、山东省水产品质量监督检验站。

本标准主要起草人：郑小东、王培亮、钱耀森、毕可智、房燕、李琪、于瑞海、谷虹、曲淑霞。

长蛸人工繁育技术规范

1 范围

本标准规定了长蛸亲体选择和暂养、产卵与孵化、苗种培育、池塘中间培育等技术要求，并规定了长蛸苗种培育的质量要求。

本标准适用于长蛸人工繁育。

2 规范性引用文件

下列文件对于本文件的应用是必不可少的。凡是注日期的引用文件，仅所注日期的版本适用于本文件。凡是不注日期的引用文件，其最新版本（包括所有的修改单）适用于本文件。

GB 11607　渔业水质标准
NY 5052　无公害食品　海水养殖用水水质
NY 5070　无公害食品　水产品中渔药残留限量要求
DB37/T 2307　长蛸（种质）
DB371082/T002.1　长蛸养殖技术规范　第1部分：亲蛸
DB371082/T002.2　长蛸养殖技术规范　第2部分：苗种

3 亲蛸选择和暂养

3.1 亲蛸选择

按照 DB37/T 2307 和 DB371082/T002.1 的要求进行。

3.2 亲蛸暂养

3.2.1 暂养密度

5～10 只/m³，雌雄比例 1∶1 至 2∶1。

3.2.2 育苗设施

室内 10～30m² 水泥池内，分别由 20～30cm 长的 PVC 管、空心水泥砖、瓦片等构建蛸巢，供放入的长蛸亲体进行遮蔽和栖息、产卵和护卵孵化。

3.2.3 环境条件

水质符合 NY 5052 的规定。蓄养水温 18~24℃，促熟产卵水温 22~24℃；盐度 28~33；光照强度≤800lx；pH 7.8~8.6，溶解氧≥5mg/L。

3.2.4 饵料

投喂沙蚕、蟹、双壳贝类等鲜活饵料，日投喂量为亲体体重的 10%~20%，以亲蛸摄食情况进行适当调整。

3.2.5 换水

流水培育，日换水量为培育水体的 100%~200%。

4 产卵与孵化

4.1 产卵

亲蛸将卵产在蛸巢内壁。卵大，长茄状。产卵期间不投饵。

4.2 护卵孵化

将亲蛸连同卵和蛸巢一并移到孵化池。受精卵孵化期间,亲蛸护卵,保持环境安静。流水，日流水量为总水体的 2 倍以上。每 2d 投喂适量蟹（甲宽小于 3cm）、沙蚕或菲律宾蛤仔等饵料。

4.3 孵化条件和时间

水温 22~25℃，盐度 28~33；光照强度≤800lx；pH 7.8~8.6，溶解氧≥5mg/L 以上。70~90d 孵化出幼体。

5 苗种培育

5.1 培育用水

水源水质应符合 GB 11607 的规定，培育水质应符合 NY 5052 的规定。用水应经沉淀、过滤等处理后使用。

5.2 培育池

以水泥池为宜，面积 10~30m^2，控温、增氧、控光设施齐备。

5.3 苗种

5.3.1 培育规格和密度

苗种全长 7~10cm，培育密度 300~500 只/m^3。

5.3.2 投放蛸巢

采用黑色或灰色 U 型管，多层摆放，管径 2～5cm，管长 10～20cm，3～5 根为一组捆绑起来，形成塔状或梯状。

5.3.3 培育管理

5.3.3.1 环境条件

盐度 28～33；水温 20～25℃；pH 7.8～8.6；溶解氧≥5mg/L；光照强度≤800lx。

5.3.3.2 投饵

以卤虫幼体、蟹大眼幼体等活体动物饵料为开口饵料，每日投喂 6～8 次。种苗全长达 8cm 以上时，投喂冰鲜饵料。

5.3.3.3 日常管理

对培养用水进行过滤，充气增氧；及时吸除残饵、污物。

6 池塘中间培育

6.1 整理池塘

应将池塘、沟渠等积水排净，封闸晒池，维修堤坝、闸门，并清除池底的污杂物和敌害生物。池塘中投放 PVC 管、空心水泥砖等遮蔽物。

6.2 饵料培育

清污整池消毒结束 1～2d 后进水，保持水深 60～100cm，使水体透明度达到 30～40cm。培养基础生物饵料。接种一定量的枝角类、桡足类、糠虾等动物性饵料。

6.3 环境条件

水温≥10℃，盐度≥28，pH 7.8～8.6；溶解氧≥4mg/L。

6.4 放苗

6.4.1 环境

放苗时，池水深为 60～100cm，池水透明度达 40cm 左右。高温、大风、暴雨天不宜放苗。

6.4.2 苗种规格和质量

全长 10cm 以上，身体饱满、活力好、胴体和腕无损伤。苗种质量应符合 NY 5070 和 DB371082/T002.2 的规定。

6.4.3 放苗密度

放苗密度 100～300 只/m³；采用室内水泥池培育时，放苗密度可维持 300～500 只/m³。

7 商品苗

7.1 规格

全长 10～12cm 的稚蛸。

7.2 质量

身体饱满、活力好、胴体和腕无损伤。苗种质量应符合 NY 5070 和 DB 371082/T002.2 的规定。

附录四 长蛸养成和越冬技术规范

ICS 65.150
B 51

DB37

山 东 省 地 方 标 准

DB 37/T 2766—2016

长蛸养成和越冬技术规范

Technique specification on culture and overwintering of *Octopus minor*

2016-04-29 发布　　　　　　　　　　　　　　2016-05-29 实施

山东省质量技术监督局　　　发布

前　言

本标准按照 GB/T 1.1—2009 给出的规则起草。

本标准由山东省海洋与渔业厅提出。

本标准由山东省渔业标准化技术委员会归口。

本标准起草单位：马山集团有限公司、中国海洋大学、威海虹润海洋科技有限公司、荣成市金兴海水育苗场。

本标准主要起草人：郑小东、钱耀森、王培亮、倪乐海、薄其康、许珩。

长蛸养成和越冬技术规范

1 范围

本标准规定了长蛸养成、收获和越冬的技术要求及条件要求。

本标准适用于长蛸养成和越冬过程。

2 规范性引用文件

下列文件对于本文件的应用是必不可少的。凡是注日期的引用文件，仅所注日期的版本适用于本文件。凡是不注日期的引用文件，其最新版本（包括所有的修改单）适用于本文件。

GB 11607　渔业水质标准

NY 5052　无公害食品　海水养殖用水水质

NY 5070　无公害食品　水产品中渔药残留限量要求

DB37/T 2622　长蛸人工繁育技术规范

3 养成

3.1 选址

养殖区附近海面无污染源，水质清澈，不含有毒物质，水流通畅，进排水方便；交通、用电等方便。

3.2 水环境

海水水源应符合 GB 11607 的要求；养成水质应符合 NY 5052 的要求。

3.3 设施

3.3.1 养成室配套设施

设养成池，进排水、调温、充气、控光设备齐全。

3.3.2 养成池

养成池为水泥池，水泥池大小 10~30m^2，为长方形，四角圆弧形。水深 0.8~1.2m，水泥池高出水面 25cm 以上。池内安放隐蔽物供长蛸栖息，如沉性 PVC 管、陶瓷罐、瓦片等隐蔽物，按顺序摆放在池底，尽量保持在一水平位置。

3.4 放苗
3.4.1 放苗前准备
池水深为 50cm，盐度 28～33，调节水温与运输温度相差不超过 2℃，保持缓慢充气，溶解氧≥5mg/L。避免大风、降雨等恶劣天气。

3.4.2 苗种投放
苗种质量、苗种规格应符合 NY 5070 和 DB37/T 2622 的规定，苗种投放密度为 300～400 只/m³。

3.5 养成管理
3.5.1 水环境
水温控制在 15～26℃，当水温超过 26℃时，采用地源性交换器来降低池水温度。池水盐度 28～33。每天换水 20cm。

3.5.2 饵料投喂
投喂饵料有鲜活蟹虾、蛤蜊、沙蚕等，日投喂量为长蛸体重的 3%～5%。夜间观察长蛸摄食情况来调整投喂量。

3.5.3 倒池
每 4～5d 倒池一次，每次倒池放至池水 15cm，同时准备好另一池子，放水 15cm 并设置好隐蔽物。

3.5.4 调节养殖密度
随着长蛸不断的生长，根据胴体部大小来调节养殖密度。胴体 2cm 左右时，保持密度约 300 只/m³；胴体 3cm 左右时，保持密度 200 只/m³；胴体 4cm 左右时，保持密度 100 只/m³；出池时，保持长蛸密度在 50 只/m³。

3.5.5 日常管理
每日测量池水水温、溶解氧、pH、盐度等各项指标。每 10d 测量一次蛸的生长情况并估测池内蛸的数量。每日凌晨及傍晚各巡池一次，观察蛸的活动状况。

4 收获
4.1 收获时间
胴长≥5cm。

4.2 收获方式

采取排池水至15cm，清除隐蔽物，用网兜进行捕获。

5 成蛸越冬

5.1 越冬方式

水温降至15℃以下时，采用室内水泥池和室外土池方式越冬。

5.2 室内水泥池越冬

5.2.1 越冬室

室内设控温装置，双层门窗保温。门窗布置黑色窗帘，房顶安装隔温材料和遮阳布。室内设照明设备。

5.2.2 越冬池

池深1.0~1.5m，面积30~35m^3，池四角圆弧形，半埋式。中央设排水孔。每个越冬池安装输水、充气和加温管道。

5.2.3 控温系统

采用热交换器来调节水温。水温控制在7℃以上。

5.2.4 水泥池遮蔽物

布设PVC管或陶瓷罐供其隐蔽。

5.2.5 成蛸密度

30~50只/m^3。

5.2.6 换水、增氧和投饵

每两周换水一次，换水量为20%。微量充气。适量投喂沙蚕或双壳贝类，如四角蛤蜊、蓝蛤、菲律宾蛤仔。

5.3 室外土池越冬

5.3.1 土池的选择

选用泥质底质土池。

5.3.2 纳水和水深

池内水位1.8m以上，大潮时向池内加水，尽量不向外排水。

5.3.3 遮蔽物的投放

池塘底部堆放大小不均的石块、浅埋的 U 型 PVC 管、陶瓷罐等遮蔽物。

5.3.4 管理

定期对池塘四周进行巡查,发现水位降低,要及时加水。如池塘上部有结冰、积雪,要及时清除。

附录五 水生生物增殖放流技术规范 长蛸
DB37T3628

ICS 65.150
B 51

DB37

山 东 省 地 方 标 准

DB 37/T 3628—2019

水生生物增殖放流技术规范 长蛸

Technical specification for the stock enhancement of hydrobios—*Octopus minor*

2019-07-23 发布　　　　　　　　　　　　　　　2019-08-23 实施

山东省市场监督管理局　　发 布

前　言

本标准按照 GB/T 1.1—2009 给出的规则起草。

请注意本文件的某些内容可能涉及专利。本文件的发布机构不承担识别这些专利的责任。

本标准由山东省海洋与渔业厅提出并监督实施。

本标准由山东省渔业标准化技术委员会归口。

本标准起草单位：马山集团有限公司、中国海洋大学、威海虹润海洋科技有限公司、山东省水生生物资源养护管理中心、威海峻鹏农业科技有限公司、荣成峻鹏生物科技有限公司。

本标准主要起草人：郑小东、王培亮、钱耀森、王晓东、宋旻鹏、董天威、卢晓、王军杰、谷虹。

水生生物增殖放流技术规范　长蛸

1　范围

本标准规定了长蛸增殖放流的术语和定义、水域条件、本底调查、放流苗种质量、检验、包装、计数、运输、投放、放流资源保护与监测、效果评价等技术要求。

本标准适用于长蛸增殖放流。

2　规范性引用文件

下列文件对于本文件的应用是必不可少的。凡是注日期的引用文件，仅所注日期的版本适用于本文件。凡是不注日期的引用文件，其最新版本（包括所有的修改单）适用于本文件。

GB 11607　渔业水质标准

NY 5052　无公害食品　海水养殖用水水质

SC/T 7014　水生动物检疫实验技术规范

SC/T 9401—2010　水生生物增殖放流技术规程

DB37/T 2622　长蛸人工繁育技术规范

DB37/T 2307　长蛸(种质)

农业部　783 号公告—1—2006　水产品中硝基呋喃类代谢物残留量的测定　液相色谱-串联质谱法

农业部　958 号公告—14—2007　水产品中氯霉素、甲砜霉素、氟甲砜霉素残留量的测定　气相色谱-质谱法

农业部　1163 号公告—9—2009　水产品中己烯雌酚残留检测　气相色谱-质谱法

3　术语和定义

下列术语和定义适用于本文件。

3.1

胴长　mantle length

自胴背部两眼连线的中点至最后端直线长度，又称胴背长。

4 水域条件

符合 SC/T 9401—2010 第 4 章的规定，且应符合下述条件：

a) 海底底质以泥沙为宜；

b) 水深 3m 以上，盐度 26~35，避风浪性良好；

c) 小型甲壳类、鱼类等饵料生物丰富，大型藻（草）类等茂盛，星康吉鳗、矛尾虾虎鱼等敌害生物较少。

5 本底调查

按 SC/T 9401—2010 第 5 章的规定进行。

6 放流苗种质量

6.1 亲体

应为本地野生原种或原种场保育的原种，且雌蛸体重≥150g、雄蛸≥200g，质量符合 DB37/T 2307 的规定。

6.2 苗种培育

按照 DB37/T 2622 的规定执行。培育用水应符合 NY 5052 的要求。

6.3 苗种规格

胴长≥10mm。

6.4 苗种质量

苗种质量应符合表 1 的要求。

表1 质量要求

	项目	指标
感官质量	形态	个体完整，无畸形，无破损；胴体部饱满有弹性
	体表	清洁光滑，体表色素斑点清晰
	色泽	体色正常，触动体表时，体色会发生变化；胴体腹部带有金属光泽
可数指标	规格合格率	≥90%
	死亡率、伤残率、体色异常率、挂脏率之和	≤5%
	畸形率	≤3%
病害		寄生孢子虫病、严重传染性弧菌病等不得检出
药物残留		氯霉素、己烯雌酚、硝基呋喃类代谢物等不得检出

6.5 规格测定

长蛸苗种规格以放流现场测量为准。放流苗种出池前，逐池均量随机取样，取样总数量不少于 50 头，测量、计算规格合格率，填写表格（SC/T 9401—2010 中附录 B）。规格合格率达到表 1 的要求。测量规格时，一并测量培育用水的温度、盐度、pH、溶解氧等参数，并填写到附录 A 中。

7 检验

7.1 检验资质

由具备资质的水产品质量检验检疫机构进行检验。

7.2 检测内容与方法

检验内容应符合 6.4 的要求。同时，检验内容与方法按表 2 的规定进行。

表 2 检验内容与方法

检验内容	检验方法
常规质量	执行 DB37/T 2622 的规定
寄生孢子虫病	按照 SC/T 7014 的方法进行
严重传染性弧菌病	按照 SC/T 7014 的方法进行
氯霉素	按照农业部 958 号公告-14-2007 的方法进行
己烯雌酚	按照农业部 1163 号公告-9-2009 的方法进行
硝基呋喃类代谢物	按照农业部 783 号公告-1-2006 的方法进行

7.3 检测时限

常规质量和病害须在增殖放流前 7d 内检验有效；药物残留须在增殖放流前 7d 内检验有效。

7.4 组批规则

以一个增殖放流批次作为一个检验组批。

8 出苗和包装

8.1 出苗

暗光环境，将池水放至约 20cm，使苗移出隐蔽物后进行。

8.2 包装工具

内包装为 20L 双层无毒塑料袋，外包装为泡沫箱或纸箱等。

8.3 包装措施

8.3.1 根据增殖放流水域的温度、盐度状况，提前调整培育用水，温度差≤2℃，盐度差≤3。

8.3.2 除外包装工具，其他包装工具使用前要彻底消毒，用洁净的淡水或海水清洗后使用。

8.3.3 容积20L左右的包装袋，每袋先均匀装入6L左右的海水，装苗用水应符合GB 11607的规定。袋中放入适量海藻（如鳗草、石莼等），不超过水体积的1/3。将苗种轻缓装入袋内，充氧扎口装入相同规格的包装箱。装苗密度以200～300头/袋为宜。将已装苗包装箱遮阴、整齐排列，等待随机抽样计数。

9 计数

采用抽样数量法。每计数批次按装苗总箱数的1%随机抽样（最低不少于3箱），通过逐头计数，计算出平均每箱（袋）苗种数量，根据装苗总箱（袋）数，最终求得本计数批次苗种数量。相关数据录入附录A中。每计数批次不得超过600箱。

10 运输

10.1 运输工具

用保温车或船只运输。

10.2 运输方法

将已装苗的包装箱依车或船装载容积整齐排列，护送人员应随时检查苗种及容器状态，运输过程中避免剧烈刺激，遮阴，防止喷墨。运输成活率达到95%以上。

11 投放

11.1 投放时间

宜在深秋，放流海区水温≥12℃，根据潮水情况择机进行。每计数批次苗种从出池到投放，时间控制在3h以内。

11.2 气象条件

选择晴朗、多云或阴天进行，放流海区最大风力在五级以下。

11.3 投放方法

按照SC/T 9401—2010中的11.3.1"常规投放"法进行。

12 放流资源保护与监测

按照 SC/T 9401—2010 第 12 章的要求执行。

13 效果评价

符合 SC/T 9401—2010 第 13 章的规定。

附 录 A
（资料性附录）
长蛸放流苗种规格现场测量记录表

供苗单位：_____ 供苗地点：_____
培育池池号：_____面积（m²）：_____ 测量日期：_____
检验检疫合格日期：_____年_____月_____日 检验检疫证书文号：_____
药物检验合格日期：_____年_____月_____日 药物检验证书文号：_____
亲本来源：_____ 生物生产（驯养繁殖）许可证编号：_____

胴长组(mm)	数量和(头)	胴长和(mm)	测量数量画"正"字记录
10 以下			
11			
12			
13			
14			
15			
16			
17			
18			
19			
20 以上			
合计			
平均胴长		规格合格率	

组织放流（验收）单位：_____
测量人：_____ 记录人：_____ 验收组组长：_____
监督放流单位：_____ 监督人员：_____

学习性研究与思考题

第一章

1. 简述长蛸外部形态与内部结构特征。
2. 简述长蛸分布情况。
3. 试分析长蛸分类地位及其隐存多样性。

第二章

1. 简述长蛸挖掘巢穴过程。
2. 简述长蛸的捕食策略及捕食偏好。

第三章

1. 简述氨氮胁迫对长蛸行为、组织生理的影响。
2. 简述周期性饥饿再投喂对长蛸生长、脂肪酸和氨基酸的影响。

第四章

1. 简述长蛸染色体核型，及其与其他头足类核型的差异。
2. 利用核型进化距离（De）计算并比较长蛸与其他头足类亲缘关系。
3. 比较分析头足类基因组大小。

第五章

1. 简述长蛸群体形态学水平的遗传差异。
2. 简述不同分子标记在评估长蛸遗传多样性中的异同点及原因。
3. 试论述长蛸的系统演化过程。

第六章

1. 简述长蛸精荚与精子特征。
2. 简述长蛸精子和卵子的发生。
3. 简述长蛸交配特点，并说明如何对其家系进行亲子鉴定。
4. 简述长蛸的胚胎发育过程及各期主要特征。

第七章

1. 试述如何鉴定野生长蛸摄食的饵料种类与组成。
2. 简述长蛸摄食强度变化特征。

3. 试分析长蛸肌肉的营养成分。

第八章

1. 简述长蛸雌性亲体的性腺发育过程及其特征。
2. 简述长蛸的产卵特性及性别分化特征。
3. 试述长蛸人工繁育取得的进展和存在问题。

第九章

1. 试述长蛸全生活史养殖技术关键。
2. 论述大食物观背景下，如何开展长蛸越冬与增养殖。

第十章

1. 试分析头足类面临的主要病原性风险。
2. 试述中华丛集球虫形态特点以及感染长蛸过程。
3. 试述防控丛集球虫的措施。

第十一章

1. 概述头足类繁育各阶段的特点及影响繁育的主要因素。
2. 试分析头足类幼体培育的饵料需求。
3. 试述长蛸种质资源保护与增殖放流的主要举措。

后　记

　　头足类是中国海洋渔业不可或缺的重要经济类群。近年来，随着国际市场需求量和国内人均消费量的提升，存在严重的供不应求现象，导致采捕力度加大，资源量锐减。规模化养殖和增殖放流成为资源修复的必经之路。近十几年来，中国头足类养殖和增殖放流工作稳步发展，取得了喜人成绩。但是，仍有许多关键技术、瓶颈问题尚未解决，制约着产业高质量发展，如中华蛸浮游幼体的培育、长蛸及短蛸幼体的互残现象、乌贼养殖小型化等等。

　　本书整理和总结了团队十余年有关长蛸的研究工作，基于其基础生物学、增养殖和种质资源保护与合理开发等状况，仍有大量基础研究、应用研究工作亟需开展。基础研究方面，长蛸属级阶元、隐存种分类地位仍需进一步确定；神经生理、繁殖生理以及免疫等机制研究值得期待；捕食和繁殖行为学研究刚刚起步，长蛸生态和繁殖习性研究仍需加强。应用研究方面，首先要深入开展亲体饲养密度、养殖环境管理等方面工作，以保障培育亲体的成活率和产卵量；其次，开展不同发育阶段幼体营养需求和饵料体系研究，提高幼体孵化率和成活率，实现苗种规模化生产；再次，开展人工配合饲料研发，逐步替代活体饵料、冷冻饵料的使用，保障其饵料供应的稳定性；最后，应加强病害防治研究，以降低长蛸等蛸类人工养殖中出现的水肿、溃烂等现象，降低其死亡率。同时，动物福利工作要持续关注。更为重要的是，我们应该全面学习和大力借鉴相关海洋物种已有的雄厚研究基础、成熟经验及最新成果，他山之石，可以攻玉。

　　简言之，《长蛸生物学》不仅仅为我国经济蛸类研究提供了参考资料，更为本团队的下一步工作提出了目标和方向，如短蛸生物学与增养殖实践，中华蛸生物学与资源修复等等。希望在不久的将来，以长蛸为代表，高质量推进我国蛸科头足类健康养殖、种质资源保护和可持续利用。